민물고기 도감

그림 박소정

1976년에 강원도 춘천에서 태어나 성신여자대학교 서양화과를 졸업했다. 2003년부터 동식물을 주제로 세밀화를 그리고 있다. 어린이 책에 삽화를 그리며, 그림책 작가로도 활동하고 있다. 《민물고기》(보리 어린이 첫 도감③) 《세밀화로 그린 보리 어린이 민물고기 도감》《내가 좋아하는 바다 생물》《알고 보면 더 재미있는 물고기 이야기》에 세밀화를 그렸다. 동화책 《온 산에 참꽃이다!》에 삽화를 그렸고, 그림책 《잡았다 놓쳤다》에 그림을 그렸다. 《상우네 텃밭 가꾸기》는 작가가 처음으로 쓰고 그린 그림책이다.

감수 김익수

1942년에 전라남도 함평에서 태어났다. 서울대학교 사범대학과 대학원 생물학과를 졸업하고 중앙대학교에서 이학박사 학위를 받았다. 전북대학교 자연과학대학 생물학과 교수를 지냈으며, 한국어류학회 회장과 한국동물분류학회 회장을 역임했다. 우리나라를 대표하는 어류학자로 지금까지 《한국동식물도감 제37권 동물편(담수어류)》《원색 한국어류도감(공저)》《한국의 민물고기(공저)》《한국어류대도감(공저)》 등 중요한 어류 도감들을 출간했다. 《춤추는 물고기》《그 강에는 물고기가 산다》 등 자연과 민물고기에 관한 책들을 썼다.

세밀화로 그린 보리 큰도감

민물고기 도감

1판 1쇄 펴낸 날 2014년 7월 25일 | **1판 4쇄 펴낸 날** 2023년 3월 24일

그림 박소정
감수 김익수
글 김익수, 이상민, 보리 편집부
취재 자문 조성장, 이학영

도와주신 분 공수전분교 어린이들(강원도 양양), 김상현(강원도 평창), 김수환(전북대학교), 김익승(서울 화양초등학교), 김태완(인천), 박기열(한국수산자원관리공단 강원도 양양연어사업소), 변산공동체, 서승석(경기도 김포), 신용균(경기도 파주어촌계), 심재열(강원도 평창), 양현(생물다양성연구소), 유동수(경기도 남양주 조안물고기), 이완옥(국립수산과학원 내수면생태연구소), 이정운(경기도 연천 장남매운탕), 이흥헌(생물다양성연구소), 장명식(경기도 파주어촌계건강원), 탁동철(강원도 양양 공수전분교)

편집 이상민 | **교정·교열** 윤동호
기획실 김소영, 김수연, 김용란
디자인 이안디자인

제작 심준엽
영업 나길훈, 안명선, 양병희, 조현정 | **독자 사업(잡지)** 김빛나래, 정영지 | **새사업팀** 조서연
경영 지원 신종호, 임혜정, 한선희
분해와 출력, 인쇄 (주)로얄프로세스 | **제본** 과성제책

펴낸이 유문숙
펴낸 곳 (주) 도서출판 보리
출판등록 1991년 8월 6일 제 9-279호
주소 경기도 파주시 직지길 492 (우편번호 10881)
전화 (031)955-3535 / **전송** (031)950-9501
누리집 www.boribook.com **전자우편** bori@boribook.com

값 80,000원
보리는 나무 한 그루를 베어 낼 가치가 있는지 생각하며 책을 만듭니다.

ISBN 978-89-8428-851-5 06490 978-89-8428-832-4 (세트)
이 도서의 국립중앙도서관 출판시도서목록(CIP)은 서지정보유통지원시스템(http://seoji.nl.go.kr)과 국가자료공동목록시스템(http://www.nl.go.kr/kolisnet)에서 이용하실 수 있습니다. (CIP 제어번호 : CIP2014018820)

민물고기 도감

세밀화로 그린 보리 큰도감

우리나라에 사는 민물고기 130종

그림 박소정 / 감수 김익수

보리

일러두기

1. 이 책에는 우리나라에 사는 민물고기 130종이 실려 있다. 우리나라에는 200여 종의 민물고기가 살고 있는데, 그 중에서 비교적 흔한 종들을 뽑아 실물을 취재하여 세밀화로 그렸다.

2. 종은 분류 순서에 따라 소개했다. 분류는 《한국의 민물고기》(김익수, 박종영, 교학사, 2002)와 《특징으로 보는 한 반도 민물고기》(이완옥, 노세윤, 지성사, 2006)를 참고했다. 또한 분류, 물고기 이름, 학명은 감수자의 의견을 반영 했고 최근 연구 논문도 참고했다.

3. 책 본문은 1부, 2부, 3부로 나누었다. 1부 '우리 겨레와 민물고기'는 한반도 지형과 강의 관계, 강과 우리 겨레의 삶을 간략하게 살피고, 민물고기의 생김새와 생태, 서식지를 자세히 알 수 있도록 구성했다. 2부 '우리 민물고기' 는 우리나라에 사는 민물고기를 한 종씩 소개했다. 3부 '민물고기의 진화와 분류'는 어류의 기원과 진화, 우리 나라에 분포하는 민물고기 목과 과에 대해 설명하여 이해를 도왔다.

4. 맞춤법과 띄어쓰기는 국립국어원 누리집에 있는 〈표준국어대사전〉을 따랐다. 목과 과 이름은 사이시옷을 적용 하지 않고 《한국의 민물고기》에 나온 대로 썼다.

5. 종 설명문 아래에 정보 상자를 두어 여러 가지 생태 정보를 그림 기호로 표시하여 묶었다. 분포와 다른 이름, 북 녘 이름을 따로 묶어 한눈에 볼 수 있도록 정리했다. 정보 상자에 쓴 그림 기호의 뜻은 아래와 같다.

🌊 사는 곳   ⬤➤ 몸길이   ✿ 알 낳는 때   🌐 고유종, 보호종, 외래종

6. 다른 이름은 토박이(방언) 이름으로 《쉽게 찾는 내 고향 민물고기》(최기철, 이원규, 현암사, 2002)에서 찾아 정 리하여 넣었다. 취재하면서 사람들에게 듣고 적어둔 이름도 넣었다.

7. 북녘 이름은 《한국동식물도감 제37권 동물편(담수어류)》(김익수, 교육부, 1997) 《조선의 어류》(최여구, 과학원출 판사, 1964) 《동물원색도감》(과학백과사전출판사, 1982) 《두만강 물고기》(농업출판사, 1990, 평양) 《우리나라 위 기 및 희귀동물》(과학원마브민족위원회, 2002, 평양)을 참고했다.

8. 책의 맨 마지막 부분에 있는 '이름으로 찾아보기'는 표준 이름과 다른 이름을 통합하여 가나다 차례로 실었다. '북녘 이름 찾아보기'는 따로 정리했다. '학명으로 찾아보기'는 ABC 차례로 실었다.

9. 몸길이(체장)는 주둥이 끝에서 꼬리자루까지 길이다. 전장(전체 길이)은 주둥이에서 꼬리지느러미 끝까지로, 이 책에는 넣지 않았다.

몸길이

몸길이

몸길이

분류(목, 과 이름)

학명

이름

고유종 우리나라에만 분포하는
종을 태극 문양으로 표시했다.

본문

종 세밀화　　취재한 때와 곳

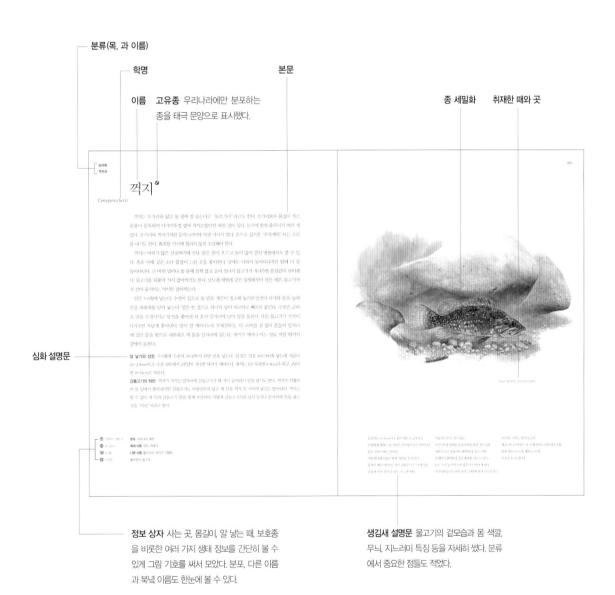

심화 설명문

정보 상자 사는 곳, 몸길이, 알 낳는 때, 보호종
을 비롯한 여러 가지 생태 정보를 간단히 볼 수
있게 그림 기호를 써서 모았다. 분포, 다른 이름
과 북녘 이름도 한눈에 볼 수 있다.

생김새 설명문 물고기의 겉모습과 몸 색깔,
무늬, 지느러미 특징 등을 자세히 썼다. 분류
에서 중요한 점들도 적었다.

차례

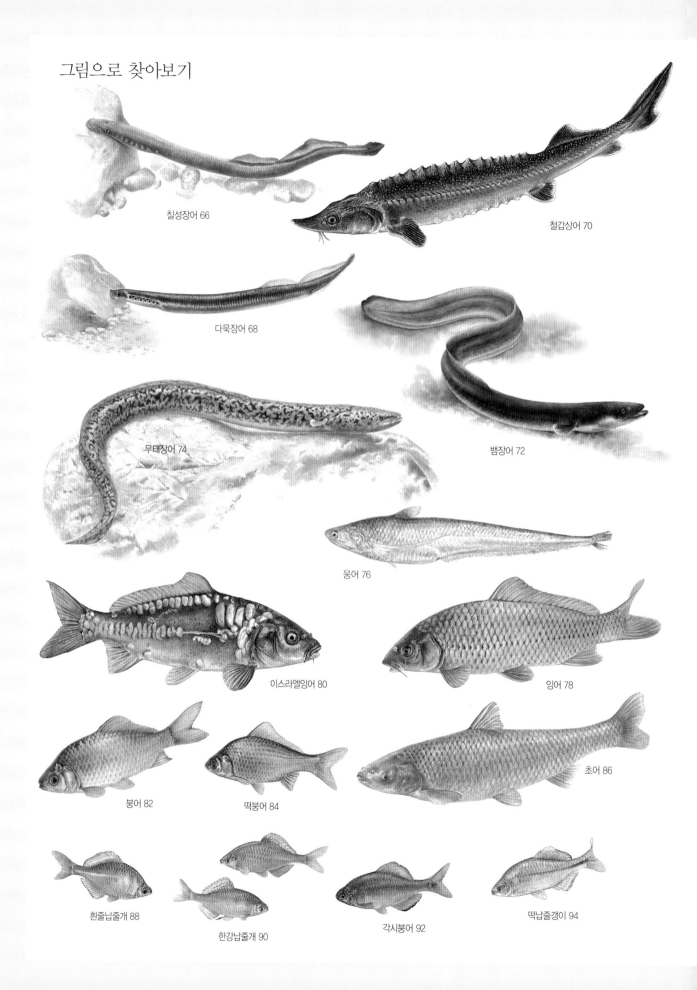

그림으로 찾아보기

칠성장어 66

철갑상어 70

다묵장어 68

뱀장어 72

무태장어 74

웅어 76

이스라엘잉어 80

잉어 78

붕어 82

떡붕어 84

초어 86

흰줄납줄개 88

한강납줄개 90

각시붕어 92

떡납줄갱이 94

납자루 96

묵납자루 98

칼납자루 100

임실납자루 102

줄납자루 104

큰납지리 110

큰줄납자루 106

납지리 108

가시납지리 112

참붕어 114

돌고기 116

감돌고기 118

쉬리 122

가는돌고기 120

새미 124

참중고기 126

줄몰개 130

중고기 128

긴몰개 132

몰개 134

참몰개 136

점몰개 138

누치 140

어름치 144

참마자 142

모래무지 146

버들매치 148

왜매치 150

꾸구리 152

돌상어 154

흰수마자 156

모래주사 158

돌마자 160

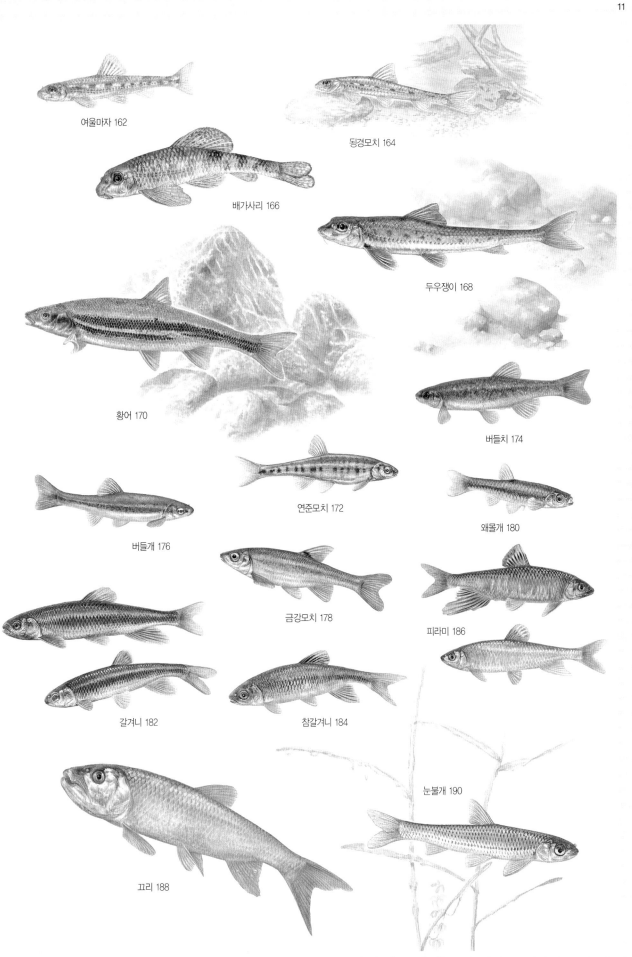

여울마자 162

됭경모치 164

배가사리 166

두우쟁이 168

황어 170

버들치 174

연준모치 172

왜몰개 180

버들개 176

금강모치 178

피라미 186

갈겨니 182

참갈겨니 184

눈불개 190

끄리 188

강준치 192

백조어 194

살치 196

종개 198

대륙종개 200

쌀미꾸리 202

미꾸리 204

미꾸라지 206

새코미꾸리 208

얼룩새코미꾸리 210

부안종개 214

참종개 212

왕종개 216

북방종개 218

남방종개 220

동방종개 222

기름종개 224

줄종개 228

점줄종개 226

수수미꾸리 232

미호종개 230

좀수수치 234

동자개 236

눈동자개 238

꼬치동자개 240

대농갱이 242

밀자개 244

메기 246

미유기 248

자가사리 250

퉁가리 252

퉁사리 254

빙어 256

은어 258

열목어 260

연어 262

산천어 264

송사리 268

대륙송사리 270

가숭어 266

큰가시고기 272

가시고기 274

둑중개 280

잔가시고기 276

한둑중개 282

드렁허리 278

꺽정이 284

쏘가리 286

꺽지 290

꺽저기 288

블루길 292

배스 294

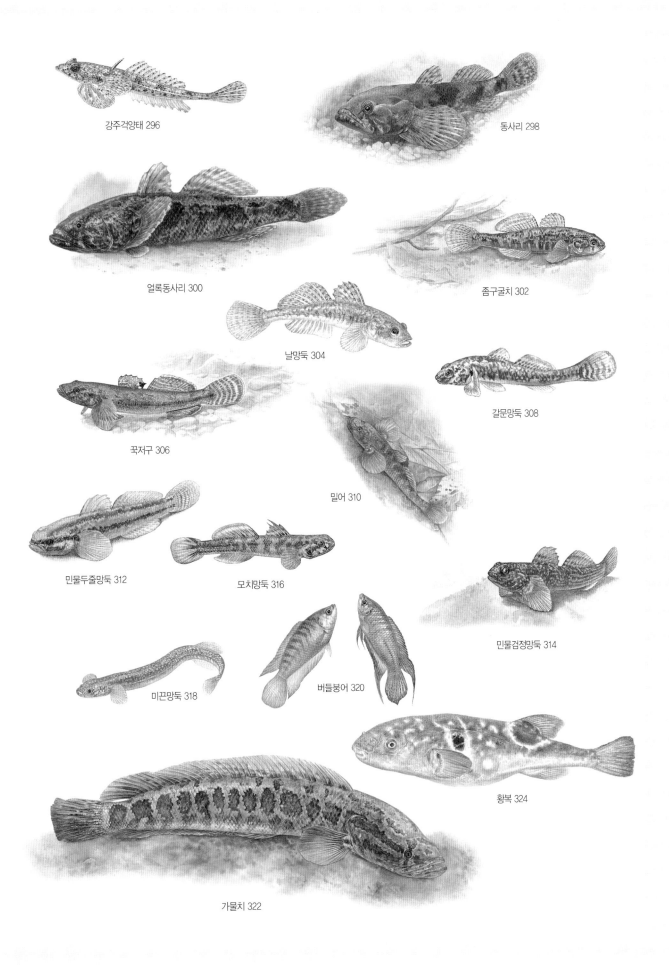

강주걱양태 296

동사리 298

얼룩동사리 300

좀구굴치 302

날망둑 304

갈문망둑 308

꾹저구 306

밀어 310

민물두줄망둑 312

모치망둑 316

민물검정망둑 314

미끈망둑 318

버들붕어 320

황복 324

가물치 322

1. 우리 겨레와 민물고기

우리 겨레와 강

우리나라는 유라시아 대륙의 끝자락, 삼면이 바다로 둘러싸여 있는 '한반도'에 자리 잡고 있다. 지금은 한반도가 남과 북으로 분단되어 있어 사람들의 왕래가 자유롭지 않다.

한반도는 큰 산맥인 '백두 대간'을 중심으로 크고 작은 산맥들이 이어져 있다. 그 산줄기 사이사이에 실핏줄 같은 크고 작은 물줄기가 흐르고, 이 물줄기가 모여 큰 강을 이룬다. 강들은 다양하고 아름다운 민물고기가 살아가는 터전이다.

우리나라에는 200여 종의 민물고기가 살고, 그중에서 60여 종은 전 세계에서 우리나라에만 서식하는 특산종이다.

1.1 우리나라 산맥과 강

우리 겨레는 옛날부터 한반도를 '금수강산'이라고 불렀다. 우리 땅은 빼어난 산과 맑은 물이 흐르는 강이 많다. 금수강산은 '비단에 수를 놓은 것처럼 아름다운 산천'이라는 뜻이다. 한반도를 바라보는 옛 사람들이 가진 사랑과 긍지가 느껴지는 말이다. 한반도는 유라시아 대륙 북동쪽 끝자락에 비죽 튀어나와 있다. 대륙과 이어진 북쪽을 빼고는 삼면이 바다로 둘러싸여 있다. 내륙은 큰 산들이 산맥을 이루고, 크고 작은 산줄기들이 곳곳에 뻗어 있다. 산맥들은 북쪽에서 남쪽으로, 동쪽에서 서쪽으로 이어지고, 이 산맥들처럼 강들도 북에서 남으로, 동에서 서로 흐른다. 우리나라는 산이 깊어 산골짜기마다 맑은 계곡이 흐른다. 실핏줄 같은 계곡들이 수많은 냇물과 강을 이루며 서해, 남해, 동해로 나아간다.

조선 시대에 만들어져 지금까지 전해 오는 오래된 책, 《산경표》에는 한반도의 산세가 자세하게 나와 있다. 우리 선조들은 한반도 동쪽에 우뚝 솟아 뻗은 큰 산맥을 '백두 대간'이라고 했다. 백두 대간은 한반도 북쪽 끝자락에 있는 백두산에서 시작하여 남쪽 끝자락인 지리산으로 이어진다. 백두 대간은 한반도 곳곳에 가지를 치는데 이 산맥들은 남쪽과 서쪽으로 이어진다. 먼저 함경북도 동북쪽에서 '장백정간'으로 줄기를 뻗는다. 함경남도 남쪽에서 가지를 치는데 '청북정맥'은 평안북도로, '청남정맥'은 평안남도로 뻗어 서쪽으로 흐른다. 함경남도와 평안남도 남쪽, 강원도 북쪽에 걸쳐 있는 두류산에서 서쪽으로 뻗은 산줄기는 두 갈래로 나뉘어 '해서정맥'은 황해도로, '임진북예성남정맥'은 경기도로 흐른다. 또한 그 아래에는 '한북정맥'이 서쪽으로 뻗어 경기도로 나아간다. 한반도 동쪽에서 금강산, 설악산, 오대산, 큰 산들을 품고 흐르는 백두 대간은 강원도 태백산에서 서쪽 내륙으로 방향을 튼다. 충청도 속리산에서 '한남금북정맥' 한줄기가 북서쪽으로 치솟고, 다시 '한남정맥'과 '금북정맥'으로 갈라진다. 한남정맥은 북쪽으로, 금북정맥은 서쪽으로 흐른다. 태백산에서 백두 대간을 벗어난 '낙동정맥'은 한반도 등줄기를 타고 남쪽으로 뻗어 부산까지 이른다. 백두 대간은 내륙으로 이어져 지리산까지 내려온다. 덕유산에서 '금남호남정맥'이 서쪽으로 갈라져 '금남정맥'과 '호남정맥'으로 나뉜다. 금남정맥은 북쪽으로 뻗어 충청남도 산줄기를 이루고, 호남정맥은 전라도 지역의 큰 산맥을 이룬다. 지리산에 다다른 백두 대간은 남동쪽으로 마지막 기운을 부려놓듯이 흘러 '낙남정맥'을 이룬다. 한반도의 산세는 백두 대간을 중심으로 크고 작은 정간과 정맥으로 이루어져 있으며, 산맥들 사이사이로 냇물과 강이 흐른다. 물은 높은 곳에서 낮은 곳으로 흐르니, 강은 자연스럽게 너른 들판으로 흘러나와 땅을 적시고 바다에 이른다.

한반도에 정맥과 정간 사이를 흐르는 큰 강들도 살펴보자. 북한에는 중국과 맞닿아 국경을 이루는 압록강과 두만강이 있는데, 이 두 강은 백두산에서 발원한다. 그 남쪽으로 산맥들 사이마다 청천강, 대동강, 예성강이 있다. 북한강과 임진강은 북한에서 발원하여 휴전선을 넘어 남한에 걸쳐 흐른다. 우리나라에는 한강, 금강, 만경강, 동진강, 영산강, 섬진강, 낙동강이 있다. 이 큰 강들 근처에는 실핏줄처럼 강으로 흘러드는 지류가 수없이 많다. 또한 각 지역마다 크고 작은 냇물이 바다로 흘러든다. 이렇듯 우리 땅 곳곳에는 큰 강과 냇물이 많아 아름답고 땅이 비옥하여 사람이 살기 좋다. 한반도는 북반구에 자리하는 온대 기후대로 사계절이 뚜렷하다. 대륙성 기후와 해양성 기후에 영향을 받아 여름에 비가 많이 오고, 봄과 가을에는 가물다. 사람과 동식물 모두 이 사계절에 맞추어 살아왔다.

한반도 산맥과 강줄기

백두산

두만강

압록강

장백정간

독로강

장진강

허천강

어랑천

청북정맥

남대천

대령강

청천강

백

성천강

청남정맥

용흥강

대동강

두

남강

재령강

금강산

해서정맥

설악산

한북정맥

예성강

임진강

소양강

소양호

대

북한강

한강

오대산

한남정맥

남한강

황해

동해

한남금북정맥

태백산

금북정맥

충주호

금강

대청호

속리산

안동호

간

금남호남정맥

만경강

낙동강

금남정맥

영산강

남강

지리산

섬진강

낙남정맥

호남정맥

남해

1_2 한반도 지형 형성과 주요 강

우리가 두 발을 딛고 살아가는 한반도의 지형은 고생대보다 먼 아주 오랜 옛날부터 오늘날처럼 형성되기 시작했다. 약 6500만 년 전, 신생대에 한반도 동쪽이 솟아올라 동쪽 땅이 높고 서쪽이 낮아졌다. 그래서 동쪽에는 큰 산맥이 들어섰고, 서쪽으로는 너른 들판이 생겼다. 또한 한반도 북쪽이 높고 남쪽이 낮아졌다. 신생대 빙하기에는 바닷물이 꽁꽁 얼면서 해수면이 낮아졌는데, 바닷물이 밀려나면서 잠겨 있던 땅이 드러나 한반도는 중국과 일본으로 연결되었다.

신생대 빙하기에 우리나라 동해로 흐르는 영동 지역의 강은 시베리아에서 흘러내려 오는 아무르강과 만났다. 서해로 흐르는 강은 중국 대륙을 흐르는 황하와 만나고, 남해와 동해로 흐르는 강은 중국 대륙 남부와 일본에서 흘러내려 오는 강들과 만났다. 그래서 우리나라 남해와 동해로 흐르는 강에 사는 물고기 가운데 중국과 일본에도 사는 물고기가 있다. 또 서해로 흐르는 강에 사는 종 가운데 일부는 중국에도 서식한다. 우리나라 영동 지역에 사는 물고기 중에는 러시아 시베리아에도 분포하는 종들이 있다. 이런 한반도 지형의 역사적 특징은 송사리와 대륙송사리, 연준모치와 버들개의 분포를 살펴보면 쉽게 알 수 있다. 중국과 우리나라 서해로 흐르는 강에는 대륙송사리가 살고, 일본과 우리나라 남해로 흐르는 하천에는 송사리가 산다. 또한 연준모치와 버들개는 우리나라 영동 지역에도 살지만 러시아 시베리아에도 분포한다. 신생대 빙하기가 끝나고 바닷물이 녹으면서 대륙 가장자리 낮은 땅은 다시 바닷물에 잠겼다. 그래서 중국 대륙과 일본, 시베리아에서 내려오는 강과 서로 이어졌던 한반도의 강줄기도 끊어졌다. 그 이후로 한반도는 지금처럼 삼면이 바다에 둘러싸이게 되었다.

옛 책인 《산경표》에는 '산이 물을 나누고 물은 산을 넘지 않는다.'라는 말이 있다. 산에서 시작된 물은 안 끊기고 바다에 이른다. 강의 시작점은 산이므로 산과 강을 함께 파악해야 쉽고 올바르게 이해할 수 있다. 우리나라 하천들은 산맥과 큰 강줄기를 중심으로 몇 갈래로 나누어 살펴볼 수 있다. '수계'는 큰 산맥을 둘러 흐르는 큰 강을 중심으로 서로 만나거나 영향을 주고받는 여러 하천들을 묶어 놓은 것이다. 그래서 중심이 되는 큰 강 이름을 따서 수계 이름을 붙인다. 우리나라는 주요 강을 중심으로 한강 수계, 금강·만경강 수계, 영산강 수계, 섬진강 수계, 낙동강 수계, 동해안 수계로 크게 나뉜다. 한반도는 동쪽이 높고 서쪽이 낮으며 북쪽이 높고 남쪽이 낮다. 그래서 동쪽에서 서쪽으로 흐르는 강들이 많고 북에서 남으로 흐르는 강들도 있다. 그래서 큰 강은 대부분 서해나 남해로 흘러들어 간다. 한강 수계, 금강·만경강 수계, 영산강 수계의 강들은 동쪽에서 시작해 서해로 흐른다. 섬진강 수계와 낙동강 수계는 북쪽에서 시작해서 남해로 흐른다. 서해와 남해로 흐르는 강과 하천은 길고 폭도 넓다. 동해안 수계는 말 그대로 '동해로 흐르는 하천들'을 말한다. 이 하천들은 백두 대간 동쪽 높은 산골짜기에서 시작하여 급경사를 이루며 바다로 흐르기 때문에 폭이 좁고 길이가 짧다. 물길이 짧아서 서해와 남해로 흐르는 강에 사는 물고기들보다 종이 적다. 동해안 수계에는 북한에 있는 두만강을 빼고는 큰 강이 없다.

큰 강을 중심으로 주변 하천들을 수계로 나누는 이유는 수계에 따라 민물고기의 분포와 특징을 알 수 있기 때문이다. 또한 각 수계마다 서식하는 물고기들의 특징을 분류해 조사와 연구에 활용할 수 있다.

우리나라 주요 수계마다 사는 민물고기

한강 수계	한강납줄개	묵납자루
	가는돌고기	새미
	어름치	돌상어
	흰수마자	배가사리
	두우쟁이	연준모치
	금강모치	눈불개
	참종개	새코미꾸리
	열목어	

한강납줄개   배가사리   연준모치

금강·만경강 수계	감돌고기	배가사리
	어름치	꾸구리
	돌상어	금강모치
	눈불개	참종개
	미호종개	퉁사리

감돌고기   어름치   미호종개

영산강 수계	백조어	남방종개
	퉁사리	눈동자개
	밀자개	얼록동사리

백조어   남방종개   퉁사리

섬진강 수계	칼납자루	임실납자루
	큰줄납자루	모래주사
	황어	왕종개
	줄종개	은어

큰줄납자루   모래주사   왕종개

낙동강 수계	칠성장어	큰줄납자루
	흰수마자	모래주사
	여울마자	됭경모치
	황어	얼룩새코미꾸리
	왕종개	기름종개
	수수미꾸리	꼬치동자개
	은어	잔가시고기

흰수마자   여울마자   꼬치동자개

동해안 수계	칠성장어	새미
	점몰개	버들개
	황어	대륙종개
	북방종개	동방종개
	은어	연어
	가시고기	잔가시고기
	한둑중개	

북방종개   가시고기   한둑중개

＊ 각 수계에서 서식하는 고유종을 우선으로 뽑았다. 수계의 특징을 보여 주는 대표적인 종들이다.

1.3 강, 우리 겨레의 삶

우리 조상들은 옛날부터 큰 강을 따라 터를 잡고 마을을 이루었다. 아주 오랜 옛날, 원시 시대부터 사람들은 바다에서뿐만 아니라 강에서도 물고기를 잡아먹었다. 사람들이 농사를 짓기 시작하면서 자연스럽게 물이 풍부하고 땅이 기름진 강 둘레에 모여 살았다. 그래서 큰 강줄기 곳곳에 마을이 들어서고 도시가 생겨났다. 농사로 얻는 곡식 못지않게 강에서 사는 온갖 물고기, 새우, 참게, 우렁이, 조개 따위는 사람들에게 중요한 먹을거리이다. 어부들은 너른 강에서 그물을 치고 통발이나 주낙을 놓아서 잉어나 누치, 쏘가리, 붕어, 메기, 뱀장어 같은 물고기를 주로 잡는다.

우리 조상들은 그물이나 낚시 같은 어구뿐만 아니라 살림살이 도구나 자연 속에서 얻은 것들로 지혜롭게 물고기를 잡았다. 광주리나 채로 물고기를 뜨기도 하고, 가마니 속에 소똥을 넣어 물에 담가 두었다가 파고든 물고기를 잡았다. 또 독이 있는 여뀌를 베거나 가래나무 뿌리를 짓찧고 돌 밑에 풀어 물고기가 기절해서 떠오르면 잡았다. 밤에 횃불을 물에 비춰 잠을 자는 물고기를 그물로 건져 올리기도 했다. 추수를 마친 논에서 진흙을 파며 깊숙이 들어간 미꾸라지를 잡았다. 강원도에서는 가을에 마을 사람들이 큰 강에서 돌을 쌓아 막고 발을 쳐서 물고기를 잡았다고 한다. 겨울을 나러 깊은 곳으로 가려는 물고기가 발에 걸렸다. 겨울에 강이 꽁꽁 얼면 마을 사람들이 모여 얼음에 구멍을 뚫고 나무 메로 얼음장을 쿵쿵 치면서 잉어나 누치 같은 큰 물고기를 몰아서 잡았다. 얼음에 구멍을 뚫어 '얼음 낚시'도 즐겼다. 요즘에는 잘 쓰지 않지만 쫑이, 통발, 작살, 가리는 옛날에 흔히 쓰던 도구들이다.

옛날 시골에서는 논에 모내기를 끝내면 한가했다. 한여름이 되기 전에 바쁜 농사일을 마치고 강가나 냇물에서 놀면서 쉬는 '천렵'이라는 풍습이 있었다. 천렵은 보통 식구들이나 마을 사람들이 모여서 갔다. 물가에 솥을 걸고 함께 잡은 물고기로 국을 끓이거나 어죽을 끓여서 나눠 먹었다. 아이들에게 물고기 잡이는 놀이다. 한여름이 되면 아이들은 냇물에서 멱을 감으며 물고기를 잡는다. 족대로 여럿이 몰아서 잡고, 돌을 둘러치고 흔들어 잡고, 맨손으로 돌 틈을 더듬어 잡는다. 어항에 된장을 넣어 물고기를 꾀기도 한다. 요즘에는 천렵 풍습과 아이들의 놀이가 점점 사라지고 있다.

우리나라 아름다운 강들이 각종 공사와 수질 오염으로 몸살을 앓고 있다. 강으로 흘러드는 공장 폐수와 생활 하수, 축산 오물 때문에 수질 오염이 심각하다. 또한 곡식을 더 많이 수확하려고 비료를 뿌리고, 병균과 벌레를 없애려고 농약을 치면서 강물이 오염되고 있다. 사람들이 커다란 댐과 보를 만들어 강물을 막아 놓아서 물이 썩고, 홍수를 대비한다는 명목으로 강에서 모래와 자갈을 퍼가고 바닥을 긁어내는 공사를 하여 환경을 파괴한다. 그래서 물에서 살아가는 다양한 물고기는 물론 온갖 새들, 수달, 너구리, 남생이, 개구리, 우렁이, 민물 새우, 수서 곤충, 뱀 같은 물에서 살거나 물가에 오는 동물들도 살기가 힘들어지고 있다.

우리나라에 서식하는 민물고기 중에는 한반도에만 분포하는 고유종이 아주 많다. 이 한반도 특산종들은 멸종되면 전 세계 어디에서도 다시는 볼 수 없다. 최소한 이 귀한 종들을 보호하기 위해서라도 강물이 맑게 흐르게 하고, 생태계가 풍요롭게 유지되도록 힘써야 한다. 그래야 우리 강에서 다양한 물고기와 수서 곤충들, 물풀 같은 생명이 조화를 이루며 살아간다. 또한 강가를 삶터로 삼는 새, 수달, 너구리, 뱀, 자라, 남생이, 개구리 같은 동물들이 안정된 생태계에서 균형을 이루며 살 수 있다. 그러면 사람도 자연에서 풍요롭게 살아갈 수 있다.

1_4 꼭 보호해야 하는 민물고기

모든 생물은 자연에서 서로 관계를 맺으며, '생태계'를 이루어 살아가고 있다. 생물들은 몸집이 크거나 작거나 '먹이 사슬^{먹이 연쇄}'로 이어져 다른 생물을 먹기도 하고 반대로 먹이가 되기도 한다. 생물들은 촘촘하게 얽혀 서로 영향을 주고받고 나름의 질서와 균형을 이룬다.

한 종이 지구에서 완전히 사라지는 것을 '멸종'이라고 한다. 만약에 어떤 종이 줄어들거나 사라지면, 그 종을 먹이로 삼거나 도움을 주고받던 다른 생물들도 영향을 받을 것이다. 요즘에는 자연에서 이루어지는 각종 개발과 환경 오염, 특히 온난화에 의한 기후변화로 줄어들거나 멸종되는 생물이 점점 늘어나고 있다. 멸종 생물이 많아지면 생태계의 질서와 균형이 깨지고, 자연은 황폐해질 수 있다.

인간은 멸종된 생물을 다시 되살리지 못한다. 다양한 생물들이 조화롭게 살아가는 아름답고 풍요로운 자연을 보전하기 위해서 멸종 위기에 처한 생물들을 보호하고, 이들과 더불어 살아가는 다른 생물들도 함께 지키며, 생태계가 건강하게 유지될 수 있도록 환경 오염을 줄이는 노력이 필요하다.

세계 여러 나라는 야생에서 사라질 위험이 있는 생물을 '멸종위기종'으로 정해서 보호한다. 우리나라는 환경부에서 '멸종위기야생동식물'을 지정하고 있다. 포유류, 조류, 양서류, 파충류, 어류, 곤충, 식물 등 많은 생물이 이 목록에 들어가 '야생동식물보호법'으로 보호받는다. 또한, 우리나라에 들어와 생태계를 황폐하게 하는 생물인 '생태계교란야생동식물'을 정해 관리하고 있다.

멸종위기야생동식물 환경부 지정(2012년 기준)

멸종위기야생동식물 I급 감돌고기, 꼬치동자개, 남방동사리, 미호종개, 얼룩새코미꾸리, 여울마자, 임실납자루, 퉁사리, 흰수마자

멸종위기야생동식물 II급 가는돌고기, 가시고기, 꺽저기, 꾸구리, 다묵장어, 돌상어, 모래주사, 묵납자루, 백조어, 버들가지, 부안종개, 열목어, 좀수수치, 칠성장어, 한강납줄개, 한둑중개

생태계교란야생동식물 환경부 지정(2012년 기준)   파랑볼우럭(블루길), 큰입배스(배스)

천연기념물 문화재청 지정   우리나라 문화재청에서는 문화유산으로 가치가 있는 아름답고 귀한 동식물을 '천연기념물'로 지정하여 보호하고 있다. 천연기념물로 지정된 민물고기와 서식지를 아래에 정리했다.

	무태장어	어름치	미호종개	꼬치동자개	열목어	황쏘가리
종 지 정		천연기념물 제259호 소재지:전국 지정일:1978. 8. 18	천연기념물 제454호 소재지:전국 지정일:2005. 3. 17	천연기념물 제455호 소재지:전국 지정일:2005. 3. 17		
서 식 지 지 정	제주의 무태장어 천연기념물 제27호 소재지:제주 서귀포시 서홍동 2565 지정일:1962. 12. 3	금강의 어름치 천연기념물 제238호 소재지:충북 옥천군 이원면 용방리 1135 지정일:1972. 5.1	부여·청양 지천의 미호종개 천연기념물 제533호 소재지:충남 부여군 규암면 금암리 일원, 청양군 장평면 분향리 일원 지정일:2011. 9. 5		정선 정암사의 열목어 천연기념물 제73호 소재지:강원도 정선군 고한읍 고한리 산213 지정일:1962. 12. 3 봉화 대현리의 열목어 천연기념물 제74호 소재지:경북 봉화군 석포면 대현리 226번지 외 지정일:1962. 12. 3	한강의 황쏘가리 천연기념물 제190호 소재지:서울 한강 일원 지정일:1967. 7. 11 화천의 황쏘가리 천연기념물 제532호 소재지:강원도 화천군 화천읍 동촌리 일원 지정일:2011. 9. 5

민물고기 생김새

어류에는 바닷물고기^{해수어}와 민물고기^{담수어}가 있다. 현재 지구 상에 살고 있는 어류는 약 28000여 종이고, 이 중에서 민물고기는 11480종으로 알려져 있다. 우리나라에는 지금까지 약 1200여 종이 기록되어 있으며, 이 중에서 약 200여 종은 민물에서 살고 나머지는 우리 바다에서 산다.

민물고기는 바닷물고기와 기본적인 생김새가 비슷하지만, 각 종마다 강의 여러 환경에 적응하며 서식지와 먹이에 따라 진화하여 다양한 형태를 갖게 되었다. 이 장에서는 우리나라에 사는 민물고기들의 생김새를 살펴보고, 몸 각 부위에 있는 독특한 기관들이 어떻게 쓰이는지 알아보자.

2_1 기본 생김새

물고기는 물속에서 사는 척추동물^{등뼈동물}이다. '물고기 무리'라는 뜻으로 다른 말로 '어류'라고 한다. 척추동물에는 어류, 양서류, 파충류, 조류, 포유류가 있다. 어류는 다시 바닷물고기^{해수어}와 민물고기^{담수어}로 나뉜다. 바닷물고기와 민물고기는 사는 곳이 바닷물과 민물이라는 차이만 있을 뿐 생김새는 거의 비슷하다. 현재 살아있는 물고기는 다음과 같이 세 무리로 나눈다. 턱을 가지고 있지 않는 '무악류', 상어와 같은 '연골어류', 나머지 대부분의 물고기가 포함된 '경골어류'이다. 턱이 없으며 원구류에 해당하는 물고기는 칠성장어 종류이다. 연골어류에는 상어와 가오리 무리가 있다. 나머지 물고기들은 대개 경골어류에 속한다.

물고기는 몸매가 날씬하고 매끈하게 생겼다. 그래서 물을 가르고 헤엄칠 때 몸과 물이 부딪치는 힘이 줄어든다. 온몸이 비늘로 덮여 있고 몸통에 지느러미가 붙어 있다. 다른 동물들처럼 다리가 없는 대신에 지느러미로 헤엄쳐 다닌다. 비늘은 짐승 털이나 두꺼운 살갗처럼 몸을 보호한다. 비늘이 없는 물고기들은 매끈하고 단단한 살갗에서 나오는 미끈거리는 점액이 몸을 감싸 벌레가 붙는 것을 막는다.

몸은 크게 머리, 몸통, 꼬리와 지느러미 세 부분으로 나뉜다. 머리는 주둥이부터 아가미구멍까지이다. 몸통은 머리 뒤 끝에서 항문과 생식공이 있는 '총배설강'까지를 말한다. 꼬리는 몸통의 뒤, 총배설강에서 꼬리지느러미 앞까지이다. 몸통과 꼬리에는 지느러미가 붙어 있다. 머리에는 입, 눈, 콧구멍이 있고 숨을 쉬는 아가미가 있다. 아가미에 붙어 있는 아가미갈퀴^{새파}로 먹이를 걸러 먹기도 한다. 입으로 들어간 물이 아가미를 거치면서 물속에 녹아 있는 산소만 빨아들이고 이산화탄소와 물은 도로 내보낸다. 콧구멍으로는 냄새만 맡는다. 대개 물고기 눈에는 눈꺼풀이 없다. 그래서 눈을 감지 못하고 잠을 잘 때도 눈을 뜬다.

몸통 중간에 박힌 비늘에는 작은 구멍이 한 줄로 늘어서 있는데 이것을 '옆줄^{측선}'이라고 한다. 옆줄은 몸통에서 꼬리까지 옆으로 쭉 나있다. 물고기는 옆줄로 물이 깊은지 얕은지 차가운지 뜨거운지 알 수 있고, 물의 압력과 흐름도 느낀다. 지느러미는 한 개로 된 '홑지느러미'와 좌우 쌍으로 된 '짝지느러미'가 있다. 홑지느러미에는 등지느러미, 뒷지느러미, 꼬리지느러미가 있다. 짝지느러미에는 가슴지느러미와 배지느러미가 있다. 물고기는 지느러미를 이용하여 쏜살같이 앞으로 헤엄을 치고 가만히 있기도 한다. 등지느러미와 뒷지느러미로 자세를 바로 잡고 꼬리지느러미로는 헤엄칠 때 빠르기를 조절한다. 가슴지느러미와 배지느러미는 똑바로 서게 평형을 유지 해준다.

물고기의 몸길이는 주로 '체장'을 기준으로 삼아서 쓴다. 바로 머리 앞 끝에서부터 꼬리지느러미 기부까지 길이다. 주둥이 앞 끝에서 꼬리지느러미 말단까지 직선 거리를 전체 길이, 다른 말로 '전장'이라고도 한다. 몸 높이는 '체고'라고 하는데 몸통 가장 높은 부분에서 배까지 잰 길이다. 몸길이^{체장}가 1cm짜리인 작은 물고기도 있고 20m가 넘는 커다란 물고기도 있다.

물고기의 생김새 _ 잉어

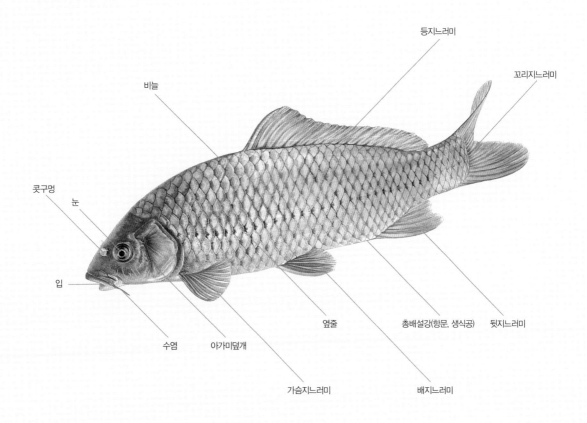

등지느러미

꼬리지느러미

비늘

콧구멍

눈

입

수염　　아가미덮개

옆줄

총배설강(항문, 생식공)　뒷지느러미

가슴지느러미

배지느러미

주요 몸길이 _ 피라미

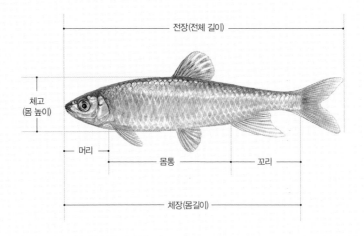

전장(전체 길이)

체고
(몸 높이)

머리

몸통

꼬리

체장(몸길이)

2.2 여러 가지 민물고기 생김새

민물고기는 사는 곳이나 살아가는 방법에 따라 저마다 생김새가 다르다. 그중에서도 헤엄을 잘 치는 물고기는 유선형으로 날렵하게 생겼다. 강 밑바닥에서 사는 종들은 배가 넓고 평평하다. 몸이 길쭉한 것들도 있다. 물살이 느린 곳에서 헤엄을 덜 치는 종들은 대개 몸이 세로로 납작하며 가슴지느러미가 넓다.

민물고기는 몸통의 생김새에 따라서 크게 6가지 형태로 나눈다. 이런 다양한 생김새는 사는 곳과 생태에 따라서 갖추게 된 것이다. 6가지 생김새 유형에는 물의 저항을 덜 받기 위해 앞쪽은 둥글고 뒤쪽은 길고 가늘게 생긴 '방추형', 몸이 높고 몸통이 세로로 납작한 '측편형', 몸은 낮지만 양 옆으로 넓은 '종편형', 몸이 아주 긴 '장어형', 미꾸리처럼 몸이 길쭉하면서도 납작한 '리본형', 몸통이 공처럼 둥근 '구형'이 있다. 방추형으로 대표적인 붕어와 잉어는 날렵하게 생겼고 중층에서 헤엄을 아주 빠르게 잘 친다. 측편형을 가진 납자루무리는 방추형보다는 헤엄을 덜 치고 물살이 느린 곳을 좋아한다. 하지만 위험을 느끼면 재빠르게 물풀 속이나 돌 밑으로 들어가 숨기도 한다. 종편형을 가진 강주걱양태와 동사리 무리는 물 밑바닥에서 생활한다. 바닥에 붙어 있어야 하므로 배가 평평하고 가슴지느러미가 넓고 배지느러미가 작다. 몸이 길쭉한 장어형의 장어와 리본형의 미꾸리와 참종개도 바닥에서 주로 산다. 장어는 물속 큰 바위 밑에 잘 숨고, 미꾸라지와 참종개는 몸이 길쭉하고 지느러미가 작아서 진흙과 모래를 잘 파고든다. 몸이 공처럼 둥근 구형의 복어는 물 중층에서 조금씩 어슬렁거리며 헤엄친다.

또한, 같은 과에 속하는 생김새가 비슷한 물고기들도 자세히 살펴보면 몸의 여러 부분들이 조금씩 다르다. 모래무지아과에 속하는 돌마자는 바닥에서 생활하여 배가 넓고 평평하며 가슴지느러미가 아주 넓다. 하지만 같은 과인 쉬리는 물살이 센 여울을 좋아하고 헤엄을 잘 치며 몸이 길쭉하고 날렵하게 생겼다. 이렇게 몸통 생김새가 닮고 같은 무리에 속해도, 사는 곳과 생태에 따라서 종마다 생김새가 조금씩 다르다. 이런 차이들은 물고기들이 아주 다양한 환경에 적응하며 진화해 왔다는 것을 보여 준다.

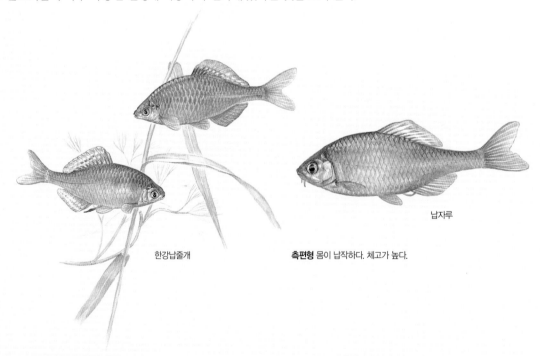

한강납줄개

측편형 몸이 납작하다. 체고가 높다.

납자루

6가지 몸통 생김새

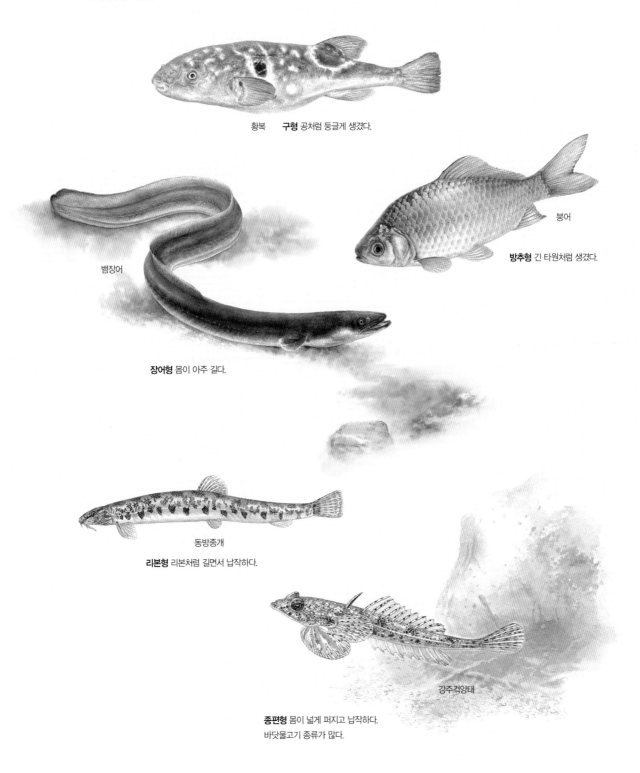

황복 **구형** 공처럼 둥글게 생겼다.

붕어

방추형 긴 타원처럼 생겼다.

뱀장어

장어형 몸이 아주 길다.

동방종개

리본형 리본처럼 길면서 납작하다.

강주걱양태

종편형 몸이 넓게 퍼지고 납작하다.
바닷물고기 종류가 많다.

2_3 주요 부위별 생김새

1 비늘

물고기는 온몸이 비늘로 덮여 있다. 비늘은 동물의 털이나 살갗처럼 물고기 몸을 보호한다. 동자개나 메기처럼 몸이 매끄러운 물고기는 비늘이 없는 대신에 살갗에서 미끄러운 점액이 많이 나오고 살갗이 단단하다. 몸을 감싸는 점액은 벌레가 붙는 것을 막아 준다. 물살이 빠른 곳에서 사는 물고기들은 비늘이 작고 많다. 물살이 느린 곳에서 사는 물고기는 비늘이 크고 거칠다. 비늘 생김새나 크기, 개수는 물고기마다 차이가 커서 종을 연구하고 분류하는데 있어 무척 중요하다.

2 옆줄(측선)

물고기의 감각 기관 중에 가장 중요한 기관은 옆줄측선(lateral line)이다. 물고기들은 대부분 몸통 중앙에 한 줄씩 옆줄이 있는데, 이것이 아예 없거나 두 줄 이상 그물 모양으로 된 물고기도 있다. 비늘이 없는 물고기는 눈에 보이지 않을 만큼 작은 구멍이 온몸에 감각 기관으로 발달해 있다. 이 구멍들은 머리 쪽에 가장 많다. 옆줄은 몸통 가운데에서 꼬리까지 옆으로 쭉 나 있다. 대개 몸통 가운데 붙어 있는 비늘에 작은 구멍이 하나씩 뚫려 있고, 구멍이 뚫린 비늘이 한 줄로 쭉 늘어서서 옆줄을 이룬다. 이 비늘을 '옆줄 비늘'이라고 한다. 옆줄 비늘에 뚫린 구멍은 몸속에서 작은 관으로 이어져 있다. 관 속은 점액으로 채워져 있고 둘레에는 '촉감구'가 있다. 이렇게 옆줄 비늘 구멍에 감각 세포가 연결되어 있어서 수온과 수심, 그리고 그에 따른 압력 따위를 느낀다. 물고기들은 옆줄로 물 깊이를 알고, 물 흐름을 느끼고, 물살 세기나 온도와 진동을 느낀다. 자기 둘레에 무엇이 있는지 먹이가 오는지 큰 물고기가 옆에 있는지를 알 수 있다.

옆줄 생김새는 물고기마다 조금씩 다르다. 옆줄이 몸 중앙에 길게 반듯한 물고기도 있고 아래쪽으로 약간 구부러진 것도 있다. 옆줄이 쭉 이어지다가 끊어진 물고기도 있다. 이렇게 옆줄이 이어지지 않은 것을 '불완전한 측선'이라고도 한다. 옆줄은 종에 따라 달라서 물고기를 분류하는데 중요한 형태적 특징이다. 또한 옆줄 비늘 수는 3~4개 차이에도 다른 종으로 분류해도 될 만큼 아주 중요하다.

3 지느러미

물고기는 지느러미로 물을 가르고 헤엄치거나 균형을 잡는다. 사람에게 있는 팔다리가 없는 대신 지느러미를 가진 셈이다. 물고기는 지느러미로 물속에서 가만히 있기도 하고 쏜살같이 헤엄치기도 한다. 얇은 지느러미 막 사이사이에 있는 지느러미살을 '기조'라고 하는데, 이 기조의 개수와 배열은 종을 구분하는 중요한 특징이다. 몸통에 세로로 붙어 있는 등지느러미와 뒷지느러미, 꼬리지느러미는 물고기가 앞으로 헤엄치거나 방향을 바꾸는 역할을 한다. 등지느러미와 뒷지느러미로 자세를 바로 잡고 꼬리지느러미로는 헤엄칠 때 빠르기를 조절한다. 이 지느러미들은 한 개만 붙어 있다고 해서 '홑지느러미'라고 한다. 가슴지느러미와 배지느러미는 방향을 바꾸거나 틀 때 평형을 유지하는 역할을 한다. 그래서 가만히 있을 때도 물고기는 쓰러지지 않으려고 가슴지느러미를 계속 움직인다. 두 개가 쌍으로 붙어 있다고 '짝지느러미'라고도 한다.

또 은어와 빙어, 퉁가리과와 연어과는 등지느러미 뒤에 작은 '기름지느러미'가 붙어 있다. 동사리 무리와 꺽정이는 등지느러미가 두 개다. 뱀장어와 같이 등지느러미가 꼬리지느러미와 이어져 있는 물고기도 있고, 드렁허리처럼 지느러미가 거의 없는 물고기도 있다. 종마다 각각의 지느러미 크기와 생김새가 무척 다르다.

망둑어과는 배지느러미가 붙어서 '흡반'이 되었다. 흡반은 어떤 물체나 다른 동물에 달라붙기 위한 장치를 말한다. '빨판' 혹은 '흡착기'라고도 한다. 망둑어과는 배에 있는 흡반으로 흐르는 강물에 쓸려 내려가지 않고, 이동하는 중에도 바닥에 있는 돌이나 물체에 착 달라붙어 몸을 고정시킨다.

꼬리지느러미를 살펴보자면, 양쪽으로 갈라진 물고기도 있고 오목하게 된 것도 있으며, 지느러미 끝부분이 반듯한 것도 있고, 둥근 것, 뾰족한 것, 창처럼 생긴 것도 있다. 중고기는 둘로 갈라진 '양엽형', 송사리는 지느러미 끝이 수직으로 반듯한 '절단형', 미꾸리는 끝이 둥근 '원형', 눈동자개는 끝이 조금 들어간 '오목형', 드렁허리는 끝이 갈수록 좁아지는 '뾰족형', 버들붕어는 창처럼 뾰족한 '창형'이다. 이렇게 지느러미 생김새와 쓰임새는 물고기 종마다 조금씩 차이가 있다.

비늘과 옆줄 생김새

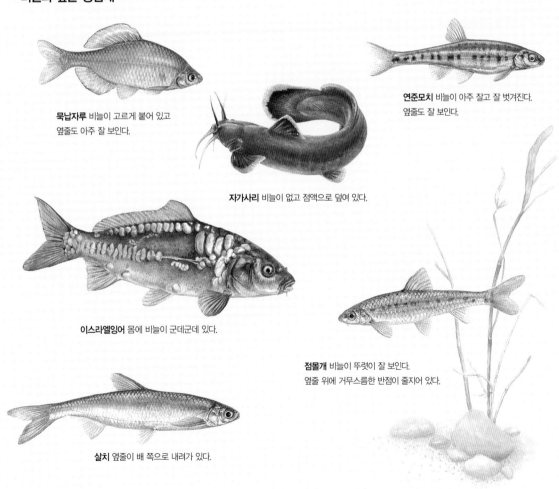

묵납자루 비늘이 고르게 붙어 있고 옆줄도 아주 잘 보인다.

연준모치 비늘이 아주 잘고 잘 벗겨진다. 옆줄도 잘 보인다.

자가사리 비늘이 없고 점액으로 덮여 있다.

이스라엘잉어 몸에 비늘이 군데군데 있다.

점몰개 비늘이 뚜렷이 잘 보인다. 옆줄 위에 거무스름한 반점이 줄지어 있다.

살치 옆줄이 배 쪽으로 내려가 있다.

기조 물고기 지느러미를 살펴보면 부채처럼 생겼다. 지느러미에는 얇은 막과 막 사이사이에 가늘고 기다란 지느러미살이 있다. 이것을 '기조'라고 한다. 기조는 얇고 투명한 막으로 된 지느러미를 받쳐 준다. 기조에는 극조와 연조가 있다. 극조는 마디가 없고 바늘처럼 끝이 뾰족하다. 연조는 마디로 이루어졌는데 끝으로 갈수록 마디가 짧고 작으며 대부분 끝이 두 개로 갈라진다. 지느러미는 앞쪽에 극조가 세 개쯤 들어 있고 뒤쪽은 연조로 이루어져 있다. 이런 극조와 연조 배열을 '기조식'이라고 한다. 물고기 종류에 따라서 기조의 개수와 배열이 다르기 때문에 어류 연구에서 중요한 요소다. 주로 등지느러미와 뒷지느러미 기조 개수를 헤아려 비교한다.

꼬리지느러미 생김새

양엽형 중고기는 위아래로 깊이 갈라졌다.

오목형 눈동자개는 가운데가 조금 들어갔다.

절단형 송사리는 끝이 자른 듯이 반듯하다.

원형 쌀미꾸리는 끝이 둥글다.

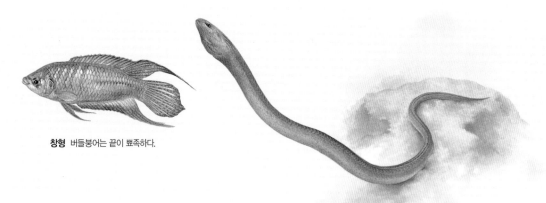

창형 버들붕어는 끝이 뾰족하다.

뾰족형 드렁허리는 지느러미가 거의 없고 끝이 가늘다.

다양한 지느러미 생김새

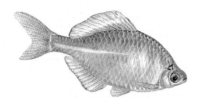

흰줄납줄개 등지느러미와 뒷지느러미가
아주 크고 넓다.

종개 꼬리지느러미 끝부분이 세로로 반듯하다.

버들매치 등지느러미와 가슴지느러미가 크고 넓다.

감돌고기 배지느러미와 뒷지느러미의 크기가 비슷하다.

가시고기 등에 가시가 8~9개 있다. 배지느러미에
각 1개씩, 뒷지느러미 앞에도 가시가 1개 있다.

밀어, 미끈망둑 배지느러미가 붙어서 빨판이 되었다.
밀어는 등지느러미가 2개이고, 미끈망둑은 1개다.

미유기 등지느러미가 아주 작고
뒷지느러미는 배에서 꼬리자루까지 아주
넓고 길게 있다.

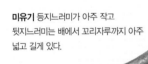

흰수마자 가슴지느러미가 넓다. 모래 바닥에 붙어
있을 때는 편다.

둑중개 등지느러미가 2개이고,
가슴지느러미가 아주 넓다.

산천어 등지느러미 뒤에 작은 기름지느러미가 있다.

4 아가미

　물고기는 아가미를 통해서 물에 녹아 있는 산소를 흡수하고 이산화탄소를 내보내며 숨을 쉰다. 그래서 입을 계속 뻐끔뻐끔거린다. 입을 벌릴 때 아가미뚜껑이 닫히고 입을 다물 때는 아가미뚜껑이 열린다. 입으로 들이 마신 물은 아가미를 거쳐서 뚜껑이 열릴 때 나간다. 아가미살^{새파}에 아주 가는 핏줄이 많아서 산소를 빨아들이고 이산화탄소는 내보낸다. 또 새파는 갈퀴처럼 생겼고 가늘고 딱딱해서 물과 섞여 들어온 먹이를 거르고 모은다. 먹이는 물과 함께 목구멍을 타고 배로 들어간다. 물에 녹아 있는 산소는 공기 중보다 20분의 1 밖에 되지 않기 때문에 물속 산소량은 물고기가 사는데 아주 중요하다. 물고기는 물에 산소가 적으면 부족한 산소를 보충하려고 입을 물 밖으로 내밀어 공기를 마시기도 한다. 미꾸리와 뱀장어는 아가미로 숨을 쉬지만 창자나 피부로 호흡하기도 한다. 미꾸리는 입으로 공기를 먹어 창자에서 산소를 흡수하고 나머지 공기는 방귀 뀌듯이 항문으로 나온다. 물고기 중에는 부레가 허파 역할을 해서 공기 호흡을 하는 '폐어류'도 있다.

5 입과 수염

　입은 위턱과 아래턱으로 이루어져 있다. 입으로 먹이를 먹거나 물을 들이 마신다. 물고기 입은 사는 곳과 주로 먹이에 따라 알맞게 생겼고 저마다 입 모양이 다르다. 물고기는 미각이 잘 발달되어 있다. 입뿐만 아니라 머리와 몸통에 있는 작은 구멍으로도 미각을 느낀다. 플랑크톤을 먹고 사는 물고기는 아가미에서 먹이를 걸러 먹는다. 육식성 어류는 턱이나 입천정 또는 아가미 안쪽에 딱딱한 이빨이 있다. 잉어과 어류를 비롯한 많은 물고기들은 목에 이가 있다. 딱딱한 먹이나 벌레 같은 먹이를 삼킬 때 이로 지그시 눌러 먹이를 갈아 부순다.

　은어는 턱에 작은 칫솔처럼 생긴 이로 돌에 붙은 돌말을 훑어 먹는다. 몸을 뉘여서 돌말을 먹기 때문에 입이 가로로 길다. 돌고기는 부착 조류를 뜯어 먹고 살아서 입술이 두툼하고 납작하다. 돌마자와 모래무지는 입가에 작고 터슬터슬한 돌기가 있어 모래에 붙어 있는 작은 부착 조류나 벌레를 먹는다. 꺽지와 쏘가리는 턱에 날카로운 이가 있다. 이를 이용해 물고기와 물벌레를 잡아먹는다. 육식성인 가물치와 메기, 동사리 입은 작고 날카로운 이가 많고 몸에 견주어 아주 커서 먹이를 한 입에 삼킬 수 있다.

　사는 곳과 먹이로 비교해 보면, 바닥에 사는 물고기는 입이 아래쪽이나 위쪽으로 나 있다. 모래에 사는 물벌레를 잡아먹는 모래무지는 모래를 집어 먹기 좋게 입이 아래로 벌어진다. 바닥에 살지만 주로 숨어 있다가 머리 위쪽에서 헤엄치는 다른 물고기를 잡아먹는 동사리는 입이 위로 벌어진다. 바닥에 살지 않고 수면 쪽에 살지만 물에 떠 있는 장구벌레를 주로 먹는 송사리 입도 위로 벌어진다.

　물고기 입가에는 수염이 있다. 수염은 붙어 있는 위치와 길이에 따라서 하는 일이 제각각이다. 메기는 눈앞에 있는 긴 수염을 더듬이처럼 이리저리 움직이면서 먹이를 찾고 둘레에 무엇이 있는지 살핀다. 꾸구리는 턱 밑에 난 수염을 돌에 걸치고 여울에서 센 물살을 이겨낸다. 수염 개수와 생김새는 물고기마다 다르고, 수염이 없는 물고기도 많다.

원구류 다묵장어나 칠성장어 같이 입이 둥근 물고기를 '원구류'라고 한다. 입이 동그랗고 턱이 없는 빨판 구조로 되어 있다. 입 둘레에는 작은 이가 나 있는데 칠성장어는 다른 물고기 몸에 달라붙어서 비늘과 살갗 을 찢고 피를 빨아 먹는다. 입을 돌이나 바닥에 붙여 몸을 고정하기도 한다.

입과 수염 생김새

메기 입이 아주 크다. 입에 작은 이가 잔뜩 나 있고, 입가에 긴 수염이 2쌍 있다.

배가사리 입이 아래로 벌어지고 터슬터슬한 돌기가 잔뜩 나 있다.

다묵장어 입이 둥글며 주위에 작은 이가 나 있다. 이가 있지만 먹이를 먹을 때 쓰지는 않는다.

자가사리 입 둘레에 수염이 4쌍 있다.

철갑상어 강바닥에 있는 먹이를 주워 먹는다. 입이 주둥이 아래에 있고, 입 앞에 수염이 있다.

은어 입이 가로로 길게 쭉 찢어져 있다.

돌고기 입이 돌에 붙은 부착 조류를 먹기 좋게 납작하고 입술이 두툼하다.

끄리 입이 삐뚤빼뚤하다.

강준치 입이 위로 삐죽 솟아 있다.

6 콧구멍

물고기 주둥이를 보면 눈 앞이 오목하게 들어가거나 볼록 튀어나온 데가 있다. 콧구멍^{비공}이다. 콧구멍은 두 쌍이다. 앞뒤로 있는 구멍 두 개가 한 쌍으로 서로 이어져 있다. 물이 한 쪽에서 들어와서 다른 쪽으로 나간 다. 콧구멍 안에 있는 후각 세포로 물에 녹아 있는 냄새를 맡는다. 두 콧구멍 사이로 물만 들락날락할 뿐 코 로 물을 들이마시지는 않는다. 콧구멍이 사람처럼 목구멍과 이어져 있지 않고 오목하게 막혀 있다. 물고기는 시각이 약한데 비해, 후각과 미각이 잘 발달되어 있다. 바다에서 살다가 강으로 다시 돌아오는 연어는 콧구멍 에 있는 후각 세포가 강물 냄새를 기억하여 태어난 곳으로 돌아온다.

7 눈

물고기 눈은 사람 눈과 비슷하게 생겼다. 눈은 어둡고 침침한 물속 환경 때문에 다른 감각 기관에 비해 퇴 화되어 잘 보지 못한다. 하지만 얕은 곳에 사는 물고기는 색을 구별하기도 한다. 물고기는 눈꺼풀이 없다. 그 래서 눈을 감지 못하고 잠을 잘 때도 눈을 뜬다. 잠을 잘 때 바닥에 누워서 자는 물고기도 있다. 하지만 꾸구 리 같은 물고기는 눈꺼풀이 있어서 물속이 어두우면 눈이 커지고 밝으면 눈이 작아진다.

8 총배설강(항문과 생식공), 소화 기관

물고기는 뒷지느러미 앞에 구멍이 있는데 바로 '총배설강'이다. 물고기가 먹이를 소화시키고 남은 찌꺼기 를 내보내는 항문이 있다. 또한 총배설강은 생식기와 연결되어 있다. 수컷은 정자가 나오는 수정관과 연결되 어 짝짓기를 할 때 정자를 배출한다. 암컷은 난소가 수란관으로 연결되어 있어서 알이 총배설강으로 나온다. 납자루 무리는 총배설강에서 산란관이 길게 늘어난다.

물고기의 소화 기관은 단순하다. 입이나 아가미에서 걸러 먹은 먹이는 목구멍을 통해서 식도를 거쳐 위로 들어간다. 먹이는 위에서 창자로 들어가 소화되면서 영양분이 흡수된다. 위와 창자 사이에는 간, 쓸개, 이자, 유문수 같은 여러 소화 기관이 붙어 있다. 창자에서 영양분을 흡수하고 나면 총배설강으로 찌꺼기가 나온다. 육식성 물고기는 창자가 짧고, 초식성 물고기는 창자가 길다.

9 체색(몸 색깔)과 무늬

민물고기는 종마다 고유한 몸 색깔을 가지고 있다. 이를 '체색'이라고 하는데, 체색은 종마다 다르고 같은 종이라도 각각의 물고기마다 조금씩 차이를 보인다. 어떤 곳에 사느냐에 따라 달라지기도 하고 성장 과정에 따라서 조금씩 달라진다. 체색은 수온과 물속 밝고 어두운 정도에 따라서, 물고기의 기분에 따라서 조금씩 달라지기도 한다. 특히 산란기에 수컷이 화려하게 혼인색을 띠는 종도 여럿 있다.

물고기 몸통에는 점이나 무늬가 있다. 머리와 등에도 무늬가 있지만 몸통에 있는 점과 무늬가 특징적이다. 비늘에 불규칙적인 점이 있기도 하고, 일정한 규칙을 이루는 작은 점들이 모여 반점과 무늬를 이루기도 한다. 비늘이 없거나 작은 물고기들은 체색과 어울리는 무늬를 가지고 있다.

물고기의 몸통 무늬는 세 가지로 나누어 볼 수 있다. 몸통 앞쪽에서 꼬리까지 길게 이어지는 무늬와 등에서 배로 곧게 이어지는 무늬가 있다. 또 작은 점들이 모여 생긴 반점들이 띄엄띄엄 줄을 이루는 것도 있다. 물고기는 지느러미에도 색깔과 무늬가 있다. 지느러미 색깔은 대개 투명하지만 몸통처럼 짙은 색깔과 무늬를 가진 종도 있다. 지느러미에 난 무늬는 줄무늬나 점줄 무늬가 흔하며 반점이 있는 물고기도 있다. 모든 지느러미에 무늬를 가진 종도 있지만, 그렇지 않은 종도 있다. 민물고기가 가지는 체색과 무늬는 종을 분류하고 파악하는 데 있어서 중요한 특징들이다.

10 부레

　물고기가 물에 뜰 수 있는 것은 몸속에 '부레'가 있기 때문이다. 부레는 풍선처럼 생겨서 커졌다 작아졌다 한다. 부레를 크게 부풀리면 떠받치는 힘이 세져서 떠오르고 공기를 빼서 작게 줄이면 가라앉는다. 물고기는 스스로 부레 속의 공기 양을 조절할 수 있다. 하지만 망둑어과는 부레가 없어서 배에 있는 흡반을 이용해 돌이나 바위에 붙어 있다가 이곳저곳으로 조금씩 이동한다.

여러 가지 몸 색깔과 무늬

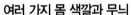

모래주사 모래 바닥에 살아서 모래와 몸 색깔이 닮았다.

꺽정이 환경에 따라서 몸빛을 잘 바꾼다. 보호색을 띠어 밑바닥과 색깔이 거의 같다.

쉬리 알록달록 몸빛이 화려하다. 하지만 등은 파래서 물 밖에서는 눈에 잘 안띈다.

강주걱양태 아주 가는 모래에서 사는데, 등에 자잘한 반점이 잔뜩 있어서 모래에 몸을 묻고 있으면 감쪽같다.

민물고기 생태

우리가 흔히 계곡, 냇물, 강, 저수지, 호수라고 부르는 곳에 있는 물은 민물이다. 민물은 염분이 없어서 짜지 않다. 민물고기들은 대부분 일생을 민물에서 살지만, 강은 바다로 흐르기에 강물과 바닷물을 오가며 살아가는 물고기도 있다. 또한, 뱀장어처럼 강을 떠나 바다로 가서 알을 낳는 물고기도 있고, 연어처럼 바다에서 살다가 강으로 올라와 알을 낳는 물고기도 있다.

민물고기들은 저마다 사는 곳에서 먹이를 찾으며, 성장하고, 짝짓기를 하여 알을 낳아 번식한다. 민물고기 대부분은 알을 낳고 더 살아가지만, 빙어와 은어처럼 알을 낳고 죽는 종도 있다.

이 장에서는 민물고기들이 무엇을 먹고 사는지, 어떻게 번식하고 성장하는지 자세히 알아보자. 또한 민물고기가 살아가는 환경을 몇 가지로 나누어 특징을 살펴보자.

3_1 먹이

　민물고기 먹잇감은 종에 따라 다르고, 같은 종이라도 성장에 따라, 또 계절에 따라서 조금씩 달라진다. 대개 물속에 있는 자갈이나 돌에 붙은 '부착 조류'를 먹고 부들, 말, 가래, 검정말, 개구리밥, 연꽃 등 수생 식물의 부스러기들을 먹는다. 또 장구말, 반달말 같은 녹조류와 규조류, 염주말 같은 남조류도 민물고기들의 중요한 먹이다. 또한 물벼룩, 플라나리아, 실지렁이, 새우, 다슬기, 조개, 수서 곤충의 애벌레들인 작은 물벌레 따위를 먹고 산다. 민물고기는 먹잇감에 따라서 플랑크톤을 먹는 어류, 초식성 어류, 육식성 어류, 잡식성 어류, 흡인식성 어류, 기생성 어류로 나누어 볼 수 있다.

　플랑크톤을 먹는 어류는 물속에서 사는 '식물성 플랑크톤'이나 '동물성 플랑크톤'을 아가미에 있는 새파로 걸러 먹는다. 붕어와 잉어, 피라미와 갈겨니, 버들치, 납자루 무리, 몰개 무리 등을 꼽을 수 있다. 초식성 어류로는 물풀과 물 밖에 있는 풀까지 먹는 초어와 부착 조류를 먹는 은어, 돌마자, 돌고기 무리 등이 있다. 육식성 어류는 수서 곤충과 애벌레, 작은 갑각류, 지렁이, 다른 물고기 같은 동물들을 잡아먹는 물고기를 말한다. 뱀장어, 끄리, 동사리, 퉁가리, 쏘가리, 가물치, 메기, 동자개를 들 수 있다. 이 물고기들은 날카로운 이가 있고 입이 아주 커서 먹이를 통째로 삼키기도 한다.

　잡식성 어류는 식물성 먹이와 동물성 먹이를 모두 먹는 물고기를 말한다. 잉어와 붕어, 돌고기, 몰개 무리, 중고기 무리, 미꾸리 무리이다. 이 물고기들은 식물성인 돌말부터 물벼룩, 수서 곤충의 애벌레도 먹는다. 흡인식성 어류는 주로 바닥에 사는 먹잇감을 입으로 빨아들여서 먹는다. 바닥에 사는 잉어과와 망둑어과가 대표적이다. 이 종류는 입이 아래쪽으로 열린다. 기생성 어류인 칠성장어는 다른 물고기 몸에 붙어서 살을 찢고 피를 빨아먹는다. 빨판처럼 생긴 입으로 몸에 딱 붙어서 이빨로 비늘을 긁고 살을 찢어서 나오는 피를 빨아먹고 산다. 다묵장어 유생은 동물성 플랑크톤과 유기물을 먹지만 다 자라면 아무 것도 먹지 않는다. 바닷물고기인 먹장어 무리는 물고기 몸에 달라붙어 파고 들어가 내장과 살을 파먹는다. 이렇듯 물고기는 여러 동식물을 다양하게 먹고 산다.

1 수서 곤충

　물속에서 사는 곤충을 '수서 곤충(水棲 昆蟲)' 또는 '수생 곤충'이라고 한다. 수서 곤충에는 두 종류가 있다. 평생을 물속에서 사는 종류가 있고, 애벌레 때만 물속에 사는 종류가 있다. 장구애비, 물방개, 게아재비는 평생을 물에서 산다. 잠자리, 모기, 하루살이, 날도래, 꽃등에 따위는 애벌레 때만 물속에서 살고 다 자라면 물 밖으로 나온다. 애벌레^{幼蟲}는 물속에서 1~2년 또는 3년쯤 자라고 어른벌레^{成蟲}가 되면 땅 위를 날아다닌다. 수서 곤충은 물속에서 썩은 나무 조각이나 나뭇잎, 부착 조류를 먹는다. 물장군이나 잠자리 애벌레는 올챙이나 작은 물고기를 잡아먹는다. 게아재비와 장구애비는 잠자리 애벌레나 작은 물고기를 잡아서 뾰족한 주둥이를 몸에 꽂고 즙을 빨아 먹는다. 물방개는 살아 있는 벌레를 잡아먹기도 하고 죽은 물고기를 뜯어 먹기도 한다. 이런 수서 곤충은 어린 물고기를 먹이로 삼지만 동시에 민물고기들에게 아주 중요한 먹잇감이다.

민물고기의 다양한 먹이

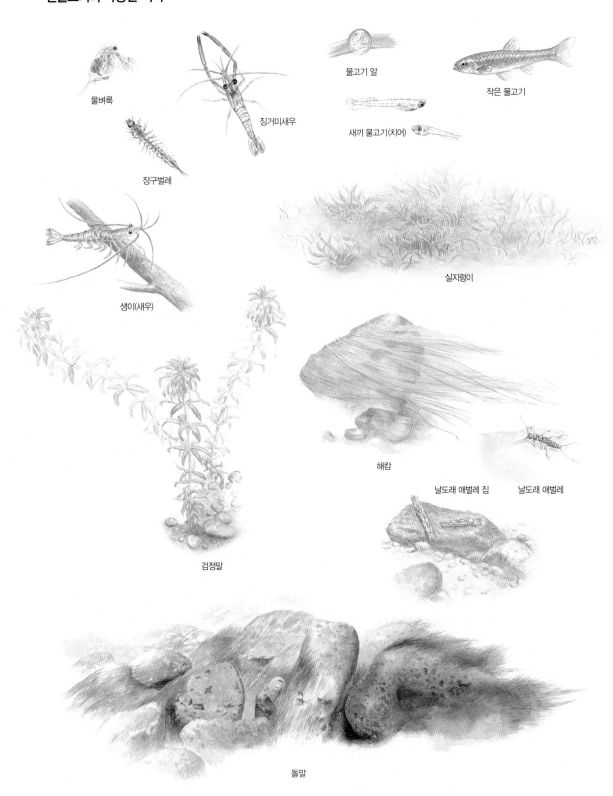

물벼룩

징거미새우

물고기 알

작은 물고기

장구벌레

새끼 물고기(치어)

생이(새우)

실지렁이

해캄

날도래 애벌레 집   날도래 애벌레

검정말

돌말

2 부착 조류

조류는 물에서 사는 식물의 한 무리를 일컫는 말이다. 물고기의 중요한 먹이 가운데 하나다. 조류는 사는 곳에 따라서 민물에 사는 담수조^{민물말}와 바다에 사는 해조^{바닷말}로 나뉜다. 색깔에 따라서 갈조류, 녹조류로 나누기도 한다. 담수조에는 해캄이나 돌말 같은 종류가 있고, 해조에는 우리가 흔히 먹는 미역이나 김, 파래가 있다. 조류 가운데 돌이나 다른 것에 붙어서 사는 것은 '부착 조류(付着 藻類)'라고 한다.

물속에 있는 돌에는 갈색이나 푸른색을 띤 부착 조류가 잔뜩 붙어 있다. 냇물이나 강물 속에 있는 돌이 시퍼렇고 아주 미끌미끌한 것은 이 부착 조류 때문이다. 부착 조류는 돌뿐만 아니라 물속에 잠긴 나무나 물풀에도 잔뜩 달라붙어서 산다. 은어나 돌고기 무리는 부착 조류를 아주 잘 먹는다. 은어는 입으로 훑어 먹고 돌고기는 쪼아 먹는다. 조류는 엽록소를 가지고 있는데 물속에까지 비친 햇빛으로 광합성을 해서 녹말을 만든다. 그렇기에 물고기는 부착 조류를 먹고 필요한 영양소를 얻는다. 물고기가 조류를 먹지만 물이 더러워져서 녹조류와 적조류가 아주 많아지면 물속 산소가 부족해서 오히려 물고기에게 해가 되기도 한다.

3 플랑크톤

물속에는 작은 동물이나 조류, 세포 하나로 된 식물이 많다. 플랑크톤(plankton)이다. 플랑크톤은 물속에 떠다니는 아주 작은 생물을 통틀어 일컫는 말이다. 물에 떠다닌다고 '부유 생물'이라고도 한다. 플랑크톤은 우리 눈에 보이지도 않을 만큼 작은 것도 있고, 물벼룩이나 옆새우처럼 작지만 보이는 것도 있다. 플랑크톤에는 '식물성 플랑크톤'과 '동물성 플랑크톤'이 있다. 식물성 플랑크톤은 조류 가운데서 장구말과 반달말 같은 녹조류와 염주말 같은 남조류, 돌말 같은 작은 규조류 따위이다. 동물성 플랑크톤은 원생 동물인 아메바와 짚신벌레, 윤형동물, 윤충류, 갑각류인 물벼룩, 옆새우 따위가 있다. 동물성 플랑크톤은 식물성 플랑크톤을 먹고 산다. 물고기는 이 두 플랑크톤을 모두 먹이로 삼는다.

4 육식 어류

수서 곤충과 물고기를 잡아먹는 물고기를 '육식성 어류'라고 한다. 이런 물고기는 대개 몸집이 크고 힘이 세다. 물풀 속이나 바위틈에 잘 숨는다. 대개 먹잇감이 눈치 못 채게 혼자 다닌다. 낮에는 숨어 있다가 밤에 나와서 어슬렁어슬렁 돌아다닌다. 동사리와 메기는 덩치가 커도 몸이 가로로 납작해서 바닥에 착 달라붙어 있는데, 물풀 사이에 숨기 좋게 몸 색깔이 풀색이거나 몸통이 얼룩덜룩하다. 죽은 듯이 가만히 숨어 있다가 물고기가 지나가면 큰 입을 벌려 한입에 덥석 삼킨다. 꺽지와 쏘가리는 몸이 세로로 납작해서 돌 밑이나 바위틈에 잘 숨는다. 몸 색깔이 환경에 어울리게 진해지기도 하고 연해지기도 하며 보호색으로 제 몸을 감춘다. 물고기가 지나가면 쏜살같이 튀어나와서 잡아먹는다.

민물에서 살아가는 생물들

소금쟁이

생이가래

게아재비

송장헤엄치개

재첩

대칭이와 말조개

물자라

가재

물달팽이

다슬기

3_2 한살이

어류는 알을 낳아서 자손을 남기고 퍼뜨린다. 개나 호랑이 같은 '젖먹이 동물^{포유류}'은 어미가 배 속에 새끼를 키워서 낳지만 물고기는 암컷과 수컷이 짝을 지어 알을 낳는다. 봄과 여름 사이에 알을 많이 낳는데, 이때는 물이 따뜻하고 먹이가 많아서 새끼가 자라기 좋다. 하지만 다른 계절에 알을 낳는 물고기도 있다. 은어와 납지리는 가을에 알을 낳는다. 알을 낳을 수 있는 물고기를 '성어'라고 하는데, 물고기 수명은 성어가 되기까지 성장 기간의 1~2배이다. 큰 물고기는 20년을 넘게 사는 종도 있다. 대개 몸집이 큰 종이 작은 종보다 더 오래 산다.

물고기는 대부분 알을 일 년에 한번 낳는다. 알은 아주 작은 데 속이 훤히 보이고 말랑말랑하다. 갓 깨어난 새끼는 알주머니에 있는 영양분으로 자란다. 조금 자라면 헤엄쳐 다니면서 물속에 있는 플랑크톤을 먹고, 작은 벌레를 잡아먹기도 하며, 물풀을 뜯어 먹기도 한다. 새끼 물고기들은 어릴 때는 물가에서 자라다가 점점 깊은 곳으로 간다. 민물고기는 1~3년을 자라면 어른이 되어 알을 낳는다. 여러 해 동안 자라면서 점점 성어가 되는 것들도 흔하다. 대개 알을 낳고 계속 살아가지만, 알을 한 번 낳고 죽는 물고기도 있다. 붕어와 잉어, 납자루아과, 미꾸리과, 모래무지아과, 메기과 들은 모두 알을 낳고 계속 살아간다. 하지만 연어는 바다에서 3~5년을 살다가 강으로 올라와 알을 낳고는 죽는다. 뱀장어는 강에서 5~12년을 살다가 깊은 바다에서 알을 낳고 죽는다. 좀구굴치와 큰가시고기는 1~2년이면 다 자라서 알을 낳고는 죽는다. 은어나 빙어, 큰가시고기는 1년 동안 자라서 성어가 되고 알을 낳고는 죽는다.

어류는 양서류처럼 '변온 동물^{냉혈 동물}'이라서 수온에 따라서 체온이 바뀐다. 그래서 스스로 체온을 조절할 수 없다. 민물고기는 수온이 적당한 봄여름에 가장 흔히 볼 수 있고 수온이 떨어지는 겨울에는 돌 틈으로 들어가거나 깊은 곳에서 겨울을 난다.

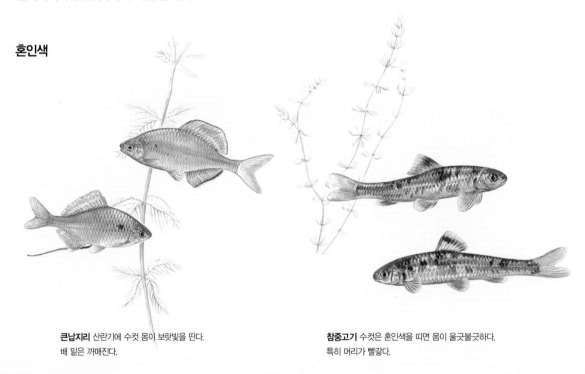

혼인색

큰납지리 산란기에 수컷 몸이 보랏빛을 띤다.
배 밑은 까매진다.

참중고기 수컷은 혼인색을 띠면 몸이 울긋불긋하다.
특히 머리가 빨갛다.

1 짝짓기와 알 낳기

민물고기는 알을 아주 많이 낳는다. 종에 따라서 암컷 한 마리가 알을 수백에서 수만 개를 낳는다. 수십만 개를 낳는 물고기도 있다. 납자루과는 보통 알을 500개쯤 낳고, 미꾸리과는 2000~3000개쯤 낳는다. 경골어류 가운데 바닷물고기는 알을 1만~10만 개 낳는다고 한다. 하지만 알에서 깨어나 성어가 되는 경우는 아주 드물다. 다른 물고기가 알을 주워 먹거나 물속 동물들이 먹고, 어린 물고기도 육식성 어류와 다른 동물이 잡아먹기 때문이다.

산란할 때가 되면 암컷은 알을 품고 있어서 배가 불룩해진다. 납자루와 중고기 무리 암컷은 조개 몸속에 알을 낳기 위해 배에서 긴 산란관이 나온다. 수컷은 몸에 변화가 생겨 '혼인색'을 띠기도 한다. 몸 색깔이 진해지고 화려하게 바뀌며 주둥이와 지느러미에 우둘투둘한 돌기가 생긴다. 몸빛을 강하게 해서 암컷 눈에 잘 띄기 위해서이다. 피라미와 각시붕어 수컷은 몸 색깔이 알록달록해지고 주둥이에 돌기가 잔뜩 솟아난다. 이 돌기를 '추성'이라고 한다. 또 지느러미 색깔이 변하고, 커지거나 길어지기도 한다.

큰가시고기 짝짓기와 알 낳기

1 수컷이 바닥을 움푹 파고 입과 가슴지느러미로 청소한다.
혼인색을 띠어 온몸이 파랗고 배는 빨갛다.

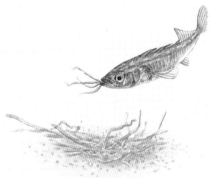

2 수컷은 물풀 조각을 모아 입구와 출구가 있는 둥지를
짓는다.

3 암컷이 둥지 근처에 오면 수컷이 춤추듯이
헤엄치며 둥지로 유인한다.

4 암컷은 둥지가 마음에 들면 입구로 들어간다.
이때 수컷이 암컷 꼬리지느러미 밑을 주둥이로 쿡쿡
찌른다. 암컷이 알을 낳는다.

5 암컷이 알을 낳고 나오면 수컷이 둥지로 들어가 정액을
뿌려 알을 수정시킨다.

산란기가 되면 수컷들은 알자리를 마련하기 위해 바쁘게 움직인다. 납자루 무리 수컷은 알 낳을 조개를 찾아다니고, 버들매치와 동자개 수컷은 진흙 바닥을 파고 청소를 한다. 큰가시고기 무리와 가물치는 물풀과 물풀 뿌리, 검불로 둥지를 만든다. 가시고기는 수컷 혼자서 둥지를 만들지만 가물치는 암수가 함께 둥지를 만든다. 칠성장어도 암컷과 수컷이 강바닥에 있는 돌을 함께 치우며 알자리를 만든다. 밀어 수컷은 알 낳을 돌 밑에 들어가 다른 수컷이 못 오게 지키며 텃세를 부린다. 동사리와 꺽지도 돌 밑을 청소하고 주변에 암컷이 찾아오기를 기다린다.

암컷과 수컷은 짝을 짓기 위해 서로 신호를 보내 상대를 확인하기도 한다. 각시붕어 수컷은 춤을 추듯이 헤엄치면서 암컷이 알 낳을 조개가 있는 곳으로 따라오게 한다. 좀구굴치와 큰가시고기도 수컷이 춤을 추며 암컷을 알 낳을 돌 밑과 둥지로 이끈다. 망둑어과인 민물검정망둑은 암컷을 부르기 위해서 입으로 소리를 낸다.

민물고기들은 산란 행동이 제각각이다. 피라미와 누치는 떼로 모여서 짝짓기를 하고 알을 바닥에 그냥 낳는다. 중고기와 납자루 무리는 암수가 짝을 지어 조개를 찾아다니며 알을 낳는다. 암컷이 조개 구멍에 산란관을 꽂으며 배 속에 있던 알을 조개 아가미에 넣는다. 알이 조개 몸속에 있으면 다른 물고기가 먹을 수 없어 보호된다. 붕어와 잉어는 물풀이 많은 곳에서 알을 낳는다. 연어는 바닥을 파헤쳐 알 낳을 곳을 만들어 산란하고는 암컷이 모래와 자갈로 덮는다. 밀어와 동사리, 꺽지는 돌 밑에 알을 붙인다. 참붕어와 몰개 무리는 알

버들붕어의 알 낳기

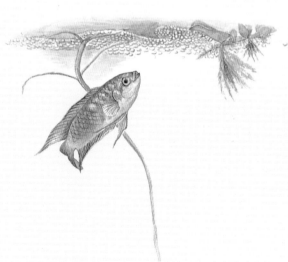

1 버들붕어 수컷은 혼인색을 띠어 온몸이 짙고, 지느러미는 빨갛다. 수면에 떠 있는 물풀 사이를 맴돌면서 입으로 끈적끈적한 거품을 내어 '거품집' 을 만들어 띄운다.

2 수컷은 암컷을 데려와서 암컷 몸을 동그랗게 말아 감싸며 거품집을 향하게 몸을 뒤집는다. 암컷이 거품집에 알을 낳아 띄우고 수컷은 정액을 뿌려 수정시킨다. 알은 여러 번에 걸쳐서 낳는다.

낳을 돌과 그 둘레를 청소하고 산란 뒤에도 돌 주위를 지킨다. 쉬리와 모래주사, 수수미꾸리는 여울에 있는 자갈에 알을 붙인다. 버들붕어 수컷은 수면에 떠 있는 물풀에 입으로 거품을 내서 '거품집'을 만들고 그 속에 알을 낳는다. 미꾸리 무리와 동자개 무리는 수컷이 암컷 몸을 휘어 감아서 알을 낳는다.

민물고기들은 암컷이 먼저 알을 낳으면 뒤에 수컷이 정액을 뿌려서 알을 수정시킨다. 이런 방법들을 몸 밖에서 난자와 정자가 만나 수정된다고 해서 '체외 수정' 또는 '몸밖정받이'라고 한다. 수컷들이 알자리에 남아서 알이 잘 깨어나게 도우며 보호하는 물고기도 있다. 물고기 알은 다른 물고기와 수서 곤충들의 먹잇감이 되기 때문에 알을 지키는 것이다.

체외 수정 수정은 난자와 정자가 만나서 하나가 되는 것을 일컫는 말이다. 물고기는 암컷의 몸 밖에서 정자와 난자가 만나는 '체외 수정(體外 受精)'을 한다. 물고기는 암컷이 물속에 알을 낳으면 수컷이 정액을 뿌려서 알을 수정시킨다. 물고기는 수정이 잘 되게 하려고 알 낳기와 정액을 뿌리는 것을 동시에 하거나 알이 정액을 꾀는 물질을 내기도 한다. 체외 수정을 하는 동물에는 물고기 말고도 개구리와 도롱뇽 등이 있다. 말이나 멧돼지 같은 동물은 대부분 수컷이 암컷의 몸속으로 정액을 들여보내 수정을 한다. 이것을 '체내 수정(體內 受精)'이라고 한다.

알 지키기

꺽지 수컷은 암컷과 돌 밑에 알을 빼곡히 붙인다. 수컷은 돌 밑에 남아 알을 지키며 지느러미를 흔들어 새끼가 잘 깨어나도록 돕는다. 다른 물고기가 가까이 오면 사납게 달려들어 쫓아낸다.

잔가시고기 수컷은 물풀 줄기에 둥지를 지어 암컷과 알을 낳는다. 수컷은 둥지 근처에 남아 알과 새끼를 보호한다.

2 알에서 성어(어른 물고기)로 자라기까지

어류의 알은 개구리 알처럼 속이 훤히 비치고 아주 말랑말랑하다. 알 속에 있는 영양분으로 새끼가 생기고 점점 자라서 부화한다. 알은 수정, 난할, 포배, 낭배, 배체 형성, 기관 형성과 부화로 성장 단계를 나눈다. 알 속에서 세포 분열하고 여러 단계를 거치며 새끼로 자란다. 알 속에서 일어나는 세포 분열을 살펴보면, 처음에는 2개로 나눠지고 다시 4개로 나눠진다. 다시 8개로 되었다가 16개, 32개, 64개로 이렇게 쭉 이어지며 난할 기간을 거친다. 이 과정을 '발생'이라고 한다. 알 위쪽에 세포가 많이 나뉘어 뭉쳐 있는 시기를 '상실기'라고 하는데, 그 뒤에 세포들이 노른자위를 덮는 '포배기'를 거치고, 알 껍질 안쪽에서 더 많은 세포들이 뒤덮는 '낭배기'로 이어지며 자란다. 이런 과정으로 점점 눈이 생기고 몸의 마디가 생기며 새끼가 자란다. 대개 낳은 지 2~3일쯤 지나면 알은 조금씩 물고기 모양을 갖춘다.

물고기 알은 종마다 또는 알이 처한 환경에 따라 새끼가 부화하는 기간이 다르다. 어떤 종은 몇 시간 만에 부화하기도 하고, 어떤 종은 며칠 걸려서 부화하기도 한다. 민물고기 알은 대체로 7일쯤 지나면 어린 새끼로 부화한다. 갓 깨어난 새끼는 대개 입과 항문이 닫혀 있다. 하지만 물 밑에 가라앉는 알인 '침성란'을 낳는 종은 갓 깨어난 새끼라도 입과 항문이 열려 있다. 갓 부화한 새끼는 알주머니에 있는 영양분으로 자라다가 알주머니를 다 흡수하면 헤엄치면서 물속 플랑크톤을 먹거나 작은 벌레를 잡아먹고 부착 조류도 먹는다. 어릴 때는 물가에서 살다가 자라면서 조금씩 깊은 데로 간다. 다른 물고기나 곤충, 다른 동물들에게 잡아먹히지 않는다면, 점점 어른 물고기로 자란다.

어류는 성장에 따라서 6단계로 구분하는데 전기 자어, 후기 자어, 치어, 미성어, 성어, 노어이다. 갓 부화한 새끼는 '자어'라고 한다. 자어는 알주머니를 달고 있다. 처음에는 배에 달린 알주머니에 있는 영양분으로 자란다. 전기 자어는 알주머니의 영양분을 다 흡수할 때까지를 말한다. 후기 자어는 전기 자어 이후 지느러미 기조 숫자를 갖추게 될 때까지를 말한다. 자어의 시기가 끝나면 '치어'라고 한다. 치어는 어른 물고기와 몸 색깔이나 몸의 무늬가 같지는 않지만 기본적인 형태를 갖춘 어린 새끼다. 치어 다음 시기는 '미성어'라고 한다. 미성어는 아직 생식소가 발달하지 않아 알을 낳을 수 없는 물고기라는 뜻이다. 미성어는 성어와 몸 형태와 무늬, 색깔을 거의 갖춘 시기이다. 대부분 1년쯤 자란 물고기가 미성어다. '성어'는 말 그대로 생식소가 발달해서 알을 낳을 수 있는 다 자란 물고기를 일컫는다. '노어'는 생식소의 기능이 멈춰서 알을 낳을 수 없는 늙은 물고기를 말한다. 이때가 되면 물고기의 몸 색깔이 희미해지고 비늘도 빠진다.

송사리의 성장

2. 물풀에 붙은 알
알들이 물풀에 붙어 있다. 알에 아주
작은 털이 잔뜩 나 있고 끈적끈적하다.

3. 5일째 된 알
알 속에서 새끼가 자라고 있다. 눈이 까매지고
핏줄이 생기기 시작했다.

4. 12일째 된 알
알에서 새끼가 깨어 나오고 있다. 막 깨어난
새끼는 배에 알주머니를 매달고 다닌다.

1. 알 낳기
송사리는 암컷과 수컷이 몸을 붙이고 흔들며 알을
낳는다. 갓 낳은 알은 20~30개인데 암컷 배에
포도송이처럼 붙어 있다. 암컷은 알을 배에 7~8시간
매달고 있다가 몸을 물풀에 비벼 알을 한 개씩 붙인다.

5. 새끼 송사리
배에 매달고 있던 알주머니가 다 사라졌다.
물속에서 떼로 헤엄쳐 다니면서 작은 먹이를
먹기 시작한다.

어린 물고기들

새끼 동자개는 어미와 꼭 닮았다.

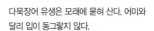

다묵장어 유생은 모래에 묻혀 산다. 어미와
달리 입이 동그랗지 않다.

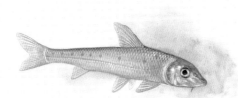

어린 누치는 몸통에 눈동자만한 반점이 있다.

은어는 강어귀에서 태어나 바다에서 겨울을 나고, 봄에
떼를 지어 강을 거슬러 올라와 자란다.

3_3 제 몸 지키기와 사냥

　민물고기를 잡아먹고 사는 동물은 많다. 물총새, 청호반새, 백로, 수달, 족제비, 너구리 같은 동물들이 물고기를 잡아먹는다. 물속에서도 가물치, 쏘가리, 동사리와 메기 같은 종은 다른 물고기를 잡아먹고 사는 육식성 어류이다. 어린 물고기들에게는 육식성 어류 못지않게 게아재비, 물방개, 물자라, 잠자리 애벌레 같은 수서 곤충들도 위험한 포식자이다.

　물고기는 위험을 느끼면 아주 재빨리 헤엄쳐서 달아나기도 하고 물풀 속이나 돌 틈으로 들어가 숨는다. 모래를 파고 들어가 숨기도 하고, 몸 색깔을 주변 환경에 맞게 바꾸고 죽은 듯이 가만히 있기도 한다. 몸집이 작은 종류나 어린 물고기는 떼를 지어 헤엄쳐 다닌다. 떼를 지어 다니면 잘 잡히지 않기 때문이다. 각시붕어는 무엇에 놀라면 돌 틈이나 물풀 속으로 잽싸게 숨는다. 모래무지나 참종개는 모래 속으로 파고 들어가 숨는다. 미꾸라지는 진흙을 파고 들어간다. 미꾸라지는 머리가 뾰족하고 몸이 미끌미끌해서 진흙을 잘 파고든다. 피라미나 쉬리는 몸이 날씬하고 날렵해서 육식성 어류인 꺽지나 쏘가리보다 헤엄을 더 빠르게 잘 친다. 머리가 아주 납작한 퉁가리는 돌 틈에 비집고 들어가길 좋아한다. 밀어는 사는 곳에 따라서 몸 빛깔을 아주 잘 바꾼다.

　가물치, 메기, 얼룩동사리 같은 육식성 물고기들은 혼자 살면서 얼룩덜룩한 몸으로 물풀이나 돌 밑에 가만히 숨어 물고기를 노린다. 꺽지와 쏘가리는 바위틈에 숨을 때 몸 색깔을 어둡게 바꾼다. 바위틈에 가만히 있다가 지나가는 물고기를 잡아먹는다. 끄리는 헤엄을 빠르게 쳐서 달아나는 물고기를 잘 잡는다. 특히 피라미와 갈겨니를 잘 잡아먹는다.

모래나 진흙에 숨는 물고기

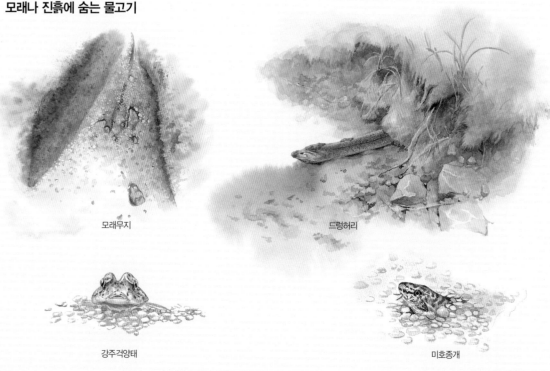

모래무지

드렁허리

강주걱양태

미호종개

3_4 겨울나기

민물고기는 '변온 동물' 이다. 물이 따뜻해지거나 차가워지는 것에 따라서 체온도 달라진다. 민물고기는 수온이 15도씨 이상 올라가면 먹이 활동을 많이 한다. 20~24도씨일 때 먹이 활동이 가장 왕성하다. 그래서 겨울이 되면 수온이 낮아져 물고기들은 활동을 적게 하고 먹이도 잘 안 먹는다. 겨울잠을 자듯이 물 깊은 곳으로 들어가 숨어 지낸다. 깊은 곳 바위 밑이나 바닥 돌 틈으로 들어가거나 돌 밑이나 가랑잎 밑에 숨기도 하고, 진흙 속으로 파고들거나 물풀 덤불에서 지내기도 한다.

추운 겨울이 되면 냇물이나 큰 강이 꽁꽁 얼어붙기도 한다. 연못이나 저수지, 냇물도 언다. 강물은 다 얼지 않고 얼음장 밑으로 흐른다. 산골짜기 계곡에서는 물고기가 콸콸 흐르는 여울 아래 바위 밑으로 들어간다. 이렇게 물이 세게 흐르는 곳은 다 얼지 않아서 물고기가 겨울을 나기 좋다. 큰 돌 밑에는 개구리와 여러 물고기들이 함께 들어가 있기도 한다.

돌고기는 개울에서 돌 밑이나 가랑잎 아래로 들어가서 지낸다. 가물치, 드렁허리와 미꾸라지는 진흙 속으로 들어가 꼼짝 않고 지낸다. 그런데 빙어는 아주 찬물을 좋아해서 겨울에 나온다. 여름에는 깊은 곳에서만 살다가 겨울에만 올라온다.

돌 밑에 잘 숨는 물고기

퉁가리

한둑중개

눈동자개

종개

3_5 민물고기가 사는 곳

강은 깊은 산골짜기 계곡에서 발원하여 산줄기 사이를 굽이굽이 흐르고 들판을 지나 바다에 이른다. 수많은 실개천과 냇물들이 모여 강을 이루는데 이런 크고 작은 물줄기들을 '지류'라고 한다. 강이 클수록 지류가 여러 갈래다. 민물고기 서식지는 흔히 이런 강의 흐름에 따라서 상류, 중류, 하류로 나눈다.

상류는 앞서 말한 산골짜기 계곡과 실개천이 흐르는 곳이다. 중류는 폭이 넓고 물이 많아서 깊은데 우리가 흔히 보는 냇물과 강을 말한다. 강은 하류로 갈수록 바다와 가까워진다. 하류는 강바닥에 모래와 진흙이 깔려 있고 폭이 아주 넓고 물이 깊다. 또한 강과 바다가 만나는 지점인 강어귀^{기수}도 있다. '기수'는 민물이 섞여 염분이 적은 바닷물을 이른다. 강물을 막아 물이 고여 있는 댐도 강의 큰 흐름 안에 있다. 강물과는 조금 떨어져 있지만 호수와 저수지, 늪, 논도랑도 강의 흐름으로 보면 강과 연결되어 있다. 이런 곳은 물이 고인 것 같지만 아주 천천히 흐르는 환경이다. 이 모두가 민물고기가 사는 환경이다. 크게 나누어 본 상류와 중류, 하류, 기수, 댐과 저수지에도 각각 물살이 센 여울과 물이 느리게 흐르는 곳이 있고, 얕은 곳과 깊은 곳이 있다. 큰 바위가 많은 곳과 돌이 많은 곳, 자갈이 깔린 곳, 모래나 진흙이 깔린 곳, 물풀이 많은 곳과 적은 곳, 환경 변화가 많다. 그래서 물고기 여러 종이 같은 서식지에 살아도 종마다 사는 곳과 헤엄쳐 다니는 위치가 조금씩 다르고 습성도 다르다. 이것을 '생태적 지위가 다르다'고 한다.

열목어는 아주 깊은 산골짜기 차가운 물이 흐르는 계곡에서 사는데, 몸집이 커서 넓은 곳을 좋아한다. 금강모치는 산골짜기에서도 물살이 센 여울을 좋아한다. 붕어와 잉어는 물살이 느린 곳을 좋아하는데 중류와 하류, 저수지와 댐, 늪 어느 곳에서나 살 수 있으므로 서식지가 다양하다. 상류와 중류에 걸쳐 살아가는 갈겨니 같은 종이 있고, 강의 중류와 하류에 걸쳐서 사는 누치와 동자개도 있다. 민물고기가 사는 곳이 상류, 중류, 하류로 분명하게 나뉘지는 않지만, 다양한 종들을 서식지로 구분해서 보면 물고기들이 살아가는 환경을 이해하는데 큰 도움이 된다.

1 상류 | 산골짜기

강의 최상류 산골짜기는 숲이 우거지고 큰 바위가 많다. 계곡은 물살이 아주 빠르며 구불구불 흐른다. 물줄기는 여울이 되어 바위 사이를 세차게 흐르고 갑자기 폭포가 되어 떨어지기도 한다. 폭포나 여울 아래는 움푹 파인 깊은 웅덩이가 있다. 계곡 바닥에는 바위와 큰 돌이 깔려 있다. 물은 아주 맑고 차갑다. 한여름에도 발을 담그면 얼얼하다. 맑아서 맨눈으로도 속이 훤히 보인다. 물가에는 도롱뇽이나 산개구리 같은 동물(양서류)이 살고 다람쥐나 노루, 오소리 같은 산짐승이 물을 먹으러 온다. 청호반새와 물총새는 물고기를 잡아먹는다. 산골짜기 계곡에는 버들치가 가장 흔하다. 쉬리, 꺽지, 퉁가리, 미유기, 갈겨니도 산다. 동해로 흐르는 하천에는 버들개와 산천어가 있고, 한강 최상류 강원도 산골짜기에는 열목어, 둑중개, 금강모치가 산다. 금강모치는 금강 최상류인 전라북도 무주 구천동 계곡에도 서식한다. 이 민물고기들은 아주 맑고 차가운 물에서만 사는 종이다. 계곡은 물이 차고 흐름이 매우 빠르며 먹잇감이 많지 않아서 민물고기 종류가 그다지 많지 않다.

물속에 있는 바위나 큰 돌 위에는 누르스름하거나 푸른 빛깔을 조금 띤 조류가 붙어 있다. 이것들을 현미경으로 보면 여러 가지 모양을 가진 규조류, 녹조류, 남조류라는 것을 알 수 있다. 이 조류는 땅에 사는 식물처럼 햇빛을 받아 광합성을 하면서 양분을 만든다. 바위틈이나 돌 아래를 자세히 들여다보면 모래나 나뭇잎 부스러기로 집을 지어 사는 날도래 애벌레와 강도래 애벌레를 볼 수 있다. 하루살이 애벌레와 뱀잠자리 애벌레는 바닥에서 빠르게 기어 다닌다. 이들은 수서 곤충인데 다 자라면 변태하여 날개를 달고 날아서 땅 위에서 살고 물에 알을 낳는다. 이 수서 곤충들이 부착 조류나 작은 생물들을 먹고 산다. 계곡 웅덩이에는 조류가 떠 있고 이것을 먹고 사는 원생 동물, 윤충, 물벼룩 같은 동물성 플랑크톤이 떠다닌다. 계곡에는 복족류인 다슬기와 갑각류인 옆새우와 가재도 산다.

계곡에 사는 민물고기들은 조류와 곤충 애벌레, 동물성 플랑크톤을 먹고 산다. 버들치, 쉬리, 금강모치는 나뭇잎을 들추거나 돌 틈을 헤집고 다니며 먹이를 잡아먹는다. 나뭇잎 밑에는 옆새우나 반딧불이 애벌레 같은 물벌레가 많다. 퉁가리는 날도래 애벌레와 강도래 애벌레를 잘 잡아먹는다. 꺽지와 미유기는 수서 곤충도 먹고 작은 물고기도 잡아먹는다. 겨울이 되면 산골짜기는 꽁꽁 얼어붙는다. 물고기들은 돌 틈이나 바닥에 깔린 가랑잎 밑에 숨어서 겨울을 난다. 봄이 되어 날이 풀리고 얼음이 녹아 흐르기 시작하면 다시 물살을 가르며 헤엄쳐 다닌다.

2 상류와 중류의 여울

산골짜기를 빠져 나온 계곡은 다른 여러 곳에서 흘러온 개울과 도랑물이 모여서 냇물을 이룬다. 냇물은 산자락과 들판을 끼고 굽이굽이 흐른다. 상류와 중류의 경사진 곳에는 물살이 센 여울이 있고 바닥에는 자갈이 많이 깔려 있다. 상류와 중류 사이에는 여울과 물살이 느린 곳이 반복적으로 나타난다. 그리 깊지 않은데 물결이 심하게 일면서 하얀 물거품이 생긴다.

여울은 물이 깨끗하고 산소가 풍부하며 물속으로 햇빛이 많이 비친다. 물속 돌에는 누르스름하고 미끌미끌한 돌말(부착 조류)이 많이 붙어 있어 양분을 만들어 내고, 이것을 민물고기와 강도래, 날도래, 깔따구, 하루살이, 뱀잠자리 애벌레 같은 수서 곤충과 다슬기 같은 다른 동물들이 먹고 산다. 매우 살기에 좋은 곳이기 때문에 다양한 동물들이 많이 모여 산다. 수달과 너구리가 물과 물가로 다니고 참개구리와 옴개구리는 물에서 헤엄을 친다. 여러 물새들이 많이 오는데 왜가리, 해오라기, 백로는 물을 들여다보면서 물고기를 잡아먹는다. 물가에는 여뀌나 고마리 같은 풀이 자라고 버드나무처럼 물가를 좋아하는 나무도 서 있다.

여울은 물이 얕고 물살이 빨라서 이곳에 사는 물고기들은 행동이 민첩하고 바닥에 잘 적응하여 돌 틈에 숨는 습성을 가지고 있다. 우리나라에서만 사는 고유종이 대부분 이런 상류와 중류 사이에 있는 여울에 산다. 쉬리, 어름치, 배가사리, 새코미꾸리, 참종개, 왕종개, 퉁가리, 자가사리, 꺽지, 감돌고기, 돌상어, 꾸구리 등

이다. 여울 아래쪽 물이 느리게 흐르는 곳에는 참붕어, 갈겨니, 돌고기 무리, 몰개 무리, 납자루 무리가 산다. 다양한 민물고기가 좁은 공간에도 많이 사는 것은 종에 따라 먹이가 다르고 생태가 조금씩 다르기 때문이다. 비슷한 종 사이에도 먹이나 서식 공간을 달리 하여 서로 경쟁을 피한다.

　이곳은 민물고기들이 알을 낳기에도 좋다. 물고기들은 물속 자갈 바닥이나 모래 바닥에 알을 낳고, 물살이 느린 곳에서는 수북하게 난 검정말이나 물수세미 덤불에 알을 붙인다. 강에서 사는 누치와 두우쟁이는 냇물까지 올라와서 알을 낳는다. 연어는 여름과 가을이면 바다에서 냇물과 강여울까지 올라와 알을 낳는다. 알에서 깨어난 새끼들은 냇물 가장자리에서 떼를 지어 살다가 겨울이면 깊은 곳에 있는 돌 밑이나 물풀 덤불에 들어가 겨울을 난다. 큰 물고기들도 마찬가지로 깊은 곳으로 간다.

3 중류 | 천천히 흐르는 냇물과 강

　냇물은 탁 트인 들판을 흐르며 폭이 넓어지고 물이 아주 깊어진다. 이런 곳은 냇물과 강 중류이다. 강의 흐름 가운데서도 중류가 가장 넓은 부분을 차지한다. 가끔 물살이 센 강여울도 있지만 그런 곳은 드물고 대개 느릿느릿 흐른다. 냇물과 강을 가로 질러 막아 놓은 보 때문에 흐름이 거의 없는 곳도 있다.

　너른 냇물과 강 주변에는 검정말, 나사말, 물수세미, 마름, 개구리밥 같은 수생 식물이 있어 민물고기와 수서 곤충들이 살아가는 장소로 쓰인다. 물풀이 우거진 곳은 물고기가 숨기에도 좋고 먹잇감도 많다. 수면에는 식물성 플랑크톤이 많이 떠다니며 햇빛을 이용해 광합성을 하며 산다. 식물성 플랑크톤을 먹고 사는 원생 동물, 윤충, 물벼룩 같은 동물성 플랑크톤이 아주 많아 민물고기들의 먹잇감이 풍부하다. 바닥에는 말조개, 대칭이, 두드럭조개, 재첩, 펄조개, 콩조개, 우렁이, 물달팽이, 다슬기 같은 조개류도 흔히 살고 있다. 중류에서 물

살이 빠른 곳 바닥에는 자갈이 많이 깔려 있고, 물살이 느린 곳에는 모래와 진흙이 바닥에 쌓여 있다. 자갈과 모래, 뻘은 상류에서 떠내려와 중류에 이르러 물살이 약해지면서 운반이 멈춰 쌓인 것이다.

강여울에서는 갈겨니와 피라미, 끄리가 떼를 지어 빠르게 헤엄친다. 끄리는 피라미와 갈겨니를 잡아먹는다. 자갈 바닥에는 돌고기, 돌마자, 돌상어, 종개 무리가 산다. 모래가 깔린 곳에는 모래무지, 참마자, 참종개가 산다. 물살이 느린 곳에는 납자루 무리와 중고기 무리가 헤엄치고, 바닥에 동자개, 붕어, 뱀장어, 메기가 산다. 깊은 곳에는 큰 물고기가 많은데 누치, 잉어, 가물치, 끄리가 산다. 그중에 뱀장어, 끄리, 메기, 동사리는 육식성으로 다른 물고기도 잡아먹기 때문에 먹이 사슬에서 높은 위치를 차지하고 있다.

4 하류

강물은 너른 들판을 가로지르며 바다로 흘러간다. 강 하류는 아주 넓고 흐름이 느리며 깊다. 바닥에는 모래와 진흙이 깔려 있다. 중류에서 떠내려 온 유기물들이 많이 가라앉는다. 바다에 가까워질수록 민물이 바닷물과 섞이면서 염분 농도가 높아진다. 강 하류 둘레는 너른 평야가 펼쳐져 있고 바다와 가까운 곳에는 삼각주 같은 퇴적 지역이 있다. 강가에는 갈대나 물억새, 줄이 높다랗게 자란다.

강 하류는 상류와 중류 보다 민물고기 종수가 적다. 물이 탁해서 햇빛이 물속으로 들어가는 양이 적은 데다 염분 영향까지 있어 생산력이 약하기 때문에 이곳에 사는 물고기들은 중류에서 떠내려 온 유기물을 먹잇감으로 삼는다. 강 하류 바닥은 주로 뻘이나 모래로 되어 있어서 이곳에 사는 갯지렁이, 실지렁이, 수서 곤충, 게, 새우 등이 물고기 먹잇감이 된다. 강 하류는 바닷물의 영향을 전혀 받지 않는 담수와 바닷물의 영향이 미치는 기수로 구분된다. 민물고기 가운데서도 염분에 비교적 잘 견디는 잉어, 붕어, 가물치, 참붕어, 가숭어, 가시고기 무리, 철갑상어, 밀자개, 날망둑, 송사리가 이곳에 산다. 바다에서 산란하지만 기수로 올라와 자라는 물고기인 숭어, 농어, 양태, 학공치, 황복, 문절망둑 등이 있다. 은어는 강 중류에 살지만 하류로 내려와 알을 낳는다. 강 하류는 주변에 있는 도시와 공장에서 나오는 폐수로 오염이 심해져 이곳에 사는 물고기 종류가 단순해지는 경향이 있다. 강의 모래를 마구 채취해 가는 바람에 하천 생태계가 위협을 받기도 한다.

강어귀(기수) 강어귀는 강물이 바다로 흘러들어 가는 곳이다. 민물의 영향으로 염도가 낮은 바닷물을 '기수'라고 한다. 강어귀는 폭이 아주 넓고 물이 깊어 아주 느리게 흐른다. 밑바닥에는 모래와 진흙이 깔려 있다. 밀물 때면 바닷물이 들어와서 염분이 높아지고 썰물 때는 바닷물이 빠져서 염분이 낮아진다. 그래서 강어귀에는 민물고기와 바닷물고기가 섞여 산다.

회유성 어류(강과 바다를 오가는 물고기) 어류 대부분은 민물이나 바다 둘 중 한 곳에서만 산다. 하지만 바다와 강(민물)을 오가며 사는 물고기도 있다. 바다에서 강으로 올라와 알을 낳거나, 강에서 알을 낳으러 바다로 가는 물고기들이다. 이런 물고기를 '회유성 어류'라고 한다. 회유성 어류는 체액과 물속 염분 농도가 평형을 유지해야 살 수 있다. 이 물고기들은 염분 농도를 조절하기 위하여 기수에서 적응하는 시간을 오랫동안 갖는다.

뱀장어와 무태장어는 강에서 살다가 깊은 바다로 내려가 알을 낳는다. 이들은 '강하성 어류'라고 한다. 새끼는 바다에서 강으로 거슬러 올라와 산다. 바다에서 살다가 강으로 올라와 알을 낳는 '소하성 어류'에는 큰가시고기, 황복, 연어, 송어, 칠성장어, 뱅어가 있다. 그리고 은어, 한둑중개, 모치망둑, 갈문망둑, 검정망둑, 꾹저구 등과 같이 민물과 바닷물이 만나는 기수에서 산란하고 성장하는 '양측 회유성 어류'가 있다.

민물고기 가운데 피라미와 메기처럼 민물에서만 살고 염분이 있는 곳에서는 살지 못하는 물고기를 '1차 담수어'라고 한다. 송사리와 같이 민물에 살지만 때로는 염분이 있는 곳에서도 적응하는 종류를 '2차 담수어'라고 한다. 한편 빙어, 산천어, 열목어와 같이 바다에 살던 종이 민물에 적응하여 민물에서만 살게 된 것을 '육봉 담수어'라고 한다.

5 저수지와 늪, 논도랑

우리나라에는 강이나 냇물뿐만 아니라 곳곳에 크고 작은 저수지와 늪이 있는데 이곳에도 민물고기가 산다. 또 논, 논 둘레를 흐르는 논도랑, 크고 작은 웅덩이에도 물고기가 살고 있다. 우리나라에는 주남저수지, 우포늪 같은 커다란 저수지와 늪이 많다. 저수지와 늪에는 물이 고여 있다. 저수지는 농사에 쓸 물을 가두어 두는 곳이고, 늪은 물이 고여 자연스레 생긴 것이다. 비가 오면 빗물이 고이기도 하고 산골짜기에서 흘러내려 온 개울이 저수지나 늪으로 흘러들기도 한다. 저수지와 늪은 비가 많이 오면 넘치기도 하고 날이 가물면 말라서 바닥이 드러나기도 한다. 계절에 따라서 물이 줄었다 늘었다 하는 것이다. 저수지와 늪에는 뿔논병아리, 백로, 흰뺨검둥오리 등 여름과 겨울에 철새들도 많이 찾아온다.

저수지와 늪 둘레에는 갈대와 부들, 물억새, 골풀이 자라고 물가에는 물달개비, 벗풀, 물옥잠, 창포가 자란다. 가래, 나사말, 물질경이, 마름, 자라풀, 어리연꽃, 생이가래, 개구리밥은 물 위에 떠서 산다. 물속에는 말즘, 검정말, 붕어마름, 물수세미가 수북히 난다. 이런 식물들은 냇물과 강에도 자란다. 물풀은 물을 깨끗하게 해 주고 햇빛을 받아 광합성을 하면서 산소도 만든다. 이 물풀 덤불은 물고기와 수서 곤충에게 좋은 서식처가 된다.

민물고기들은 물풀 사이에 숨어 있거나 물풀 근처에서 먹이를 잡아먹는다. 참붕어와 송사리는 떼를 지어 물풀 사이를 헤엄쳐 다닌다. 바닥에는 동사리, 메기가 물풀 덤불에 숨어 있다. 저수지와 늪에는 작은 물고기도 살지만 가물치나 잉어 같은 커다란 물고기도 산다. 붕어, 버들붕어, 드렁허리, 미꾸라지도 산다. 송사리와 왜몰개, 드렁허리, 미꾸라지는 옛날에는 논과 논도랑에서 흔하게 볼 수 있었지만 지금은 논을 정비하고 농약과 비료를 많이 뿌리면서 보기 어려워졌다.

저수지와 늪에는 동물성 플랑크톤인 물벼룩과 윤충 같은 아주 작은 동물이 많다. 바닥에 진흙이 깔려 있고 모기 애벌레인 장구벌레, 실지렁이, 잠자리 애벌레가 산다. 규조류, 녹조류, 남조류 같은 식물성 플랑크톤이 계절에 따라 다르게 나타난다. 무더운 한 여름에 이런 조류들이 많은데 조류는 물속에 있는 양분을 빨아들이고 햇빛으로 광합성을 하면서 영양분을 만들어 낸다. 이곳에는 참개구리, 금개구리, 황소개구리, 남생이, 자라, 물뱀이 살고 바닥에는 우렁이와 물달팽이가 있다. 물방개나 게아재비, 물자라, 물장군은 참붕어 같은 작은 물고기와 올챙이를 잡아먹는다. 논병아리와 쇠물닭이 물가 풀숲에서 나와 물을 밀고 다닌다. 개개비는 물억새 숲에 둥지를 틀고 새끼를 친다. 중대백로와 왜가리는 발로 진흙 바닥을 헤집고 이때 놀라서 기어 나오는 미꾸라지, 개구리, 물벌레를 잡아먹는다.

6 댐

우리나라에는 크고 작은 댐이 많다. 댐은 강물을 막아 가둬 두었다가 필요할 때 쓰려고 만든다. 우리가 마시고 쓰는 생활용수나 공장과 농사에 필요한 물을 저장하기 위해 댐을 쌓는다. 수력 발전으로 전기를 얻기도 하고, 비가 많이 오면 홍수가 나지 않게 물을 조절하기도 한다. 우리나라는 1960년 초부터 인구가 증가하고 산업이 발달하면서 물이 많이 필요하게 되었고 큰 강 상류와 중류를 막아 다목적 댐을 건설하기 시작했다. 큰 댐으로는 섬진강 댐, 소양강 댐, 합천 댐, 주암 댐, 임하 댐, 팔당 댐 등이 있다. 소양강 댐은 1973년에 준공되었고 이 댐으로 한강 치수에 큰 변화가 생기기도 했다. 하지만 소양강 댐은 주변 산림을 훼손시키고 지형을 파괴했으며, 이 때문에 안개가 끼거나 비가 내리는 날이 많아졌다. 농작물 생산이 감소했고 병충해가 기승을 부렸다. 댐 주변에 사는 사람들의 몸에도 좋지 않은 증상들이 나타났다. 물론 가장 큰 피해를 본 것은 민물고기들이었다.

1973년 수력 발전을 위해 만든 팔당 댐 물은 서울과 수도권에서 생활용수와 공업용수로 쓰고 있는데, 이곳에 외래종인 블루길과 배스가 들어와 번성하여 토종 물고기들이 줄어들고 있다. 또한 1989년에 부안 댐이 건설되자 부안종개는 최상류에만 아주 조금 살아남으며 멸종 위기에 처했다. 부안종개는 우리나라 고유종으로 전라북도 부안 백천에 사는 드물고 귀한 종이라서 보호가 절실한데 오히려 멸종을 부추긴 셈이다. 사람들은 댐에 가둔 물을 산업과 생활에 편리하게 쓰지만 환경에 변화가 생겨 피해를 주기도 한다. 특히, 댐에 고인 물이 썩거나 더러워지는 경우가 많은데 댐 건설의 원래 목적이었던 상수원이나 생활용수로도 사용이 어려워지고 민물고기들마저 서식지를 잃게 된 경우도 있다.

2. 우리 민물고기

칠성장어

Lampetra japonica

　몸에 구멍이 일곱 개 있다고 '칠성장어'라는 이름이 붙었다. 눈 뒤에 아가미구멍 일곱 개가 나란히 뚫려 있다. '칠공장어'나 '칠성뱀장어'라고도 한다. 바다에서 살다가 여름에 강으로 올라와 모래와 자갈이 깔린 곳에서 알을 낳는다. 칠성장어는 암컷과 수컷이 큰 돌 틈에서 빨판으로 된 입으로 자갈을 집어 나르며 알자리를 마련한다. 암수가 나란히 큰 돌에 입을 붙이고 꼬리를 휘저어 모래 바닥을 파낸다. 수컷이 꼬리로 둥그렇게 암컷 몸을 감아 바닥을 더 파면서 알을 낳는다. 알은 모래 알갱이에 붙는다. 알을 다 낳으면 꼬리를 흔들어 알자리를 모래로 덮고 다시 입으로 돌을 집어와 알자리에 가져다 쌓는다. 알을 낳은 뒤 어미들은 모두 죽는다.

　칠성장어는 자라면서 '변태'하는 물고기다. 알에서 깨어난 유생은 강 하류 진흙 속에 살면서 유기물을 걸러 먹고 어린 물고기를 잡아먹는다. 유생으로 4년을 사는데, 9~17cm가 된 그해 가을에서 겨울에 걸쳐 변태하여 온전한 모습을 갖춘다. 이듬해 5~6월에 바다로 내려가 바다에서 다른 큰 물고기 몸에 달라붙어 피를 빨아 먹고 살아간다. 입은 동그랗고 아주 뾰족한 이가 둥글게 나 있다. 입으로 물고기 살을 파고 달라붙는다. 바다에서 2년쯤 살다가 알을 낳으러 강을 오른다.

　우리나라에서는 주로 동해로 흐르는 하천에 알을 낳으러 오고, 남해로 흐르는 낙동강에도 온다. 아주 드물고 학술적으로 보존 가치가 커서 환경부에서는 '멸종위기야생동식물 2급'으로 지정하여 보호하고 있다. 북한과 일본에도 서식하고 러시아 시베리아, 흑룡강 수계, 사할린, 북미 등지에 분포한다.

알 낳기와 성장 5~6월에 강으로 올라와서 여름에 알을 낳는다. 암컷은 알을 8만~11만 개 낳는다. 새끼는 유생(암모코에테스 ammocoetes)이라고 한다. 갓 깨어난 유생은 길이가 3mm쯤이다. 몸이 가늘고 길며 눈은 피부 속에 묻혀 있다. 아가미는 선명한 붉은색이며 꼬리지느러미 뒤쪽은 거무스름한 갈색이다.

연구 칠성장어 무리는 입이 둥글어서 '원구류' 혹은 턱이 없다고 '무악류'라고도 한다. 현재 살아 있는 어류 중에서 원시적인 무리 가운데 하나이며, 어류학 분야에 중요한 연구 재료이다.

　강, 바다

　40~50cm

　유생 9~17cm

　5~6월

　보호종
멸종위기야생동식물 2급

분포 우리나라, 북한, 일본, 러시아, 북아메리카

북녘 이름 칠성장어, 강칠성장어, 갯칠성장어, 칠성뱀

다른 이름 칠공장어, 칠성고기, 칠성뱀장어, 칠성어,
홈뱀장어, 칠공쟁이, 우루룽이, 칠공쟁이

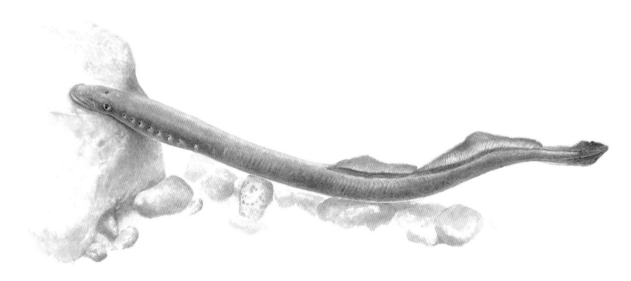

2012년 5월 강원도 고성 배봉천

몸길이는 40~50cm이다. 유생일 때는 9~17cm이다.
몸은 가늘고 길다. 눈 뒤에 아가미구멍 7개가
나란히 있다. 콧구멍은 등 쪽에 있고 입과
연결이 안 되어 있다. 입은 머리 아래쪽에 있고
턱은 없으며 둥근 흡반처럼 생겼다.

몸 색깔은 등 쪽이 푸르스름한 진한 갈색이고
배 쪽은 하얗다. 꼬리지느러미는 검은색이 진하고
가장자리는 갈색이다. 제2등지느러미는 바깥쪽
가장자리가 검다.

비늘은 없다. 제1등지느러미와 제2등지느러미가
떨어져 있거나 이어져 있다.
가슴지느러미와 배지느러미는 없다.
몸 근육 마디는 69~75개이다.

다묵장어

Lampetra reissneri

다묵장어는 맑고 차가운 물이 흐르는 냇물이나 강에 산다. 물살이 세찬 여울 아래 큰 돌 밑이나 모래와 잔자갈이 깔린 바닥에서 사는데 낮에는 모래 속에 숨어 있고 밤에만 나와서 돌아다닌다. 모래 속에 사는 작은 벌레나 유기물을 걸러 먹는다. 어릴 때는 먹이를 먹지만 다 자라면 아무것도 안 먹는다. 다묵장어는 칠성장어처럼 몸이 가늘고 길쭉하다. 몸에 비늘이 없어서 살갗이 매끈하다. 눈 뒤에 작은 아가미구멍 일곱 개가 한 줄로 숭숭 뚫려 있다. 구멍 안쪽에 있는 아가미 주머니로 숨을 쉰다. 입은 둥글고 턱이 없으며 동그란 빨판으로 되어 있다. 입가에 뾰족하고 딱딱한 이가 나 있다. 입을 돌에 붙이고 가만히 물살에 몸을 맡기기도 한다.

다묵장어는 칠성장어처럼 바다로 가지 않고 평생을 민물에서 산다. 제주도를 뺀 우리나라 전국에 분포하는데, 아주 드물고 물이 오염되면 살지 못한다. 북한 두만강에도 살고 길주 남대천, 대동강에도 분포한다. 모래 속에서 산다고 북녘에서는 '모래칠성장어'라고 한다. 중국 북부, 일본, 러시아 시베리아, 연해주와 사할린에도 서식한다. 우리나라 환경부에서는 '멸종위기야생동식물 2급'으로 지정하여 보호하고 있다.

알 낳기와 성장 알은 4~6월에 낳는다. 암컷은 뒷지느러미가 커지고 몸이 붉어진다. 수컷은 몸뚱이가 조금 줄어들고 총배설강에서 짧은 생식기가 나온다. 강으로 흘러드는 좁은 여울에 올라와, 물이 무릎까지 오고 바닥에는 모래와 잔자갈이 깔린 곳에서 알을 낳는다. 바닥을 우묵하게 판 뒤에 알을 낳고는 묻는다. 암컷은 알을 1000~1800개 낳는다.

유생(암모코에테스 ammocoetes)은 물살이 느린 물가 모래 속에 묻혀 산다. 어릴 때는 입이 동그랗지 않고 주둥이가 아래로 벌어져 있다. 눈은 살갗 속에 묻혀 있다. 유생으로 3년을 넘게 살아야 다 자란다. 4년째 가을과 겨울에 걸쳐 어미로 변태한다. 변태 직후 몸길이는 14~19cm이다. 이듬해 봄에 여울로 나와서 지내다가 그해 4~6월에 알을 낳고 어미들은 죽는다.

🌊 강, 바다	**분포** 우리나라, 북한, 중국, 일본, 러시아
↔ 15~20cm	**북녘 이름** 모래칠성장어, 말배꼽, 칠성말배곱
❄ 4-6월	**다른 이름** 칠성고기, 홈뱀장어, 무리, 구리, 꼬랑장어,
🌐 보호종	도랑냉이, 도랑태
멸종위기야생동식물 2급	

다묵장어 입

2007년 3월 전북 완주 만경강

다묵장어 유생

몸길이는 15~20cm이다. 몸은 가늘고 길다. 등은 진한 밤색인데 배는 하얗다. 입은 빨판으로 둥글게 생겼다. 턱은 없다. 입 천정에 작고 뾰족한 이가 나 있다. 눈 뒤에 아가미구멍이 7개 있다. 등지느러미는 2개로 나뉘어 있다. 제2등지느러미는 꼬리지느러미로 이어진다. 가슴지느러미와 배지느러미는 없다. 뒷지느러미는 암컷만 있다. 맨 끝에 있는 아가미구멍에서 총배설강 앞까지 근육 마디는 55~60개이다.

철갑상어

Acipenseriformes (Acipenser sinensis)

몸에 갑옷을 두른 것 같아서 '철갑상어'라고 한다. 몸통에 큼지막한 비늘이 다섯 줄로 쭉 붙어 있다. 몸집이 커지면 비늘 한 개가 손바닥만 해지기도 하는데, 아주 두텁고 단단하며 억세다. 철갑상어는 몸집이 크다. 몸길이가 사람 키보다 더 큰 것도 있다. 물 밑바닥에서 헤엄치며 먹이를 잡아먹는다. 주둥이 밑에 난 수염을 바닥에 대고 질질 끌면서 먹이가 있는 지를 알아챈다. 조개나 게, 새우 따위를 잡아먹고 물벌레나 작은 물고기도 잡아먹는다. 입이 크지만 작은 먹잇감을 찾는다.

강이나 강어귀뿐만 아니라 바다에서도 산다. 한반도에는 철갑상어 무리가 철갑상어, 용상어, 칼상어 3종이 분포한다. 이 중에서 철갑상어는 우리나라 서해와 남해로 흐르는 강어귀에 산다. 한강, 금강, 영산강 같은 큰 강에 나타났는데 요즘에는 수질 오염과 개발로 희귀해졌다. 큰 강 하구에 쌓은 둑 때문에 물이 더러워지고 강과 바다를 오갈 수 없게 되면서 서식처를 잃었다.

철갑상어 무리는 26종으로 전 세계에 널리 분포한다. 북반구에서 사는데 유럽, 아시아, 북아메리카의 한대와 온대에 걸쳐 산다. 옛날에는 철갑상어 기름은 약으로, 비늘은 나무 등을 깎는 도구로, 부레로는 부레풀을 만들었다. 요즘에는 알과 살코기를 얻으려고 양식을 많이 한다. 알은 소금에 절여서 '캐비어'를 만든다. 캐비어는 아주 귀하고 값비싼 음식이다. 철갑상어는 환경 오염으로 수가 줄어들었고, 그보다 사람들이 알을 얻으려고 마구 잡아서 멸종될 위기에 처했다. 세계 여러 나라에서는 철갑상어가 야생에서 멸종되지 않도록 협약을 맺어 보호하고 있다. 우리나라 환경부도 '국제적 멸종위기종'으로 지정하였다.

알 낳기와 성장 봄에서 가을 사이에 강어귀로 온다. 10~11월에 강줄기를 타고 모래와 자갈이 깔린 여울로 올라와 알을 낳는다. 암컷은 알을 수십만 개에서 수백만 개까지 낳는다. 알은 작고 끈적끈적하며 5~6일이 지나면 깨어난다. 새끼는 물살이 약한 강바닥에 사는데 가을이 되면 깊은 곳으로 간다. 갓 깨어난 새끼는 크기가 1.2~1.4cm이고, 30일 자라면 3cm가 된다. 2개월을 넘게 자라면 8cm가 된다. 6~7년 정도 지나면 1m로 크고 알을 얻을 수 있다.

강, 바다

1~2m

10~11월

보호종

국제적 멸종위기종

분포 전 세계

북녘 이름 줄철갑상어

다른 이름 가시상어, 용상어, 줄상어, 호랑이상어,
심어, 철갑장군

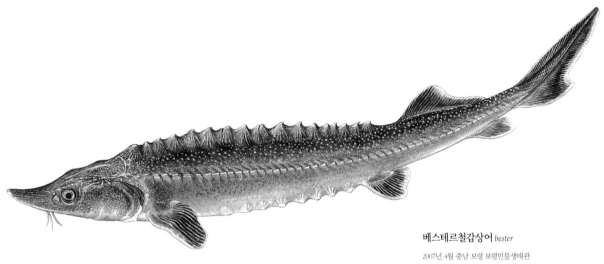

베스테르철갑상어 *bester*

2007년 4월 충남 보령 보령민물생태관

가장 몸집이 크고 오래 사는 벨루가철갑상어와
몸집은 작지만 성장이 빠른 스텔렛철갑상어를
교배해서 얻은 종이다. 이 종은 양식도 하고
수족관에서 관상어로 전시도 한다.

철갑상어는 입이 주둥이 아래쪽에 있다.

몸길이는 1~2m이다. 큰 것은 8m를 넘기도 한다.
몸통은 두툼하면서 길고, 살갗이 드러나 있다.
몸통은 진한 밤색인데 배는 연한 잿빛이고
지느러미도 잿빛이다.
머리가 큰데, 주둥이는 길고 끝이 뾰족하다.

입은 주둥이 아래에 있다. 주둥이 밑에
수염 2쌍이 나란히 나 있다. 턱에는 이가 없다.
꼬리지느러미는 위쪽이 크고 길지만 아래쪽은 짧다.
몸에 비늘이 5줄로 나란히 나 있다.
등에 1줄, 몸통에 2줄, 배에 2줄 있다. 등은 딱딱한

비늘판이 11~18개 있고, 몸통에 56~71개, 배 쪽에
10~20개가 있다. 등지느러미 연조 50~57개,
뒷지느러미 연조 32~40개, 새파 14~28개이다.

뱀장어

Anguilla japonica

　뱀처럼 몸이 길쭉하다고 이름이 '뱀장어'다. 그냥 '장어'라고도 하고, 강에서 산다고 '강장어'라고 부르기도 한다. 또 바닷물과 민물이 만나는 곳에서 살면 '풍천장어'라고 한다. 강과 냇물에 살고, 저수지나 늪에서도 볼 수 있다. 장마철에 비가 많이 내려 강물이 불어나면 땅 위를 구불거리며 기어서 늪으로 옮겨 가기도 한다. 얇은 살가죽으로 물 밖에서도 숨을 쉴 수 있다.

　뱀장어는 낮에는 큰 돌 밑이나 진흙 굴에 숨어 있다가 밤에 나와 강바닥을 구불구불 헤엄치며 돌아다닌다. 물고기와 새우를 잡아먹고 진흙을 뒤져서 지렁이나 벌레도 잡아먹는다. 입속에 작고 뾰족한 이가 잔뜩 있어서 껍데기가 딱딱한 게도 먹는다. 따뜻한 물을 좋아해 여름에 활동을 많이 하며 먹이를 잘 먹고, 물이 차가워지는 가을부터는 잘 안 먹는다. 한겨울에는 진흙 속이나 돌 밑으로 들어가 아무것도 안 먹고 겨울을 난다.

　뱀장어는 5~12년을 민물에서 살다가 바다로 가서 알을 낳는다. 가을에 강어귀로 내려가 겨울을 나는데, 몸이 검은색으로 바뀌고 몸통 옆구리가 샛노래진다. 이듬해 4~6월에 한반도에서 약 3000Km 떨어진 필리핀 근처 서태평양으로 가서, 아주 깊은 바닷속에서 알을 낳는 것으로 추정하

2006년 5월 경기도 파주 파주어촌계

강, 바다	**분포** 우리나라, 북한, 중국, 일본, 대만, 베트남	
60~100cm	**북녘 이름** 뱀장어, 먹장어, 비암치	
4~6월	**다른 이름** 장어, 짱어, 거무자, 강장어, 참장어, 민물장어, 우멍장어, 풍천장어, 참뱀장어, 장치, 곤장어, 드물장어, 뱀두장어	

고 있다. 알을 낳고 어미는 죽는다.

옛날부터 뱀장어는 요리를 해서 먹었고 약으로도 썼다. 기름이 많고 영양가가 좋아 몸이 허약한 사람에게 고아 먹였다. 요즘에는 사람들이 먹으려고 양식을 많이 한다. 봄에 바다로 올라오는 새끼 뱀장어를 잡아서 양식장에 가두어 기른다.

성장 깊은 바다에서 깨어난 새끼는 몸이 투명하고 버들잎처럼 납작하다. 이 새끼를 '렙토세팔루스 (Leptocephalus)'라고 하는데, 북적도 해류와 쿠로시오 해류에 실려 떠다니면서 6개월 동안 자라다가 몸이 둥글게 바뀌어 바다 밑으로 가라앉아 실뱀장어로 변태한다. 쓰시마 해류를 타고 우리나라 앞바다까지 오면서 5~7cm로 자란다. 봄에 강을 거슬러 올라와 민물에서 5~12년을 산다.

분포 우리나라 서해와 남해로 흐르는 하천에서 살고, 동해로 흐르는 냇물에서는 강원도 삼척 오십천 이남에 분포한다. 일본, 중국, 대만, 베트남에도 분포한다. 요즘 둑을 쌓아 강어귀를 막고, 커다란 댐 때문에 뱀장어가 강으로 올라가지 못하면서 사는 곳이 점점 줄고 있다.

몸길이는 60~100cm이고, 큰 것은 1m가 넘는다. 몸이 길쭉하고 통통한데 살갗이 미끌미끌하다. 머리가 뾰족하고 눈이 작다. 입이 작은데 아래턱이 위턱보다 조금 길다. 턱에 이가 1줄 나 있다. 등은 짙은 밤색이거나 검다. 배는 누렇거나 하얗다.

가슴지느러미는 아주 작고 배지느러미는 없다. 등지느러미와 꼬리지느러미, 뒷지느러미는 이어져 있다. 비늘은 살갗 속에 묻혀 있어서 겉으로는 안 보인다. 가슴지느러미 기조 15~20개, 척추골 112~119개이다.

무태장어

Anguilla marmorata

무태장어는 뱀장어와 닮았는데 몸이 훨씬 통통하고 두툼다. 큰 것은 2m가 넘고 어른 팔뚝만큼 굵어지기도 한다. 몸통이 누렇고 온몸에 거무스름한 얼룩무늬가 흩어져 있다. 그래서 경상북도 영덕에서는 '얼룩뱀장어'라고 하고, 거제도에서는 '점박이장어'라고 한다. 우리나라 제주도에 산다고 북녘에서는 '제주뱀장어'라고 한다.

무태장어는 민물에서 5~8년 동안 살다가 다 자라면 깊은 바다로 들어가 알을 낳는다. 알은 새끼로 깨어나 난류를 타고 강과 냇물로 올라온다. 물살이 빠르고 물이 아주 맑은 냇물이나 계곡에서 산다. 바위틈에 숨어 있다가 밤에 나와서 돌아다닌다. 육식성이어서 주로 게, 새우, 조개, 물고기, 개구리 등을 닥치는 대로 잡아먹는다. 배를 위로 하고 죽은 듯이 꼼짝 않고 잠을 자기도 한다. 알을 언제 낳는지는 아직 밝혀지지 않았다.

우리나라에서 무태장어가 처음 발견된 곳은 제주도 서귀포시에 있는 천지연이다. 천지연은 서홍천이 절벽을 만나 물이 떨어지며 이루는 연못이다. 이 물은 바다로 흘러든다. 문화재청에서는 1962년에 서귀포시 서홍동 천지연폭포와 색달동 일대, 제주 무태장어 서식지를 '천연기념물 제27호'로 지정하였다. 2001년에는 천제연에서도 무태장어가 발견되었다. 또한 1993년에 제주 천지연 난대림을 '천연기념물 제379호'로, 제주 천제연 난대림을 '천연기념물 제378호'로 지정하여 보호하고 있다.

알 낳는 곳 인도양 근처 섬에 사는 무태장어가 알을 낳는 곳은 인도양에 있는 '멘타와이(Mentawai) 해구'로 알려졌다. 우리나라, 중국, 일본 등지에 사는 무태장어의 산란 장소는 아직 알려지지 않았다. 대만이나 일본 오키나와, 중국과 필리핀 바다에 있는 해구로 추측하고 있다. 무태장어의 알은 바닷속에서 뱀장어와 같은 '렙토세팔루스(Leptocephalus)'라는 유생으로 부화하여 실뱀장어로 변태한다. 바다에서 난류를 타고 이동하여 강을 거슬러 민물로 올라와 산다.

분포 전 세계 뱀장어목 15종 가운데 가장 널리 분포하는 종이다. 우리나라 무태장어 서식지는 전 세계에서 가장 북쪽이기 때문에 학술적으로 아주 중요하다. 중국, 일본, 필리핀, 인도네시아, 아프리카 동부 등지에도 분포한다.

강어귀, 강

1~2m

보호종

천연기념물 제27호

(제주 무태장어 서식지)

분포 우리나라, 일본, 중국, 대만, 필리핀, 남태평양

북녘 이름 제주뱀장어

다른 이름 얼룩뱀장어, 점박이장어, 깨장어, 큰뱀장어,
민물장어, 대만, 약궁장어

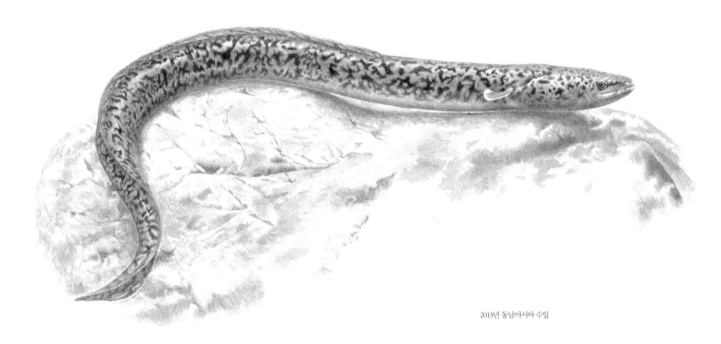

2013년 동남아시아 수입

몸길이는 1~2m이고, 큰 것은 2m가 넘는다.
몸이 길쭉하고 통통한데 살갗이 미끌미끌하다.
몸통에 검은 얼룩무늬가 나 있다.
몸통은 둥글지만 꼬리로 갈수록 납작하다.
머리가 뾰족하고 눈이 작다. 입이 작고 턱에

이가 있다. 아래턱이 위턱보다 조금 튀어나와 있다.
몸은 황갈색 바탕에 배는 하얗다.
가슴지느러미는 작고 배지느러미는 없다.
등지느러미와 꼬리지느러미, 뒷지느러미는
이어져 있다.

비늘은 살갗에 묻혀 있어서 안 보인다.
가슴지느러미 연조 15~21개, 척추골 100~110개이다.

웅어

Coilia nasus

웅어는 바다에서 강어귀로 올라와 알을 낳는다. 봄에 갈대가 우거진 강 하류로 와서 6~7월에 알을 낳는다. 새끼는 여름부터 가을까지 바다로 내려가서 살다가 이듬해 봄이 되면 강어귀에 나타난다. 웅어는 육지에서 가까운 바다에 산다. 강이 바다와 만나는 곳이나 바다가 육지를 파고든 만에 주로 서식한다. 낮에는 조금 얕은 곳에 있다가 밤이면 깊은 곳에서 동물성 플랑크톤, 새우와 게 같은 갑각류, 어린 물고기를 먹는다.

웅어는 맛이 좋아서 옛날부터 사람들이 즐겨 먹었다. 옛 문헌에는 웅어를 한자로 '위어(葦魚)'라고 했는데 '갈대가 있는 곳에 사는 물고기'라는 뜻이다. 한강 하류 행주에 '위어소'를 두어 봄마다 웅어를 잡아서 임금에게 진상했다는 기록이 있다. 요즘 한강 어부들은 4월부터 잡는다고 한다. 우리나라 충청도에서는 '우어'라고 하고, 금강을 낀 강경에서는 '우여', 북한 압록강 의주에서는 '웅에', 예성강 해주에서는 '차나리'라고 한다. 봄에 강어귀로 올라오면 그물로 잡는데 성질이 급해서 바로 죽는다. 특히 보리가 익을 때쯤에 맛이 좋다. 살이 부드러우며 쫄깃하고 뼈째 먹을 수 있다. 생선회로도 먹고 구이나 국을 끓여 먹는다. 요즘에는 큰 강 하류가 둑에 막히면서 수가 줄어들고 있다.

알 낳기와 성장 알은 6~7월에 강어귀에서 낳는다. 암컷은 알을 2~3회에 걸쳐서 낳는다. 알은 동그란데 크기가 0.4~0.6mm이다. 새끼는 바다로 내려가서 자란다. 1년에 17cm로 자라고, 2년이면 24cm쯤으로 크며 알을 낳는다. 더욱 크게 자라면 35~40cm가 된다.

분포 우리나라 서해와 남해의 연안과 크고 작은 하천 기수에 서식한다. 중국 연안, 동중국해, 발해만, 북서태평양 연안에도 분포한다.

바다, 강어귀	**분포** 우리나라, 북한, 중국, 일본, 대만	
20~30 cm	**북녘 이름** 웅에, 차나리	
6~7월	**다른 이름** 웅애, 우어, 위어, 우여	

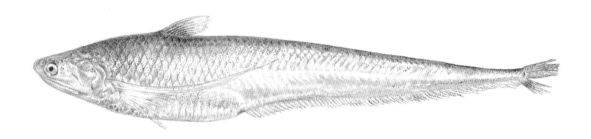

2005년 6월 인천 강화도

몸길이는 20~30cm이다. 40cm까지도 자란다. 몸통은 아주 길고 세로로 납작하다. 긴 칼처럼 날렵하게 생겼다. 머리는 작고 눈은 머리 앞쪽으로 치우쳐 있다. 입은 크고 비스듬한데 턱에 작은 이가 1줄로 나 있다. 아래턱은 위턱보다 짧고, 위턱 아래쪽에 작은 거치가 있다.

몸은 은백색을 띤다. 등은 연한 청색이고, 몸통이 조금 누렇거나 새하얗다. 등지느러미와 배지느러미는 작고 몸 앞쪽에 있다. 뒷지느러미는 아주 길고 꼬리지느러미와 이어져 있다. 가슴지느러미 연조 중에서 위에 있는 6개는 따로 떨어져 있고, 매우 길어 뒷지느러미

앞부분까지 이른다. 배를 따라서 뒷지느러미 앞까지 날카로운 방패 비늘이 43~61개 있다. 등지느러미 연조 11~13개, 뒷지느러미 연조 95~97개, 종렬 비늘 70~79개, 척추골 74~76개이다.

잉어

Cyprinus carpio

잉어는 덩치가 아주 크다. 어른 다리통 만하게 자라기도 하는데, 큰 것은 1m가 넘는다. 몸이 통통하고 세로로 조금 납작하다. 비늘이 아주 크며 켜켜이 줄지어 있다. 머리가 크고 입술이 두툼하다. 어린 잉어는 붕어와 닮았는데, 잉어는 주둥이에 수염이 나 있다. 잉어는 수명이 길어 30년을 넘게 살기도 한다. 저수지나 댐, 강이나 냇물에서 산다. 강과 냇물에도 살지만 저수지나 연못처럼 고인 물에 더 흔하다. 맑고 찬물보다 흐리고 따뜻한 물을 좋아한다. 물풀이 우거진 곳에서 먹이를 찾는데, 주둥이로 진흙을 들쑤셔서 벌레가 나오면 입술을 나팔처럼 앞으로 쑥 내밀어 재빨리 먹이를 삼킨다. 물풀도 먹고 작은 게와 어린 물고기, 물벌레나 지렁이, 새우, 우렁이를 잡아먹는다. 겨울이 되면 깊은 곳에 모여들어 겨울잠을 자듯이 꼼짝 않고 지낸다. 그러다가도 무엇에 놀라면 자리를 옮긴다.

잉어는 물이 따뜻해지는 4월부터 한여름 직전인 7월까지 알을 낳는다. 새벽녘에 물풀이 우거진 물가로 나와서 암컷과 수컷이 뒤엉켜 배를 뒤집고 푸드덕거리며 알을 낳는다. 알은 끈기가 있어서 물풀에 잘 붙는다. 한꺼번에 다 안 낳고 알자리를 여러 번 옮기며 낳는다.

잉어는 옛날부터 먹으려고 잡았고 연못에 풀어 놓고 길렀다. 요즘에는 몸이 허약한 사람이나 아기를 낳은 산모에게 약으로 푹 고아서 먹이기도 한다. 우리 조상들은 잉어를 친근하면서도 귀하게 여겼다. 그래서 잉어가 나오는 옛이야기가 많고, 잉어가 나오는 꿈을 꾸면 좋은 일이 생긴다고 믿는다. 본디 온대와 아열대 유라시아 대륙에 분포하였는데, 지금은 전 세계에 널리 퍼졌다.

알 낳기와 성장 알은 4~7월에 낳는다. 암컷은 알을 30만~50만 개 낳고, 큰 놈은 100만 개까지 낳는다. 알은 3~5일 지나면 깨어나며 새끼는 5~6mm이다. 3일 정도 지나면 7mm로 자라며 물벼룩 같은 작은 동물성 플랑크톤을 먹기 시작한다. 10일이 지나면 8.5mm로 자라고, 보름 뒤에는 11.5mm가 된다. 20cm로 자라면 몸에 비늘이 생기기 시작하고, 25mm가 되면 입수염이 2쌍 생긴다. 성장이 빨라 1년에 10~15cm, 2년에 18~25cm, 3년에 30cm로 자란다. 3~4년 자라면 알을 낳을 수 있다.

강, 냇물, 댐, 저수지, 연못 **분포** 전 세계

30~100cm **북녘 이름** 잉어

4~7월 **다른 이름** 황잉어, 발갱이, 잉애, 주래기,
딱금이, 골배기, 멍짜

2006년 7월 경기도 청평 중앙내수면연구소

몸길이는 30~100cm이다. 몸이 통통한데 세로로
조금 납작하다. 비늘이 크고 기왓장을 얹은
것처럼 또렷하게 켜켜이 줄지어 있다.
몸 색깔은 누르스름한데 등은 짙고 배는 옅다.
깊은 강에 사는 것은 푸른 밤색이 돈다.

머리가 크고 입술이 두툼하다. 등지느러미만 빼고
나머지 지느러미가 주황빛을 띠거나 노랗다.
입수염이 2쌍 있는데, 앞에 있는 1쌍은 짧고 뒤에
있는 1쌍은 길다.

등지느러미 연조 19~21개, 뒷지느러미 연조 5~6개,
옆줄 비늘 33~38개, 새파 18~22개, 척추골
35~37개이다.

이스라엘잉어

Cyprinus carpio

이스라엘잉어는 흔히 '향어'라고 부른다. 잉어와 닮았는데 몸에 비늘이 군데군데 나 있다. 비늘이 거의 없다고 '가죽잉어'라고도 한다. 맛이 좋아서 사람들이 먹으려고 양식을 많이 한다. 잉어처럼 푹 고아서 몸이 허약한 사람이 약으로 먹기도 한다. 커다란 저수지나 호수, 댐에서 산다. 물살이 느리고 바닥에 진흙이 깔린 냇물이나 강에도 산다. 강바닥에서 떼를 지어 헤엄쳐 다닌다. 물벌레나 지렁이, 조개나 물풀을 먹고 조그마한 물고기도 잘 잡아먹는다. 새끼 때는 작은 물벌레를 잡아먹고 크면 참붕어 새끼 같은 작은 물고기도 잡아먹는다. 오래 사는 것은 40년을 살기도 한다.

이스라엘잉어는 독일에서 처음 생겨났다고 '독일잉어'라고도 한다. 유럽에 사는 잉어와 독일에 사는 가죽잉어를 교배시켜서 얻은 종이다. 독일 사람들이 일부러 이스라엘에 가져가서 풀어 놓아서 '이스라엘잉어'라는 이름이 붙었다. 우리나라는 1973년에 이스라엘에서 들여와 기르기 시작했다. 큰 저수지와 댐에 풀어 놓으면서 전국에 널리 퍼지게 되었다. 낚시꾼들이 많이 잡는다.

알 낳기와 성장 5~7월에 물풀이 우거진 곳에 알을 낳는다. 알은 물풀 줄기나 잎사귀에 붙는다. 이스라엘잉어는 성장이 잉어보다 두 배 빠르다. 수온 20~28℃에서 먹이를 잘 먹고 25℃쯤 되는 곳에서 잘 자란다. 수온이 10℃ 아래로 내려가면 월동에 들어가지만 먹이는 먹는다.

🌊 댐, 저수지, 강, 냇물 　　**분포** 전 세계

➡ 30~60cm

❋ 5-7월 　　**다른 이름** 향어, 독일잉어, 물돼지

🌐 외래종

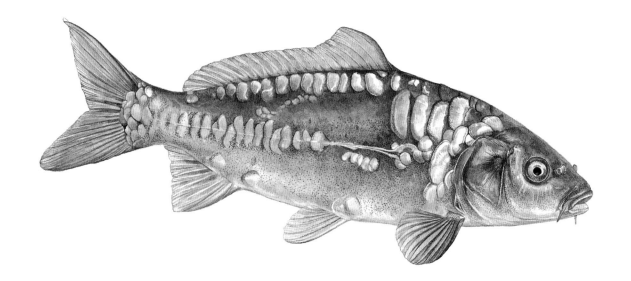

2006년 10월 경남 진주 남강댐(진양호)

몸길이는 30~60cm이다. 잉어와 많이 닮았는데
몸에 비늘이 듬성듬성 나 있다.
몸통이 통통하고 잉어보다 등이 더 높다.
물고기마다 비늘 생김새가 조금씩 다르다.

대부분 몸통 한가운데에 비늘이 1줄로 쭉 이어져
있고, 비늘이 거의 없는 것도 있다.
등지느러미 연조 18~21개, 뒷지느러미 연조 5개,
척추골 37~38개이다.

붕어

Carassius auratus

붕어는 저수지나 연못, 냇물과 강에 산다. 옛날에는 논도랑과 논에도 흔했다. 물이 고여 있거나 느릿느릿 흐르는 곳을 좋아한다. 마름이나 검정말 같은 물풀이 수북한 곳에서 몇 마리씩 무리를 지어 다닌다. 물풀 속이나 돌 밑에 잘 숨고 밑바닥에서 진흙을 들쑤시며 먹이를 찾는다. 물벼룩 같은 동물성 플랑크톤이나 수서 곤충, 거머리나 지렁이, 조개, 작은 물고기를 잡아먹는다. 물풀을 뜯어 먹기도 하고 물풀 씨앗도 먹는다.

붕어는 4~7월에 큰비가 온 뒤에 알을 낳는다. 이때 머리와 주둥이, 지느러미에 좁쌀만 한 돌기가 솟는데 수컷이 암컷보다 더 많이 생긴다. 새벽에 물풀이 수북한 물가 얕은 곳에 모여 알을 낳아서 붕어말 같은 물풀에 알을 잔뜩 붙인다. 물이 차가워지는 겨울이 되면 물속 깊은 곳에 모여 아무것도 안 먹고 가만히 지낸다.

붕어는 사는 곳에 따라 몸빛이 조금씩 다른데 흐르는 물에 살면 은빛이 많이 돌고, 고인 물에 살면 누런색을 띤다. 몸빛이 은빛이면 '쌀붕어', 누런색이면 '똥붕어'라고 부르기도 한다. 우리나라 어디에나 흔하고 맛도 좋아서 옛날부터 즐겨 먹었다. 환경을 가리지 않아 둠벙이나 저수지에 풀어 기르기도 한다. 몸이 허약한 사람에게 약으로 고아 먹이기도 하고, 국이나 붕어찜 같은 요리를 해서 먹는다.

알 낳기와 성장 4~7월에 알을 낳는다. 암컷은 알을 5만~20만 개 낳는다. 알은 동그랗고 지름이 1.2~1.6mm 이다. 수온 15℃에서는 8~10일, 20℃에서는 5~6일, 25℃ 안팎에서는 3일이면 새끼가 깨어난다. 새끼는 4.5~5mm이고 태어난 해에 3~4cm까지 자란다. 2년이 지나면 16~18cm, 3년이 지나면 20~23cm로 자란다. 2~3년 정도 자라면 알을 낳을 수 있다. 10년 살면 30cm까지도 큰다.

강, 냇물, 댐, 저수지, **분포** 우리나라, 북한, 아시아
연못, 논도랑

5~30cm **북녘 이름** 붕어

4~7월 **다른 이름** 참붕어, 넓적붕어, 똥붕어, 붕애, 쌀붕어,

호박씨붕어, 희나리, 논붕어, 돌붕어, 약붕어, 강붕어

2006년 6월 경기도 파주 파주출판도시 늪

몸길이는 5~30cm이다. 큰 것은 30cm까지 자라고
무게가 3kg이 넘는 것도 있다. 잉어와 닮았지만
몸이 더 납작하고 작으며 입수염이 없다.
몸 색깔은 누런 밤색이거나 은회색이다.
머리는 작고 주둥이는 뾰족하다.

입에 이가 없고 목에 맷돌처럼 생긴 목니가
있다. 비늘이 둥글고 크며 옆줄이 뚜렷하다.
꼬리자루는 짧고 굵다. 등지느러미 연조 16~18개,
뒷지느러미 연조 5개, 옆줄 비늘 29~31개,
새파 44~52개, 척추골 27~29개이다.

떡붕어

Carassius cuvieri

떡붕어는 붕어와 거의 똑같이 생겼다. 몸통이 붕어보다 납작해서 '떡붕어'라는 이름이 붙었다. 붕어는 등이 둥그스름한데 떡붕어는 붕어보다 몸 높이(체고)가 더 높다. 우리나라 어디에나 흔하다. 저수지나 물살이 느린 냇물과 강에 산다. 물이 흐르는 곳보다 고여 있는 곳에 더 흔하다. 바닥에 진흙이 깔리고 물풀이 수북한 곳을 좋아한다. 주로 깊은 곳에서 살지만, 수면에서 떼로 헤엄쳐 다니기도 한다. 물벼룩이나 거머리, 지렁이나 물풀을 먹는다.

알은 4~7월에 낳는다. 산란기가 붕어와 거의 같지만 조금 이르다. 알 낳을 때 수컷과 암컷이 쫓고 쫓기며 물 위로 튀어 오르기도 한다. 알을 물풀에 붙인다. 떡붕어는 붕어보다 성장이 두 배 빠르다. 붕어가 2년 자라면 7~8cm 되는데, 떡붕어는 1년에 10cm까지 자란다.

떡붕어는 본디 일본에 있는 '비와 호(Biwa Lake)'라는 커다란 호수에 살았다. 일본에서는 양식을 위해 전역에 풀어 놓았고, 우리나라는 1972년에 들어와 강과 저수지에 풀어 놓으면서 전국으로 퍼졌다. 우리나라에서 토박이 붕어보다 수가 더 많아졌다. 낚시로 많이 잡지만 붕어보다 맛이 없고 가시가 많다.

알과 성장 알은 붕어 알보다 작아서 지름이 1.31~1.41mm이다. 1년 동안 10cm까지 자란다. 2년에 15~17cm, 5~6년 자라면 40cm도 넘게 큰다.

강, 냇물, 댐, 저수지 **분포** 우리나라, 북한, 일본

15~40 cm

4~7월

외래종

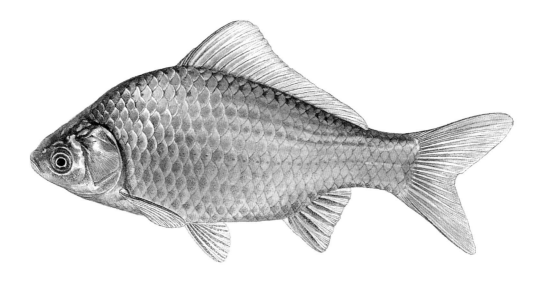

2006년 9월 충남 보령 봉당천

몸길이는 15~40cm이다. 몸집이 붕어보다 큰데 등이
톡 튀어나왔다. 주둥이는 앞으로 삐죽 나와 있다.
등지느러미 연조 17~18개, 뒷지느러미 연조 5개, 옆줄
비늘 30~31개, 새파 84~114개이다.

초어

Ctenopharyngodon idellus

초어는 이름이 한자말인데 '풀을 먹는 물고기'라는 뜻이다. 초식성으로 물풀이나 줄과 부들 같은 물가에서 자라는 풀을 먹고 부드러운 나뭇잎도 먹는다. 물 밖에 있는 풀을 뜯으면 '아삭아삭' 하고 소리가 난다. 얼핏 보면 잉어처럼 생겼다. 잉어는 입수염이 두 쌍 있지만 초어는 없고 머리가 작다. 비늘은 앞부분이 진한 갈색이다. 초어는 폭이 넓고 깊은 냇물과 큰 강, 저수지와 댐에 산다. 수온 15~30℃에서 활발히 움직이고 먹이를 많이 먹는다. 우리나라 자연에서 번식한 기록은 없다. 중국 기록에는 알을 4~7월에 모래나 진흙이 깔린 바닥에 낳는다고 한다. 알은 100km 정도를 흘러내려 가면서 새끼가 깨어난다.

중국에서는 초어를 많이 먹는다고 한다. 우리나라는 식용을 목적으로 들여왔는데 우리 입맛에는 안 맞는다. 저수지와 댐에서 수초를 없애는 용도로 전국에 풀어 놓아 널리 퍼졌다. 초어가 살면 물풀이 줄어들어서 다른 물고기의 서식지에 피해를 주기도 한다. 아시아 동부 지역이 원산지로 중국, 베트남, 라오스 등지에 분포한다. 중국에 있는 양자강과 흑룡강 등 큰 강에서 번식하는 것으로 알려졌다. 우리나라처럼 식용으로 양식하기 위해 전 세계 여러 나라에서 도입해 널리 퍼졌다. 우리나라 서해와 남해로 흐르는 큰 강인 한강, 낙동강, 금강, 섬진강 수계에 출현한다.

알 낳기와 성장 알은 6월 하순에서 7월 초 수온이 18~24℃일 때 많이 낳는다. 암컷은 알을 50만~80만 개 밴다. 알은 19.5~22.0℃에서 42~45시간이 지나면 새끼가 깨어난다. 새끼는 2년이 지나면 몸무게 1kg이 넘게 크며, 5~6년 자라면 알을 낳을 수 있다.

도입 배경 우리나라는 1963년 일본에서 치어 20만 마리를 들여왔다. 치어를 낙동강 수역과 소양강 댐에 풀어 놓았고, 일부는 연구소와 양어장에서 길렀다. 1967년 대만에서 치어 5만 마리를 들여와 우리나라 연구소에서 키운 치어와 함께 어민들에게 나누어 주었고, 전국에 있는 양어장과 하천에 풀어 놓으면서 널리 퍼졌다.

강, 냇물, 댐, 저수지   **분포** 우리나라, 중국, 일본, 대만, 베트남, 라오스

50~100cm   **북녘 이름** 초어

4~7월(중국)

외래종

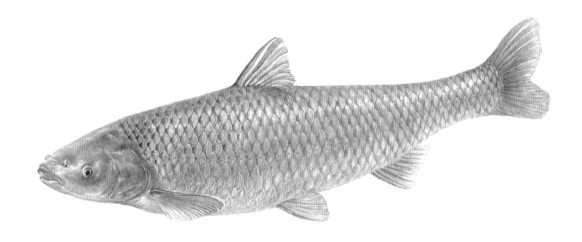

2013년 10월 경기도 청평 중앙내수면연구소(사진 자료)

몸길이는 50~100cm이다. 몸이 길고 몸통이
두툼하다. 등은 회갈색이고 배는 은백색이다.
아가미덮개에 여러 갈래로 뻗은 줄무늬가 있다.
비늘은 아주 크며 고르게 붙어 있다. 머리 앞부분이
넓고, 입은 아래쪽에 있다.

목구멍에 있는 인두치는 2열이다.
등지느러미는 조금 둥글고 배지느러미보다 조금
앞에 있다. 옆줄은 완전하고 아래쪽으로 조금 굽어
있으며 꼬리자루 가운데를 지난다.
지느러미는 조금 검다.

등지느러미 연조 7개, 뒷지느러미 연조 7~8개,
옆줄 비늘 38~40개, 새파 16~19개이다.

흰줄납줄개

Rhodeus ocellatus

흰줄납줄개는 몸집이 작고 납작하다. 꼬리에 가로로 파랗거나 하얀 줄무늬 하나가 쭉 나 있다. 등이 불룩 솟아 있고 주둥이가 뾰족하게 튀어나왔다. 몸 색깔이 예뻐 집에서 어항에 넣어 기르기도 한다. 물이 느리게 흐르는 냇물이나 저수지에 산다. 여러 마리가 떼를 지어 물풀이 우거진 곳에서 헤엄쳐 다닌다. 실지렁이를 잡아먹거나 물풀에 붙어사는 작은 물벌레를 잡아먹는다. 물벼룩과 물에 떠다니는 물풀 조각도 먹는다.

알은 4~6월에 낳는다. 수컷은 혼인색을 띠어 등이 파래지고 몸통은 빨개진다. 암컷은 배에서 몸보다 긴 산란관이 나온다. 수컷이 미리 말조개나 대칭이, 펄조개 같은 조개를 찾고 조개 둘레에 다른 수컷이 접근하면 쫓아낸다. 조개가 물을 뿜는 구멍인 출수공에 암컷이 산란관을 꽂고 알을 낳으면 조개 몸속 아가미에 알이 들어간다. 수컷은 조개가 물을 빨아들이는 구멍인 입수공에 정액을 뿌려 알을 수정시킨다. 암수가 어울려 다니면서 여러 조개에 알을 낳는다. 새끼는 한 달 뒤에 조개가 물을 뱉을 때 밖으로 나와서 자란다. 새끼는 2년 정도 자라면 알을 낳을 수 있다. 우리나라 서해와 남해로 흐르는 냇물과 강에 산다. 일본, 중국 대륙 남부 지방, 대만 같은 동아시아 지역에 널리 분포한다.

알과 성장 알은 4~6월에 낳는다. 알은 달걀처럼 생겼는데, 지름이 긴 쪽은 2.68mm, 짧은 쪽은 1.3mm쯤이다. 2일 정도 지나면 새끼가 깨어난다. 새끼는 2.6mm이고, 13일 뒤면 6.5mm로 자라며 머리가 생긴다. 20~30일 자라다가 조개 밖으로 나온다. 2개월 지나면 1.5cm가 되고 어미와 닮아진다. 1년에 4~5cm까지 크고, 2년이면 6~8cm에 이른다.

산란관 흰줄납줄개 산란관은 우리나라에 사는 납자루아과 가운데 가장 길다. 몸길이보다 3배 가까이 길어지기도 한다. 납자루아과는 조개 몸속에 알을 낳는 독특한 습성이 있어 암컷은 산란기가 되면 총배설강에서 산란관이 나온다.

냇물, 저수지, 댐

6~8 cm

4~6월

분포 우리나라, 북한, 중국, 일본, 대만

북녘 이름 망성어

다른 이름 흰납줄개, 흰납죽이, 꽃납지래기, 팥붕어, 빈지리, 망생어, 배납생이, 배납쟁이

암컷

수컷

2005년 6월 경기도 파주 파주출판도시 늪

몸길이는 6~8cm이다. 몸은 작은데 둥글고 납작하다. 등이 불룩 솟아 있고, 주둥이가 튀어나왔다. 입은 작고 수염이 없다. 등은 푸르스름한 갈색이고 배는 하얗다. 몸통 가운데서 꼬리자루까지 파란 줄이나 하얀 줄이 하나 쭉 나 있다. 옆줄은 뒷부분이 안 보이고 맨 앞쪽 비늘 3~6개만 구멍이 있다. 등지느러미 연조 11~12개, 뒷지느러미 연조 10~11개, 종렬 비늘 31~34개, 새파 13~14개, 척추골 34~35개이다.

한강납줄개

Rhodeus pseudosericeus

한강에 살고 몸에 줄이 있다고 '한강납줄개'라는 이름이 붙었다. 몸 뒤쪽 가운데에 새파랗고 가느다란 줄이 꼬리지느러미 앞까지 이어져 있다. 흰줄납줄개나 각시붕어와 닮았지만 몸 색깔이 덜 화려하다. 비늘에 아주 작고 검은 점들이 많아서 몸빛이 어둡고 등지느러미와 뒷지느러미 끝에 노란 줄무늬가 있다. 등이 툭 튀어나온 흰줄납줄개와 달리 완만하다.

한강납줄개는 물살이 느리고 돌이 있는 냇물이나 저수지에 산다. 물풀과 갈대, 물억새가 우거진 곳에서 헤엄을 친다. 잡식성으로 작은 동식물 플랑크톤이나 유기물을 먹는다. 알은 4~6월에 조개 몸속 아가미에 낳는다. 이때 수컷은 주둥이에 작은 돌기인 '추성'이 넓게 돋아난다. 몸 색깔이 화려해지지는 않지만 검은 빛이 짙어진다. 암컷은 배에서 산란관이 길게 나온다.

우리나라에서만 사는 고유종이다. 한강 수계에 서식하는데, 남한강 상류와 이 강 지류인 섬강, 강원도 횡성과 경기도 양평 지역에만 분포한다. 환경부에서는 한강납줄개가 사라지지 않도록 '멸종위기야생동식물 2급'으로 지정하여 보호하고 있다.

알과 성장 알은 수온 17~22℃에서 2~3일이면 새끼가 깨어난다. 1년 자라면 4.5cm, 2년이면 5.5~6.5cm, 3년이면 7.5~8.5cm로 자란다.

연구 최근까지 유럽에도 분포하는 납줄개(*Rhodeus sericeus*)로 알려졌는데, 2001년에 납줄개와 다른 새로운 종으로 분류하였다. 1939년에 일본인 우치다(Uchida)가 발견한 북한 함경남도 용흥강과 함경도 동해안 지역에 사는 납줄개 표본과 한강납줄개의 비교 연구가 필요하다.

냇물, 강, 댐

5~9 cm

4~6월

고유종, 보호종

멸종위기야생동식물 2급

분포 우리나라(한강 수계)

북녘 이름 아무르망성어

수컷

암컷

2006년 9월 강원도 횡성 섬강

몸길이는 5~9cm이다. 몸은 둥글고 세로로 납작하다. 머리는 작고 주둥이는 앞으로 튀어나와 있다. 주둥이 아래쪽에 있는 입은 작고 비스듬히 위를 보고 있다. 비늘은 크고 아주 작은 까만 점이 많다. 몸 색깔은 등이 어두운 회갈색을 띠지만 몸통

아래쪽은 은백색이다. 몸 뒤쪽 가운데에 짙푸른 가느다란 줄이 꼬리지느러미 앞까지 있다. 등지느러미와 뒷지느러미 앞쪽에 거무스름한 줄무늬가 있다. 그 사이에 하얀 줄무늬도 있다. 수컷 등지느러미 가장자리는 다른 지느러미보다

더욱 노란색을 띤다. 산란기에는 몸통에 노란색이 뚜렷해진다. 등지느러미 연조 9개, 뒷지느러미 연조 9~10개, 종렬 비늘 34~37개, 척추골 33~34개이다.

각시붕어

Rhodeus uyekii

곱게 차려 입은 새색시처럼 어여쁘고 화려해서 이름이 '각시붕어'다. 몸 색깔이 알록달록 곱다고 '꽃붕어'라고도 한다. 몸이 아주 작고 납작하다. 수컷은 산란기가 되면 온몸이 샛노래지고 몸통은 보랏빛이 나며 지느러미에 있는 분홍색 띠가 또렷해진다. 주둥이에 아주 작고 오톨도톨한 돌기가 돋아난다. 암컷은 배에서 산란관이 길게 나온다. 물이 얕은 냇물이나 저수지에 산다. 예전에는 논도랑에도 흔해서 쉽게 볼 수 있었다. 바닥에 진흙이나 모래가 깔려 있는 곳을 좋아한다. 떼를 지어서 천천히 헤엄치며 돌과 물풀에 붙어사는 작은 물벌레를 잡아먹는다. 물벼룩과 물풀도 먹고 돌말도 먹는다. 위험을 느끼면 돌 틈이나 물풀 속으로 얼른 숨는다.

알은 5~6월에 두드럭조개나 말조개 몸속에 낳는다. 수컷이 조개를 찾아 둘레를 빙글빙글 돌면 암컷은 잽싸게 조개 출수공에 산란관을 꽂고 알을 낳는다. 곧바로 수컷이 조개 입수공에 대고 정액을 뿌려 수정시킨다. 암수가 짝을 지어 이리저리 돌아다니면서 알을 낳는다. 알은 조개 아가미에 붙어 안전하고, 조개가 물을 빨아들일 때마다 신선한 물에 닿아 새끼가 잘 자란다. 새끼는 조개 몸속에서 한 달을 자라고 조개가 물을 뱉을 때 밖으로 나온다. 새끼는 1년을 자라면 알을 낳을 수 있다.

각시붕어는 우리나라에만 사는 고유종이다. 서해와 남해로 흐르는 하천에 산다. 각시붕어를 비롯한 납자루 무리는 조개에 알을 낳으므로 수질 오염이나 하천 개발로 조개 수가 줄어들면 번식이 어려워져 물고기 숫자도 함께 줄어든다.

알 낳기와 성장 수컷은 5~6월에 알 낳을 조개를 찾아다닌다. 조개를 두고 수컷들끼리 서로 싸우는데 머리로 사납게 달려들거나 나란히 헤엄치면서 몸을 부딪친다. 수컷이 조개 둘레를 돌면 암컷이 오는데 암컷 산란관이 짧으면 수컷이 쫓아 버리기도 한다. 산란관이 긴 암컷이 오면 수컷은 지느러미와 몸을 떨면서 암컷이 알을 낳도록 재촉한다.

알은 타원형인데 지름이 긴 쪽은 3.2~3.5mm, 짧은 쪽은 1.5~1.8mm이다. 새끼는 28일쯤 지나면 조개 밖으로 나오는데 몸길이 7mm이다. 8~11mm로 자라면 등지느러미에 검은 반점이 생긴다. 2cm가 되면 생김새가 어미와 거의 같아진다.

냇물, 저수지, 강

4~5cm

5~6월

고유종

분포 우리나라, 북한

북녘 이름 남방돌납저리

다른 이름 색시붕어, 각시고기, 꽃붕어, 오색붕어, 비단붕어, 납작붕어, 치마붕어, 배납쟁이

수컷

암컷

2004년 5월 경기도 문산 문산천

몸길이는 4~5cm이다. 몸이 아주 작고 납작하다. 입은 작고 아래를 보며 수염은 없다. 주둥이에서 등으로 이어지는 선이 둥글며 완만하다. 몸이 전체적으로 누런데, 등은 푸른빛이 도는 갈색, 배는 연한 노란색이다. 몸통에 파란색 줄이 하나 쭉 있다. 아가미 뒤에 좁쌀 만한 파란 점이 하나 있다. 꼬리지느러미 가운데, 등지느러미와 뒷지느러미 끝에 주황색 줄무늬가 굵게 있다. 수컷은 뒷지느러미 끝이 까맣다.

등지느러미 연조 8~9개, 뒷지느러미 연조 8~10개, 종렬 비늘 32~34개, 새파 6~8개, 척추골 32~34개이다.

떡납줄갱이

Rhodeus notatus

떡납줄갱이는 우리나라에 사는 납자루 무리 가운데 몸집이 가장 작다. 각시붕어와 닮았는데 몸이 훨씬 길고 눈이 크다. 몸통에 있는 파란 줄무늬도 각시붕어보다 길어서 배지느러미 앞까지 온다. 등이 높지 않아 꼬리로 완만하게 이어진다. 깊이가 얕고 물살이 느린 냇물이나 저수지에 산다. 논도랑에서도 볼 수 있다. 물풀이나 돌에 붙어 있는 조류와 작은 동물성 플랑크톤을 먹는다. 3월 중순에서 4월 중순에 물풀이 많은 곳에서 흔히 볼 수 있다.

알은 4~7월에 두드럭조개나 말조개 몸속에 낳는다. 수컷은 혼인색을 띠어 주둥이 아래, 눈동자 위쪽, 등지느러미와 뒷지느러미 가장자리가 주홍빛으로 변한다. 배와 꼬리지느러미 앞쪽도 검어진다. 주둥이 양 끝에 돌기가 돋아나고, 눈과 콧구멍 사이에도 난다. 암컷은 배에서 긴 산란관이 나온다. 알은 수온이 22℃에서 2일이면 새끼가 깨어난다. 새끼는 20일이 지나면 헤엄쳐 다닌다.

떡납줄갱이는 우리나라 서해와 남해로 흐르는 하천에 살고, 그 주변 저수지에 서식한다. 북한에는 평안남도에 있는 대동강 지류인 성천과 청천강에 서식하고, 중국 대륙 산동성 제남에도 분포한다.

납자루 무리의 알 낳기 납자루 무리는 산란기가 되면 수컷이 혼인색을 띠어 몸이 알록달록하게 바뀌고 암컷은 배에서 산란관이 나온다. 수컷은 알 낳을 조개를 미리 찾아서 지킨다. 암컷은 산란관을 조개가 물을 뱉어 내는 구멍인 '출수공'에 넣어 알을 낳는다. 알은 조개 아가미 속으로 들어간다. 수컷이 '입수공'에 대고 정액을 뿌리면 조개가 물을 빨아들일 때 들어가서 알이 수정된다.
조개에 알을 낳는 이유는 알을 안전하게 보호하고 조개가 물을 빨아들일 때 신선한 물에 닿아 새끼가 잘 깨어날 수 있기 때문이다. 조개도 납자루 무리에게 도움을 받는데, 아주 작은 유생(새끼 조개)을 납자루 무리 몸에 붙여서 멀리 퍼뜨린다.

냇물, 강, 저수지	**분포** 우리나라, 북한, 중국	
5cm	**북녘 이름** 돌납저리, 돌납주레기	
4~7월	**다른 이름** 납데기, 납쟁이, 밴대기	

수컷

암컷

2006년 12월 충남 청양 지천

몸길이는 5cm쯤이다. 몸은 길고 납작하며 등이 낮다. 주둥이는 앞으로 나왔고, 입은 작은데 조금 아래쪽을 보고 있다. 눈이 크며 수염은 없다. 등은 연한 갈색으로 등지느러미 앞쪽이 조금 진하고 배는 은빛이 도는 옅은 갈색이다. 아가미뚜껑 바로 뒤에서 꼬리자루까지 이어지는 검푸른 진한 가로 줄무늬가 있다.

아가미구멍 뒤 위쪽에는 짙은 파란색 점이 있다. 등지느러미 앞쪽에는 뚜렷한 흑갈색 반점이 하나 있다. 등지느러미와 뒷지느러미 가장자리는 조금 둥글다. 꼬리지느러미는 가운데가 안으로 깊이 파였다. 옆줄은 불완전해서 앞쪽 4번째

비늘까지만 구멍이 있다.

등지느러미 연조 9~10개, 뒷지느러미 연조 9~10개, 종렬 비늘 32~33개, 새파 5~7개, 척추골 32~34개이다.

납자루

Acheilognathus lanceolatus

납자루는 납자루아과를 대표하는 물고기다. 우리나라 서해와 남해로 흐르는 하천에서 볼 수 있으며, 일본에도 서식한다. 깊이가 어른 무릎 정도 오고 자갈이 많이 깔린 냇물에 흔하다. 바닥에 모래와 펄이 깔려 있으며 느릿느릿 흐르는 깊은 강에도 산다. 물살이 빠른 곳에서 이리저리 헤엄쳐 다니며 돌에 붙은 돌말을 먹고, 실지렁이나 작은 물벌레도 잡아먹는다.

알은 4~6월에 낳는다. 이때 수컷은 몸통 앞쪽이 조금 붉어지고 등이 짙은 푸른색을 띠며, 배는 옅은 보라색으로 바뀐다. 주둥이에 우둘투둘한 작은 돌기가 솟아난다. 암컷은 배에서 산란관이 나온다. 수컷은 말조개나 대칭이를 찾으면 다른 물고기가 얼씬도 못하게 사납게 텃세를 부리며 지킨다. 암컷이 조개 출수공에 산란관을 넣으며 알을 낳는다. 수컷이 입수공에 대고 정액을 뿌리면 조개가 물을 빨아들일 때 물과 함께 들어가 알이 수정된다. 새끼는 조개 몸속에서 한 달을 자라고 조개가 물을 뿜어낼 때 출수공을 타고 밖으로 나온다. 납자루 알은 조개 몸속에서 안전하게 보호되며 신선한 물에 닿아 새끼가 잘 깨어난다. 조개는 납자루 몸에 아주 작은 유생(새끼 조개)을 붙여서 멀리 퍼뜨린다.

알과 성장 알은 지름이 긴 쪽은 4.26~4.85mm이고, 짧은 쪽이 1.46~1.55mm이다. 수온 16℃에서 5일 지나면 새끼가 깨어난다. 새끼는 3.3mm이고, 30일을 자라면 조개 밖으로 나오는데 이때 9.3mm쯤이다. 4cm로 자라면 비늘이 완성된다. 1년 정도 자라면 6~7cm가 되고, 2년 자라면 알을 낳을 수 있다. 다 자라도 10cm를 넘지 않는다.

납자루 무리 우리나라에는 납자루아과에 속하는 물고기가 13종 서식한다. 이 가운데서 8종이 고유종이다. 떡납줄갱이가 가장 작고 큰납지리가 가장 크다. 수컷은 화려한 혼인색을 띠고 암컷은 배에서 긴 산란관이 나와 암수 구별이 쉽다.

냇물, 강, 지수지

5~10cm

4~6월

분포 우리나라, 북한, 일본

북녘 이름 납주레기, 끌납저리

다른 이름 납죽이, 넙적이, 납조리, 납쟁이, 납주라기,
납줄이, 납줄갱이, 납때기, 철납띠기, 밴대

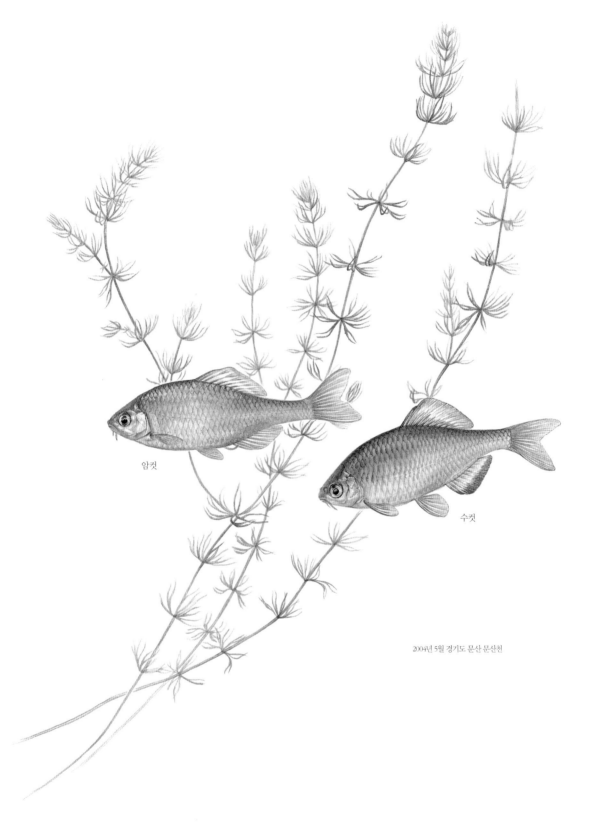

암컷

수컷

2004년 5월 경기도 문산 문산천

몸길이는 5~10cm이다. 몸이 세로로 아주 납작하다. 주둥이는 툭 튀어나왔고 입은 작은데 아래를 보고 있다. 눈이 크고 입수염이 1쌍 있다. 등은 푸른빛이 도는 갈색이고 배는 은백색이다. 몸통 가운데에 꼬리로 이어지는 파란 가로줄이 하나 있다. 등지느러미와 뒷지느러미 테두리는 완만하게 이어진다. 등지느러미 앞쪽 위에 빨간 무늬가 있고, 뒷지느러미 가장자리에 굵은 빨간 줄무늬가 있다. 옆줄은 곧은 편이다. 등지느러미 연조 9~10개, 뒷지느러미 연조 9~11개, 옆줄 비늘 36~39개, 새파 9~11개, 척추골 33~36개이다.

묵납자루

Acheilognathus signifer

묵납자루는 동글납작하고 몸빛이 검푸르다. 납자루 무리는 대개 강 중류와 하류에 사는데, 묵납자루는 하천 상류 쪽에 살며 물살이 느린 곳을 좋아한다. 큰 돌이 여러 겹으로 쌓여 있거나 물풀이 무성한 곳에서 돌 틈과 물풀에 잘 숨는다. 돌말을 먹고, 깔따구 애벌레 같은 작은 수서 곤충도 잡아먹는다. 여름과 가을에는 냇물 가장자리에서 떼로 생활한다. 늦가을에 물이 차가워지면 바위와 큰 돌이 있는 깊은 곳에서 겨울을 난다.

봄에 얕은 곳으로 나오고, 4월부터 6월까지 알을 낳기 위해 한 곳에 모여든다. 수컷은 작은말조개를 찾아서 지키며 산란을 준비한다. 암컷과 수컷이 짝을 지어 조개 몸속에 알을 낳는다. 새끼는 1cm 정도로 자라면 조개 밖으로 나와 물살이 느리고 얕은 물가로 간다. 아직 헤엄이 서툴기 때문에 물살이 센 곳은 피하고, 육식성 물고기와 수서 곤충에 잡아먹히지 않기 위해 숨을 데가 많은 물풀이 수북한 곳에서 떼로 지낸다. 새끼는 자라면서 점점 깊은 곳으로 간다.

묵납자루는 우리나라에만 사는 고유종으로 환경부에서 '멸종위기야생동식물 2급'으로 지정하여 보호한다. 맑은 물이 흐르는 하천에는 진흙과 모래 바닥에 민물조개가 많이 사는데, 요즘에는 수질 오염과 준설 공사로 민물조개 서식지가 파괴되고 있다. 묵납자루는 작은말조개에 산란하며 번식하므로 민물조개 서식지도 함께 보호해야 한다.

알 낳기와 성장 알은 5~6월에 낳는다. 수컷은 몸 색깔이 짙어지고 주둥이 끝에 돌기가 뚜렷하게 나타나며 가슴지느러미 사이가 검어진다. 암컷은 배에서 잿빛 산란관이 길게 나온다. 암컷은 알을 250개쯤 낳는다. 알은 타원형인데 지름이 긴 쪽은 2.19mm이고, 짧은 쪽은 1.85mm이다. 알은 2~3일이 지나면 조개 몸속에서 새끼가 깨어나고, 몸길이는 4.5mm이다. 1개월이면 9.9mm로 크며, 2cm로 자라면 지느러미가 형태를 갖추어 헤엄을 잘 치게 된다. 1년에 4cm, 2년에 5~6cm로 크고 알을 낳을 수 있다. 3년 자라면 6.5~7.5cm가 된다.

분포 1907년 충청북도 충주시 풍동에서 처음 발견되었다. 한반도 중부 지역부터 그 이북에 있는 하천에 서식한다. 한강 수계, 임진강, 대동강, 압록강, 성천, 회양 등지에 분포한다.

냇물, 강	**분포** 우리나라, 북한
7~10cm	**북녘 이름** 청납저리, 청납주레기
5~6월	**다른 이름** 밴매, 뱀재, 본댕이,
고유종, 보호종	망생어, 배납생이, 망성어, 번지리,
멸종위기야생동식물 2급	납줄이, 밴댕이

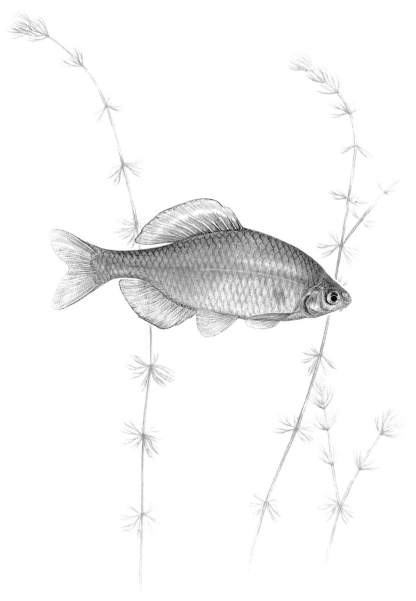

2005년 8월 충북 단양 남한강

몸길이는 7~10cm이다. 몸은 세로로 납작하고
등이 높다. 수컷이 암컷보다 높다.
머리에서 등으로 이어지는 곳이 쑥 들어가 있다.
주둥이는 튀어나왔고, 입은 작은데 아래를 본다.
입술은 얇고 딱딱하며 입수염이 1쌍 있다.

온몸은 푸르스름한 갈색을 띠는데, 등 쪽은 짙고
배 쪽은 연한 황갈색이다. 비늘은 크고 고르다.
옆줄은 가운데가 아래로 조금 굽었다.
등지느러미가 크고 풍성하며 굵은 샛노란 띠가
있다. 뒷지느러미에도 옅은 노란색 띠무늬가 있다.

등지느러미와 뒷지느러미는 가장자리가 부챗살처럼
둥글고 테두리는 흑갈색이다.
등지느러미 연조 8~9개, 뒷지느러미 연조 8~10개,
옆줄 비늘 35~38개, 새파 7~8개, 척추골 31~34개이다.

칼납자루

Acheilognathus koreensis

칼납자루는 너른 들판을 끼고 흐르는 냇물과 강에 산다. 돌과 자갈이 겹겹이 깔린 곳에 사는 데, 돌 밑이나 물풀이 수북하게 난 곳에서 여러 마리씩 작은 떼를 이룬다. 돌말과 작은 수서 곤충을 먹는다. 묵납자루와 많이 닮았는데, 칼납자루는 머리에서 등으로 이어지는 선이 고르다. 등지느러미에 노란 줄무늬도 훨씬 가늘다. 우리나라 중부 지방과 그 이북에 분포하는 묵납자루와 달리, 칼납자루는 남부 지방에만 산다. 금강 이남, 서해와 남해로 흐르는 하천에 분포한다.

알은 4~6월에 낳는다. 수컷은 혼인색을 띠는데, 몸빛이 파래지고 짙어진다. 가슴과 배, 꼬리자루와 꼬리지느러미가 샛노랗게 바뀌고, 등지느러미와 뒷지느러미 테두리에 검은 띠가 뚜렷해진다. 주둥이는 우툴두툴한 돌기가 잔뜩 나고 콧구멍과 눈 사이에도 조금 난다. 암컷은 배에서 검은 산란관이 1~1.5cm 길이로 나온다. 주로 말조개 몸속에 알을 낳고, 작은말조개와 작은대칭이에도 낳는다. 알은 길쭉하고 조개 아가미에 잘 들어가서 붙는다. 산란기에 수컷들은 조개를 사이에 두고 서로 차지하려고 싸우기도 한다.

알과 성장 알은 긴 타원형으로 지름이 긴 쪽은 4.2~4.4mm, 짧은 쪽은 1.6~1.8mm이다. 4일이 지나면 새끼가 깨어난다. 새끼는 6.2mm이고, 20일 지나면 8.7mm, 30일 지나면 11.1mm가 되며 입이 생긴다. 1cm로 자라면 조개 밖으로 나온다. 1년 정도 자라면 3~5cm, 2년이면 6~7cm, 3년 자라면 8cm가 된다.

분포와 연구 우리나라 고유종으로 금강과 그 이남에 있는 강과 냇물에 산다. 예전에는 일본에 분포하는 '*Acheilognathus limbatus*'와 겉모양이 닮아 같은 종으로 여겼다. 1990년에 연구를 통해 생김새와 알 모양이 다르며, 일본산과 한국산의 교배 실험을 통해 알이 초기 발생 과정에서 중단된 점을 근거로 일본 종과 분류하여 별종 '칼납자루(*Acheilognathus koreensis*)'로 발표하였다.

냇물, 강

6~8cm

4~6월

고유종

분포 우리나라(남부 지방)

북녘 이름 기름납저리

다른 이름 달붕어, 납조래기, 망생어,
배납생이, 납조기, 납죽이

암컷 2006년 9월 전북 정읍 산내

수컷 2007년 4월 전북 임실 관촌 섬진강

몸길이는 6~8cm이다. 몸이 납작한데 조금 통통하다. 몸 색깔은 밤색으로 등은 짙고 배는 연하다. 암컷은 수컷보다 몸집이 조금 작고 몸 색깔이 연하다. 주둥이는 둥글고 입수염이 1쌍 있다. 눈은 조금 크며, 비늘도 크고 고르다. 아가미 뒤쪽 옆줄을 이루는 4~5번째 비늘 색깔이 짙다. 등지느러미와 뒷지느러미 테두리는 까만 줄무늬를 이루며, 줄무늬 안쪽에 굵은 노란 띠가 있다. 등지느러미에 1줄, 뒷지느러미에 2줄 있다. 옆줄은 가운데가 아래로 조금 굽어 있다. 뒷지느러미는 까맣고 꼬리지느러미는 노르스름하다. 등지느러미 연조 8~9개, 뒷지느러미 연조 10개, 옆줄 비늘 34~36개, 새파 8~10개, 척추골 29~33개이다.

임실납자루

Acheilognathus somjinensis

우리나라에만 사는 고유종으로 전라북도 임실에서 발견했다고 '임실납자루'라고 한다. 칼납자루와 닮았는데 몸 색깔이 밝고 등도 낮다. 칼납자루 암컷은 산란관이 짧지만 임실납자루 암컷은 산란관이 꼬리자루 뒤로 넘어갈 만큼 길다. 우리나라 남부 지역에 두루 걸쳐 서식하는 칼납자루와 달리 임실납자루는 섬진강 수계 몇몇 지역에만 산다. 임실납자루는 물이 얕고 바닥이 모래펄이며 물풀과 부들, 갈대 같은 수생 식물이 자라는 곳에 주로 산다. 돌에 붙어 있는 돌말과 작은 물벌레를 먹는다.

알은 5~7월에 부채두드럭조개와 민납작조개 몸속에 낳으며, 알이 조개 아가미 중간에 떨어져 있다. 수컷은 혼인색을 띠어 몸빛이 파래지고 배로 갈수록 연해진다. 등지느러미와 뒷지느러미 테두리에 검은 띠가 뚜렷해지며 꼬리자루 쪽은 보라색을 띤다. 주둥이 위쪽과 눈 둘레에 우툴두툴한 돌기가 난다. 암컷은 배에서 긴 산란관이 나온다.

임실납자루는 분포 지역이 좁고 아주 드물어 환경부에서 '멸종위기야생동식물 1급'으로 지정하여 보호하고 있다. 칼납자루와 닮아 매우 구분하기 어렵고, 섬진강 수계에서는 두 종이 함께 서식하는 곳이 흔해서 사람들이 남획하기 쉽다. 또한, 강과 냇물 바닥을 파내고 둑을 세우면 조개가 사라지고, 임실납자루는 번식이 어려워져 수가 줄어든다.

알 낳기와 성장 알은 5~7월에 낳는데, 8월 중순에도 알을 가진 암컷들이 있다. 알은 짧은 타원형으로 마름모꼴에 가깝다. 알 지름이 긴 쪽은 3.6~3.8mm, 짧은 쪽은 2.2~2.4mm로 옅은 누런색이다. 알은 2~3일이 지나면 새끼가 깨어나고, 몸길이는 5.2mm이다. 30일이 지나면 9.8mm로 자라며 몸에 검은 반점이 생기고 입을 벌리고 다물 수 있다.

임실납자루와 칼납자루 이 두 종은 같은 곳에 살기도 하는데, 칼납자루는 자갈이 겹겹이 깔린 곳에 살지만 임실납자루는 수생 식물이 있는 모래펄 바닥에 주로 산다. 혼인색도 달라서 칼납자루 수컷은 몸이 진한 녹색을 띠며 꼬리자루는 노란색으로 변한다. 임실납자루는 몸이 녹색을 띠지만 배로 내려갈수록 연해지고 꼬리자루는 보랏빛을 띤다.

분포 섬진강과 그 지류 하천들이 있는 전라북도 임실군 관촌면과 신평면, 조원천, 전라남도 순창, 화순, 곡성 일대에만 드물게 서식한다.

냇물, 강	**분포** 우리나라(섬진강 수계)
5~6cm	**다른 이름** 납작붕어, 납닥붕어
5~7월	
고유종, 보호종	

멸종위기야생동식물 1급

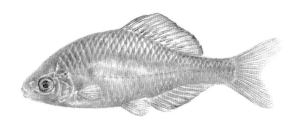

암컷 2012년 5월 전북 임실 관촌 섬진강

수컷 2006년 6월 전북 임실 관촌 섬진강

몸길이는 5~6cm이다. 몸은 세로로 납작하고
등이 높다. 몸 색깔은 짙은 갈색인데 등은 진하고
배는 누렇거나 하얗다. 입수염이 1쌍 있다.
등지느러미와 뒷지느러미는 끝이 둥글고,
지느러미살 가운데가 희끗희끗한데

점선 무늬를 이룬다. 등지느러미 가장자리에
노란 띠가 있고 테두리에는 검은 띠가 둘러 있다.
뒷지느러미에 주황색과 검은색 띠가
번갈아 2줄씩 굵직하게 나 있다.
옆줄은 잘 보이고 가운데가 살짝 아래로 휘었다.

등지느러미 연조 7~9개, 뒷지느러미 연조 9~11개,
옆줄 비늘 34~36개, 새파 9~10개, 척추골
29~33개이다.

줄납자루

Acheilognathus yamatsutae

줄납자루는 아가미뚜껑 뒤에 새파란 점이 한 개 있다. 점 뒤부터 꼬리까지 새파란 줄이 하나쭉 나 있다. 그래서 '줄납자루'라고 한다. 몸통에 줄이 여러 개 있는 것처럼 무늬가 줄지어 나 있다. 냇물과 강에 살고, 댐에도 산다. 깊이가 30~80cm인 곳, 물살이 약하고 바닥에 진흙과 자갈이 고루 깔린 곳에 산다. 검정말 같은 물풀이 자라는 곳에서 물벼룩이나 물에 떠다니는 작은 물풀을 먹고 작은 물벌레도 잡아먹는다.

알은 3월 말에서 7월 말까지 낳는데, 5~6월에 많이 낳는다. 이때가 되면 떼로 모여 큰 무리를 이룬다. 수컷은 몸빛이 새파랗게 짙어지고 주둥이와 눈 둘레에 우툴두툴한 돌기가 돋아난다. 가슴지느러미와 뒷지느러미 끝에 굵고 하얀 띠가 생긴다. 암컷은 배에서 잿빛 산란관이 나온다. 납자루아과이므로 조개 몸속에 알을 낳는데 말조개를 가장 좋아하고 작은말조개와 곳체두드럭조개에도 낳는다. 알을 다 낳은 8월부터는 다시 뿔뿔이 흩어진다.

줄납자루는 우리나라 고유종이다. 동해로 흐르는 하천을 뺀 전국에 분포한다. 특히 한강과 임진강에는 중류에서 하류까지 널리 서식한다.

알 낳기와 성장 알은 3~7월에 낳는다. 수컷은 조개를 찾아 지키고 있다가 산란관이 길게 나온 암컷이 오면 조개가 있는 곳으로 데려온다. 이때 암컷은 머리를 낮추어 수컷을 따라온다. 암수가 몸을 심하게 떨면서 조개 구멍에 주둥이를 가까이 하다가 암컷은 머리를 조개 출수공 반대쪽으로 하며 서서히 몸을 바로 세워 순식간에 아래로 내려오며 산란관을 꽂고 알을 낳는다. 수컷은 다른 수컷들을 몰아내고 입수공으로 다가오면서 정액을 뿌린다. 조개가 내뱉거나 바닥에 떨어진 알은 수컷이 주워 먹거나 다른 물고기가 와서 주워 먹는다. 한 번에 알을 10~60개 낳고, 4~6차례에 걸쳐 여러 조개에 낳는다. 암컷은 알을 300~500개 갖는다.

알은 타원형으로 지름이 긴 쪽은 1.8mm, 짧은 쪽은 1.6mm이다. 알은 2일이 지나면 새끼가 깨어나고, 몸길이는 4.3mm이다. 새끼는 30일쯤 자라야 헤엄을 칠 수 있다. 주로 식물성 플랑크톤을 먹는다. 1년이면 3~5cm, 2년에 5~7cm, 3년이면 7cm가 넘게 자란다.

냇물, 강, 댐	**분포** 우리나라, 북한		
6~10cm	**북녘 이름** 줄납주레기, 줄납저리		
3~7월	**다른 이름** 빈지리, 버들납데기,		
고유종	행지리		

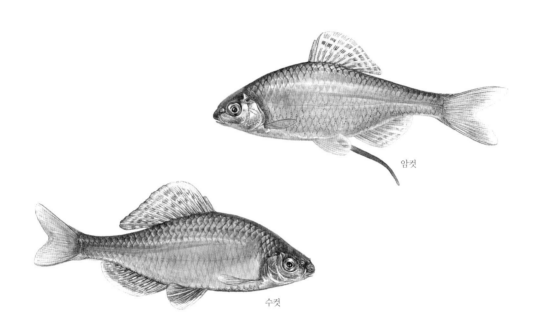

암컷

수컷

2004년 9월 경기도 연천 사미천

몸길이는 6~10cm이다. 몸은 세로로 납작하고 등이 낮으며 길쭉하다. 주둥이는 앞으로 조금 튀어나왔고 둥글다. 입은 작고 아래를 본다. 입수염이 1쌍 있다. 수컷은 암컷보다 등이 높고 등지느러미와 뒷지느러미도 훨씬 길다. 몸은 연한 푸른색이며 등은 보랏빛이

돌만큼 짙고, 배는 하얗다. 아가미뚜껑 뒤에 새파란 점이 있고, 그 뒤부터 꼬리까지 새파란 줄이 하나 쭉 나 있다. 등지느러미와 뒷지느러미에 검은 줄무늬가 있으며 그 사이에 흰 띠가 2줄 있다. 배지느러미 앞쪽 끝에 하얀 줄이 있다. 꼬리지느러미에

붉은 띠가 있다. 옆줄은 곧다. 등지느러미 연조 7~9개, 뒷지느러미 연조 7~9개, 옆줄 비늘 37~41개, 새파 8~13개, 척추골 31~37개이다.

큰줄납자루

Acheilognathus majusculus

줄납자루와 닮았는데 몸집이 크다고 '큰줄납자루'라는 이름이 붙었다. 몸통 앞쪽에서 꼬리자루까지 아주 짙은 초록색 띠가 가로로 있다. 몸에 줄이 여러 개 있는 것처럼 무늬가 있다. 등지느러미와 뒷지느러미에도 검은 줄무늬와 흰 줄무늬가 여러 개 있다.

큰줄납자루는 냇물과 강에 사는데 물이 1m쯤 되는 얕은 곳을 좋아한다. 큰 돌이 깔리고 물살이 느린 곳 바닥에서 헤엄치며 주로 수서 곤충을 잡아먹는다. 알은 5~7월에 낳는다. 수컷은 혼인색이 뚜렷하여 몸통에 분홍빛과 푸른빛이 돌고 꼬리지느러미 끝은 붉게 물든다. 주둥이 둘레와 콧잔등, 눈 앞에 돌기가 잔뜩 돋는다. 암컷은 배에서 산란관이 나온다. 조개 몸속에 알을 낳는다.

우리나라 고유종으로, 예전에는 줄납자루로 알려졌지만 1998년에 혼인색과 주둥이 모양이 달라서 새로운 종으로 발표되었다. 큰줄납자루는 섬진강과 이 강으로 흘러드는 지류에 살고, 낙동강 일부 수역에 산다. 낙동강에서는 줄납자루와 함께 살지만, 섬진강에는 줄납자루가 서식하지 않는다.

냇물, 강

9~11cm

5~7월

고유종

분포 우리나라(섬진강 수계, 낙동강 수계)

다른 이름 납떼기

수컷

암컷

2006년 4월 전북 임실 관촌 섬진강

몸길이는 9~11cm이다. 몸은 크고 세로로 납작하다. 머리는 작고 눈은 크다. 주둥이는 납작하며 조금 튀어나와 있다. 입은 큰데 아래쪽에 있으며 입수염이 1쌍 있다. 비늘은 크고 옆줄이 잘 보인다. 몸은 초록색을 띠는데 옆줄 비늘 5~6번째부터 꼬리자루까지 짙은 초록색 띠가 나 있다.

등지느러미와 뒷지느러미에 검은 줄무늬가 있고 그 사이에 흰 띠가 2~3개 있으며 가장자리는 굵은 분홍빛 줄이 있다. 등지느러미 테두리는 까맣고 뒷지느러미는 새하얗다. 꼬리지느러미 가운데 갈라진 곳이 붉어 세로로 띠무늬를 이룬다. 배지느러미는 조금 거무스름하고 작은 점이 많다.

암컷은 수컷처럼 화려하지 않다. 등지느러미 연조 8개, 뒷지느러미 연조 8개, 옆줄 비늘 37~40개, 새파 17~21개, 척추골 37~40개이다.

납지리

Acheilognathus rhombeus

납지리는 물살이 느린 냇물과 강에 살고, 물이 맑은 저수지에도 산다. 돌에 붙은 돌말이나 물풀을 먹고, 깔따구 애벌레 같은 작은 수서 곤충을 잡아먹는다. 비가 많이 와서 냇물이 불어나고 물살이 세지면 물풀 속으로 들어가 숨는다. 몸이 납작해서 물살에 떠내려가기 쉽기 때문이다. 납자루와 닮았는데, 납지리 몸집이 조금 더 크고 몸통이 더 동그랗다. 몸 색깔이 초록색인 납자루와 달리 몸에 분홍빛이 돈다. 우리나라 동해로 흐르는 하천을 뺀 전국에 분포하며, 북한에 있는 대동강에도 살고 일본에도 서식한다.

납자루 무리는 대개 봄에서 여름 사이에 알을 낳는데, 납지리는 가을에 알을 낳는다. 9~11월에 알을 낳으며, 가끔 7월에 낳는 것들도 있다. 산란기에 수컷은 혼인색을 띠어 등은 짙은 청녹색이 되고 배와 눈은 빨개진다. 가슴지느러미를 뺀 나머지 지느러미 가장자리가 분홍빛으로 물든다. 주둥이 끝에서 눈 둘레까지 자잘한 돌기가 잔뜩 돋아난다. 암컷은 몸이 옅은 밤색을 띠며 배에서 잿빛 산란관이 나온다.

알과 성장 알은 타원형으로 지름이 긴 쪽은 2.7mm, 짧은 쪽은 1.8mm이다. 4일이 지나면 새끼가 깨어나며 몸길이는 3.7mm이다. 10일이 지나면 눈이 생기며 꼬리가 길어진다. 1개월이 지나면 등지느러미와 뒷지느러미가 생기고 몸통에 작은 점들이 생긴다.

연구 1892년 서울 근처에서 채집된 표본을 학명 '*Acheilognathus coreanus*' 로 보고하였으나, 이후 '*Paracheilognathus rhombeus*' 와 같은 종으로 알려졌다. 1982년에 납지리의 형태를 비교 연구하여 옆줄이 완전하고 입수염이 뚜렷하게 있다고 납자루속(*Acheilognathus*)으로 분류하였다.

냇물, 강, 저수지

6~10cm

9~11월

분포 우리나라, 북한, 일본

북녘 이름 납저리아재비

다른 이름 행지리, 망생어, 배납생이

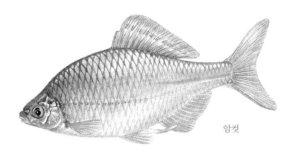

암컷

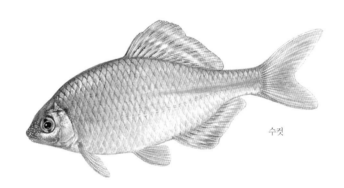

수컷

2005년 8월 경기도 문산 문산천

납지리가 알을 낳는 대칭이(조개)

몸길이는 6~10cm이다. 몸이 세로로 납작하다. 등은 푸르스름한 밤색이고 배는 하얗다. 납자루 무리 가운데 등이 높은 편이다. 주둥이는 튀어나왔다. 입은 작고 아래를 보고 있다. 입가에 아주 짧은 수염이 1쌍 있다.

아가미뚜껑에 밥알만한 검푸른 점이 있다. 몸통에 연한 밤색과 푸른색 줄이 꼬리까지 나 있다. 등지느러미와 뒷지느러미에 옅은 밤색 줄이 2개 있다. 옆줄은 가운데가 아래로 조금 굽어 있다.

등지느러미 연조 11~13개, 뒷지느러미 연조 9~10개, 옆줄 비늘 37~39개, 새파 9~13개, 척추골 33~36개이다.

큰납지리

Acheilognathus macropterus

몸집이 크다고 '큰납지리'라는 이름이 붙었다. 우리나라에 사는 납자루 무리 중에서 가장 크게 자란다. 5년을 자라면 15cm쯤 된다. 납지리와 닮았는데, 등이 높고 등지느러미가 더 크다. 아가미뚜껑 뒤에 크고 흐릿한 파란 점이 있고, 뒷지느러미에 흰 테두리가 있어서 납지리와 구별된다. 우리나라 동해로 흐르는 하천을 뺀 전국에 분포하며 중국과 베트남에도 서식한다.

큰납지리는 물살이 느린 하천 중하류에 산다. 물풀이 우거진 곳, 모래와 진흙이 깔린 바닥에서 헤엄치며 주로 식물성 플랑크톤을 먹는다. 돌말을 먹고 해감을 주워 먹으며, 깔따구 애벌레 같은 작은 물벌레도 잡아먹는다.

알은 4~6월에 펄조개 같은 민물조개 몸속에 낳는다. 수컷은 혼인색을 띠는데 몸이 보랏빛으로 바뀌며 주둥이 둘레에 작은 돌기가 돋아난다. 등지느러미 뒤쪽이 넓게 커지고 배 밑이 까매진다. 암컷은 6cm 길이로 까만 산란관이 나온다. 암컷은 알을 400~1000개 갖으며 다른 납자루 무리보다 알을 많이 낳는다. 한 번에 알을 120~220개 낳고, 12일 정도 사이를 두고 여러 번에 걸쳐서 낳는다. 작은 새끼들은 물풀이 우거진 곳에서 헤엄치며 몰려다닌다. 새끼는 다른 납자루 무리보다 성장이 빠르다.

알과 성장 알은 타원형으로 지름이 긴 쪽은 1.92mm, 짧은 쪽은 1.6mm이다. 알은 2일이 지나면 새끼가 깨어난다. 새끼는 3mm쯤이고, 8일이면 6mm로 자라 심장이 뛴다. 21일이 지나면 8.3mm가 넘고 이때부터 조개 밖으로 나와 헤엄을 친다. 14mm로 자라면 지느러미살이 완성된다. 1년이면 6~6.5cm, 2년 자라면 7.6cm, 3년에 9.5cm, 5년 이상 자라면 15cm쯤 된다.

분포와 연구 1871년 중국 양쯔강에서 채집하여 처음으로 기록되었다. 우리나라 압록강에서 낙동강까지 서해와 남해로 흐르는 하천에 서식하고, 중국 양쯔강과 흑룡강, 베트남에 분포한다. 1919년 이후 우리나라에서 발견하여 기록한 학명 '*Acanthorhodeus asumussi*'으로 쓰다가 1997년부터 '*Acanthorhodeus macropterus*'로 바꾸어 사용하였고, 속명은 '*Acheilognathus*(납자루속)'에 포함하였다. 1871년에 중국에서 처음 기록한 내용과 일치하여, 먼저 기재해 발표한 학명을 따랐다.

냇물, 강, 저수지   **분포** 우리나라, 북한, 중국, 베트남

6~15cm   **북녘 이름** 큰가시납지리

4~6월   **다른 이름** 매납지래기, 배납주기, 배납지래기,
납생이, 배납생이, 망생어, 납새미, 배납탕구,
배납쟁이, 배납세미

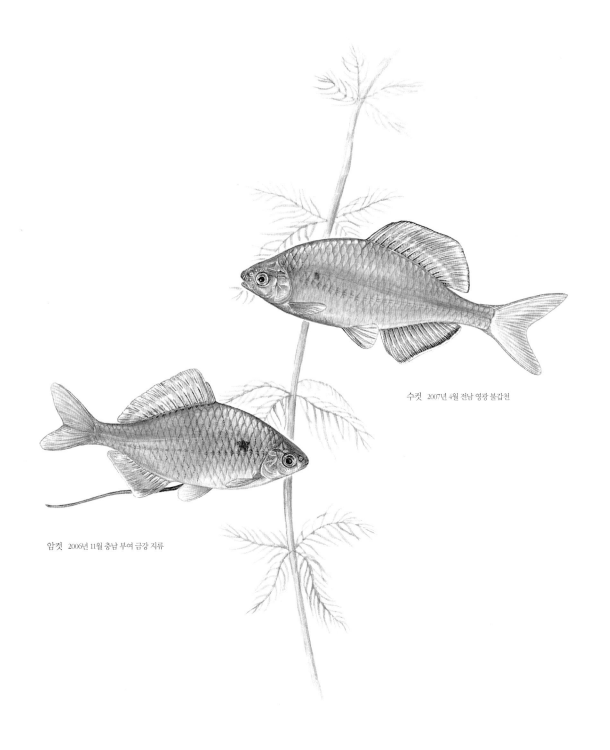

수컷 2007년 4월 전남 영광 불갑천

암컷 2006년 11월 충남 부여 금강 지류

몸길이는 6~15cm이다. 몸은 세로로 납작하고
등이 높다. 몸통은 은빛이 돌고 등은 푸르스름한
갈색, 배는 은빛이 더 돈다. 몸통에 파란 줄이
꼬리자루까지 나 있다. 주둥이는 뾰족하고 입은 작다.
입수염 1쌍이 흔적처럼 있다. 비늘 끝과 지느러미에
아주 작은 검은 점이 많다.
등지느러미와 뒷지느러미에 검은 선이 가로로
줄무늬처럼 이어지고 그 사이에 흰 가로 줄무늬가
있다. 뒷지느러미는 테두리가 하얗다.
꼬리지느러미는 양 끝이 뾰족하다. 옆줄은 곧은데
가운데가 조금 아래로 굽었다. 꼬리자루는 잘록하다.
등지느러미 연조 15~17개, 뒷지느러미 연조 12~13개,
옆줄 비늘 36~38개, 새파 7~8개, 척추골 31~34개이다.

가시납지리

Acheilognathus gracilis

등에 가시가 있다고 '가시납지리'라고 한다. 등지느러미 세 번째 지느러미살이 가시처럼 딱딱하고 뾰족하다. 큰납지리와 닮았는데, 몸집이 작고 몸통에 파란 가로 줄이 희미하다. 큰납지리는 뒷지느러미 테두리가 하얗지만, 가시납지리는 뒷지느러미에 아주 굵고 하얀 띠가 있으며 테두리가 까맣다. 냇물이나 강, 저수지에 살고 탁한 물을 좋아한다. 물살이 느리고 바닥에 진흙이 깔린 곳에서 작은 물벌레를 잡아먹기도 하고 물에 떠 있는 작은 물풀을 먹는다.

알은 4~8월 사이에 낳는데, 수컷이 작은말조개나 대칭이 같은 조개를 미리 찾아서 둘레를 지킨다. 수컷은 혼인색을 띠어 등이 푸르스름한 녹색으로 변하고 아가미 둘레와 배는 옅은 보랏빛으로 물든다. 배 밑은 까맣게 바뀐다. 등지느러미, 배지느러미, 뒷지느러미에 있는 하얀 띠가 더욱 새하얗게 된다. 등지느러미와 뒷지느러미 끝에 난 검은색 띠도 도드라진다. 암컷은 뒷지느러미가 노르스름해진다. 암컷도 배지느러미에 있는 하얀 줄이 더 굵어지고 또렷해지며 잿빛 산란관이 3cm로 나온다. 알을 여러 번에 걸쳐서 300개쯤 낳는다.

우리나라 고유종으로 한반도 서해와 남해로 흐르는 하천에 산다. 서해로 흐르는 냇물에 더 흔하다. 북한에 있는 청천강에도 서식한다.

알과 성장 알 지름은 긴 쪽이 2.09mm, 짧은 쪽은 1.26mm이다. 알은 2일 정도 지나면 새끼가 깨어난다. 새끼는 3.3mm이고, 2일이 지나면 4.3mm로 자란다. 10일이 지나면 6.5mm가 되고, 15일에는 7.7mm로 커서 입을 벌리고 다문다. 41일이 지나면 13.2mm로 자란다. 새끼는 깨어난 지 2개월 뒤에 조개 밖으로 나온다.

납자루 무리의 산란 특징 납자루 무리는 민물조개 몸속에서 알과 새끼가 보호되므로 알을 적게 낳는다. 붕어 20만~40만 개, 잉어 10만~30만 개에 비하면, 큰납지리 400~1000개와 가시납지리 300여 개로 아주 적다. 잉어아과는 알을 물풀이나 바닥에 낳아 다른 물고기가 먹기 쉽고 새끼도 잘 잡아먹히기 때문에 알을 많이 낳는다.

냇물, 강, 저수지

8~12cm

4~8월

고유종

분포 우리나라, 북한

북녘 이름 가시납저리, 가시납주레기

다른 이름 행지리

수컷 2006년 6월 경기도 문산 문산천

암컷 2006년 4월 전북 완주 삼례 만경강

몸길이는 8~12cm이다. 몸은 납작하고 머리는 작다. 등은 푸르스름한 밤색이고 배는 하얗다. 입은 주둥이 아래쪽에 있다. 위턱은 아래턱보다 조금 앞으로 튀어나와 있다. 입수염은 없다. 아가미뚜껑 뒤에 푸르스름하고 작은 점이 하나

있다. 몸통에는 등지느러미 아래에서 꼬리까지 가느다랗고 푸르스름한 줄이 있다. 등지느러미와 뒷지느러미에 까만 줄무늬가 2~3개 있다. 수컷과 암컷 모두 배지느러미에 굵고 하얀 줄이 있다.

등지느러미 연조 12~13개, 뒷지느러미 연조 10~11개, 옆줄 비늘 36~37개, 새파 15~18개, 척추골 35~36개이다.

참붕어
Pseudorasbora parva

참붕어는 이름과 달리 붕어와 하나도 안 닮았다. 붕어는 크고 넓적한데, 참붕어는 몸이 작고 길쭉하다. 등은 누렇고 배는 하얗다. 몸통 가운데에 검은 줄무늬가 있다. 저수지나 논도랑에 살고 물이 얕은 냇물에도 산다. 물살이 센 곳보다 물이 머물러 있는 곳을 좋아한다. 물풀이 수북하게 난 곳에서 떼를 지어 헤엄쳐 다닌다. 물풀 사이와 돌 밑에서 물벌레를 잡아먹고 작은 물이끼를 먹는다. 물벼룩과 동물성 플랑크톤도 먹고, 물고기 알도 먹는다.

참붕어는 5~6월에 물이 허벅지만큼 오는 곳에서 알을 낳는다. 수컷은 몸 색깔이 검어지고 주둥이에 우툴두툴한 돌기가 생긴다. 지느러미도 조금 까매진다. 암컷은 옅은 노란색을 띠고 배가 불룩해진다. 수컷은 바닥에 있는 큰 돌이나 조개껍데기 겉을 깨끗하게 청소해서 알자리를 미리 마련한다. 암컷에게 달려들어 헤엄치면서 미리 마련한 알자리로 데려온다. 암컷이 알을 낳으면 수컷은 알자리 둘레를 빙빙 돌면서 새끼가 깨어날 때까지 지킨다.

참붕어는 생명력이 강해서 물이 조금 더러워져도 잘 견디며 산다. 우리나라 전국에 흔하고 북한에 있는 강과 저수지에도 서식한다. 중국, 대만, 일본에도 분포한다.

알 낳기와 성장 알은 5~6월에 낳는다. 암컷은 알을 여러 번에 나누어 400~2000개 낳는다. 알은 지름이 1.3~2.7mm이고, 7~10일 사이에 새끼가 깨어난다. 새끼는 5.2mm이고, 2cm로 자라면 몸에 비늘이 다 생긴다. 1년이면 암컷은 4~5cm, 수컷은 5~7cm가 되며, 알을 낳을 수 있다. 2년 정도 자라면 암컷은 8cm, 수컷은 10cm가 된다.

참붕어와 간디스토마 참붕어 비늘 밑 살갗에는 간디스토마의 제2 중간 숙주가 되는 '피낭 유충'이 민물고기 가운데 가장 많다고 한다. 간디스토마는 사람 몸속에 있는 간장에 '간흡충'이라는 기생충이 들어가서 생기는 병이다. 간디스토마에 걸리면 소화가 잘 안되고 눈이 노래지거나 배에 물이 차기도 한다. 담관염을 앓거나 심하면 간비대나 간암에 걸리기도 한다. 그래서 민물고기를 먹을 때는 날 것으로 먹으면 안 되고 꼭 끓여서 먹어야 한다.

저수지, 논도랑, 냇물   **분포** 우리나라, 북한, 중국, 대만, 일본

6~12cm   **북녘 이름** 참붕어, 못고기

5~6월   **다른 이름** 보리붕어, 방아꼬, 쌀붕어, 깨붕어, 깨피리, 못피리, 보리피리

암컷

수컷

2006년 6월 경기도 문산 문산천

몸길이는 6~8cm이다. 12cm가 넘게 크기도 한다. 수컷이 암컷보다 조금 더 크다. 몸은 작은데 납작하며 가늘고 길다. 배는 통통하다. 머리는 작고 주둥이는 조금 뾰족하다. 입은 아주 작다. 비늘 끝이 검어서 온몸에 초승달처럼 생긴 점이 줄지어 나 있다. 몸통에 굵고 진한 갈색 줄이 꼬리자루까지 쭉 나 있다. 꼬리지느러미는 제비 꼬리처럼 안으로 깊이 파였다. 등지느러미 연조 7개, 뒷지느러미 연조 6개, 옆줄 비늘 35~39개, 새파 8~10개, 척추골 33~34개이다.

돌고기

Pungtungia herzi

　　돌이 많은 곳에 살아서 '돌고기'라고 한다. 돌고기 주둥이가 돼지 코처럼 납작하다고 옛날에는 한자로 '돼지 돈(豚)' 자를 써서 '돈고기'라고 부르다가 말하기 쉽게 '돌고기'로 바뀌었다고도한다. 산골짜기나 냇물에 흔하고, 맑은 물이 흐르는 강에서도 산다. 찬물에서 사는데 큰 돌이나자갈이 깔리고 물살이 느린 곳에서 떼를 지어 헤엄친다. 깜짝 놀라면 재빨리 흩어져 돌 틈으로쏙 숨는다. 물속에서 '끼쯔끼쯔' 하고 소리를 내기도 한다. 돌고기 주둥이는 납작하고 입술이 두껍다. 돌에 붙은 돌말을 가볍게 톡톡 쪼아서 떼어 먹는다. 돌 밑을 뒤져서 나오는 물벌레를 잡아먹고 껍데기가 딱딱한 다슬기도 먹는다. 다슬기를 입에 물고 이리저리 돌에 탁탁 쳐 깨뜨려서 쪽쪽 빨아 먹는다. 작은 새우나 물고기 알도 먹는다.

　　알은 4~7월에 돌 틈과 바위틈에 낳는데 돌에 잘 붙는다. 꺽지 알자리에 떼로 몰려 들어가 제알을 낳기도 한다. 꺽지가 사납게 쫓아내도 아랑곳하지 않고 알을 낳고는 도망간다. 꺽지는 다른물고기가 알을 못 먹게 제 알을 지키고 보살피는데 돌고기 알도 보호를 받는다. 꺽지가 지느러미를 휘저어 알이 신선한 물에 닿게 할 때마다 돌고기 알도 함께 영향을 받는다. 돌고기 알은 꺽지알보다 새끼가 일찍 깨어나 알자리를 빠져나온다.

알 낳기와 성장 4~7월에 알을 낳는다. 수컷은 몸빛이 진해지고 암컷은 배가 불룩해진다. 알을 900~1800개낳는다. 알 지름은 2.2~2.3mm이고, 8일이 지나면 새끼가 깨어나며, 몸길이는 6mm쯤이다. 7.2mm가 되면배에 달린 노른자위가 사라지고, 14mm로 크면 지느러미가 생긴다. 2cm로 자라면 입과 입수염이 생긴다.수면 가까이에서 헤엄쳐 다니고 자라면서 점점 바닥으로 내려가서 떼로 몰려다닌다. 1년 자라면 7~8cm, 2년이면 10~11cm로 자란다. 15cm로 크려면 4년 넘게 자라야 한다.

분포 우리나라 동해로 흐르는 일부 하천을 뺀 전국에 산다. 북한에 있는 압록강에도 서식하고 중국 북부,일본 남부에 분포한다.

냇물, 강

7~15cm

4~7월

분포 우리나라, 북한, 중국, 일본

북녘 이름 돌고기, 돗쟁이, 중돌고기

다른 이름 돗고기, 똥고기, 배불뚝이, 등미리, 배뚱보,뚜꾸뱅이, 독고기, 꼴조동이, 돌조동이, 망둥이, 돌쫑어

2004년 9월 경기도 연천 사미천

몸길이는 7~10cm이다. 15cm를 넘는 큰 것도 있다.
등은 진한 밤색이고 배는 하얗다. 몸 색깔은
돌이 많은 곳에 살면 진하고 모래가 깔린 곳에
살면 연하다. 몸은 통통하고 길다. 입이 납작하고
입술이 두껍다. 입가에 짧은 수염이 1쌍 있다.

꼬리지느러미는 갈라졌다. 몸통에 검은 줄이
주둥이에서 꼬리까지 굵게 쭉 나 있다.
큰 놈은 줄이 흐리다.
등지느러미 연조 7개, 뒷지느러미 연조 6개,
옆줄 비늘 36~41개, 새파 7~12개, 척추골 35~37개이다.

감돌고기

Pseudopungtungia nigra

감돌고기는 돌고기와 아주 많이 닮았다. 몸이 검다고 '감돌고기'라고 한다. 돌고기와 달리 가슴지느러미를 뺀 나머지 지느러미에 띠무늬가 두 개씩 아른아른 나 있다. 입술 가장자리가 두껍지 않고 얇다. 몸 색깔은 진한 밤색인데 배는 색깔이 연하다. 몸통에 굵고 새까만 줄이 하나 쭉 나 있다. 우리나라 고유종으로 전라북도 무주와 진안, 전주에 분포한다. 아주 귀한 물고기인데 점점 수가 줄고 있어서 환경부에서 '멸종위기야생동식물 1급'으로 지정하여 보호하고 있다.

감돌고기는 아주 맑은 물이 흐르는 곳에서만 산다. 냇물이나 강에 사는데 큰 바위와 자갈이 많은 곳을 좋아한다. 물이 허리까지 오는 곳에서 20~30마리씩 떼를 지어 헤엄쳐 다닌다. 바위나 자갈에 붙어 있는 돌말을 먹고 작은 물벌레도 잡아먹는다. 맑은 냇물에서 가만히 물속을 들여다보면 돌말을 먹으려고 바위를 톡톡 쪼는 모습을 볼 수 있다. 알은 4~6월에 낳는데, 돌 밑이나 바위틈에 낳는다. 알은 돌에 잘 붙는다. 돌고기처럼 꺽지 알자리에 알을 낳기도 한다. 그러면 꺽지가 제 알을 보살피면서, 감돌고기 알도 지키게 된다.

알 낳기와 성장 알은 4~6월에 낳는다. 암컷은 알을 1400~1900개 낳는다. 알은 지름이 2.2mm이다. 수온 17~18℃에서 9일 안에 새끼가 깨어난다. 새끼는 5.8mm이고 37일이 지나면 1.4cm로 자라며 어미와 생김새가 비슷해진다. 100일이 지나면 4.3cm, 1년이면 5~7cm, 2년이면 7~9cm로 자란다. 10cm가 넘으려면 3년은 자라야 한다.

감돌고기의 서식지 1935년 금강에서 처음 찾았다. 금강 수계에만 사는 줄로 알고 있었는데, 1970년대에 만경강과 웅천천에서도 발견했다. 웅천천에는 20년 전까지 감돌고기가 아주 많이 살고 있었지만, 요즘에는 서식이 확인되지 않고 있다. 댐에 물길이 막히고 모래와 진흙이 큰 바위와 자갈에 뒤덮이면서 더 이상 감돌고기가 살기 어려워졌다.

냇물, 강

7~10cm

4~6월

고유종, 보호종

멸종위기야생동식물 1급

분포 우리나라(금강·만경강 수계)

북녘 이름 금강돗쟁이

다른 이름 꺼먹딩미리, 먹똘칭어,

거먹돌고기, 점똘중어, 먹똘중어

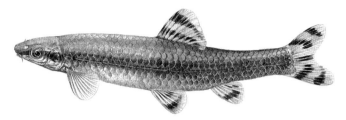

2006년 12월 전북 완주 삼례 만경강

감돌고기는 여러 마리가 떼를 지어 헤엄친다.

몸길이는 7~10cm이다. 몸 색깔은 진한 밤색이다. 몸통에 검고 굵은 줄이 주둥이에서 꼬리까지 쭉 나 있다. 가슴지느러미를 뺀 나머지 지느러미에 검은색 띠가 2개씩 있다. 입이 납작하고 입술이 두껍다. 입가에 짧은 수염이 1쌍 있다.

꼬리지느러미는 깊이 갈라졌다. 등지느러미 연조 7-8개, 뒷지느러미 연조 6-7개, 옆줄 비늘 38~41개, 새파 6-7개, 척추골 37~38개이다.

가는돌고기

Pseudopungtungia tenuicorpa

　몸이 가늘어서 '가는돌고기'라는 이름이 붙었다. 돌고기와 많이 닮았는데 몸이 훨씬 작고 길다. 배도 홀쭉하고 몸매도 날씬하다. 등지느러미는 끄트머리가 조금 까맣다. 돌고기는 흔한데 가는돌고기는 아주 드물다. 가는돌고기는 산골짜기에도 살지만 냇물에 더 흔하다. 맑은 물이 흐르고 자갈이 깔린 곳에서 산다. 깊은 곳보다 얕은 곳을 더 좋아하며 자갈 사이를 이리저리 헤엄쳐 다닌다. 돌에 낀 돌말을 톡톡 쪼아 먹거나 물벌레를 입으로 쿡쿡 찌르듯이 하며 집어 삼킨다. 알은 5~7월에 돌 밑이나 바위틈에 낳는다. 알은 7일이 지나면 새끼가 깨어난다.

　가는돌고기는 1980년에 처음 발견했다. 우리나라에만 사는 고유종으로 임진강과 한강, 상류와 중류에만 산다. 경기도 연천, 파주, 가평에 서식하고 강원도 횡성, 홍천, 인제, 영월, 평창에도 분포한다. 환경부에서 2005년부터 '멸종위기야생동식물 2급'으로 지정해 보호하고 있으므로 함부로 잡으면 안 된다.

 산골짜기, 냇물, 강　　**분포** 우리나라(한강 수계)

 8~10cm

5~7월

고유종, 보호종

멸종위기야생동식물 2급

2005년 10월 경기도 연천 사미천

가는돌고기가 돌 둘레에서 먹이를 찾고 있다.

몸길이는 8~10cm이다. 돌고기와 닮았는데 몸이
훨씬 작다. 돌고기보다 배도 홀쭉하고 몸매도
날씬하다. 등지느러미 끄트머리가 조금 까맣다.
머리가 작고 눈이 작다. 입술도 얇다.
입가에 수염이 1쌍 있는데 아주 짧다.

등지느러미 연조 7개, 뒷지느러미 연조 6개,
옆줄 비늘 42~45개, 새파 5개,
척추골 37~38개이다.

쉬리

Coreoleuciscus splendidus

쉬리는 맑고 차가운 물이 흐르는 산골짜기나 냇물에 산다. 바위와 자갈이 많고 물살이 센 여울을 좋아한다. 몸이 가늘고 날씬하다. 몸통에 귤색, 보라색, 하늘색 띠무늬가 줄지어 쭉 나 있다. 몸 색깔이 알록달록 곱고 여울에 산다고 '여울각시'라고도 한다. 쉬리는 물이 콸콸 쏟아지는 여울에서 헤엄도 치고 물살을 거슬러 오르기도 한다. 수십 마리가 떼를 지어 이리저리 헤엄치면 몸뚱이가 반짝반짝거린다. 돌 밑이나 자갈 틈을 뒤지면서 먹이를 찾는다. 옆새우를 잡아먹고 하루살이 애벌레나 작은 물벌레도 잡아먹는다. 돌 틈에 잘 숨고 틈 사이로 머리를 살짝 내밀고 밖을 살피기도 한다.

알은 4~6월에 낳는다. 이때가 되면 떼를 지어 바쁘게 헤엄쳐 다닌다. 암컷은 알자리를 찾아서 이리저리 헤엄쳐 다니고 수컷은 떼를 지어 암컷 한 마리를 졸졸 쫓아다니기도 한다. 수컷은 산란기에 몸빛이 더 고와지고, 뒷지느러미에 우툴두툴한 돌기가 잔뜩 생긴다. 가슴지느러미와 배지느러미에도 조금 돋는다. 여울에 있는 자갈이나 돌 밑에 알을 낳는다. 암컷은 알을 800~2000개 낳는다. 몸집이 크면 알을 더 많이 낳는다.

쉬리는 전 세계에서 우리나라에만 사는 고유종이다. 한강, 금강, 낙동강, 임진강, 섬진강, 삼척오십천, 거제도 등 몇몇 섬에도 분포한다.

알과 성장 알은 지름이 2mm이다. 5일 지나면 새끼가 깨어난다. 새끼는 5mm이고, 7일이 지나면 6mm로 자란다. 2.3cm로 크면 주둥이에서 꼬리자루까지 이르는 검은 줄이 생긴다. 1년에 3.5~5.5cm로 크고, 2년이면 5~7cm로 자라며 알을 낳을 수 있다. 3년이면 7cm가 넘게 자란다.

산골짜기, 냇물

10~15cm

4~6월

고유종

분포 우리나라, 북한

북녘 이름 쒜리, 살코기, 쉐리, 수리, 수래

다른 이름 여울각시, 연애각시, 기생피리,
가새피리, 여울치, 수리, 쌔리, 쇠리,
가시내피리, 색씨피리

2004년 7월 경기도 연천 동막계곡

몸길이는 10~13cm이다. 15cm가 되는 큰 것도 있다.
몸통이 가늘고 날씬하다. 등은 검푸르고 배는
은빛이다. 머리와 주둥이는 길고 뾰족하다.
입은 작은데 주둥이 끝 아래에 있고
반달 모양이다. 꼬리지느러미는 깊이 갈라졌다.

주둥이 끝에서 눈 뒤쪽 너머 아가미덮개까지
굵고 검은 줄이 쭉 나 있다. 몸통에는 옆줄을
타고 굴색, 보라색, 하늘색 띠무늬가
줄지어 나 있다. 지느러미에도 검은 줄무늬가
아른아른하게 나 있다.

등지느러미 연조 7개, 뒷지느러미 연조 6개,
옆줄 비늘 40~43개, 새파 6~9개,
척추골 36~37개이다.

새미

Ladislabia taczanowskii

새미는 맑은 물이 흐르는 냇물과 강의 상류에 산다. 산골짜기에 흐르는 차가운 물을 좋아한다. 바위와 잔돌이 고루 깔린 곳에서 바위 사이를 이리저리 헤엄쳐 다닌다. 돌에 붙은 돌말을 먹고 물속에서 사는 작은 수서 곤충과 물벌레를 잡아먹는다.

새미의 생태에 대해서는 잘 알려지지 않았다. 알을 6월에 낳는 것으로 추정하고 있지만 산란 습성에 대해서는 밝혀지지 않았다. 산란기에 수컷은 주둥이부터 눈 아래와 아가미덮개 둘레에 오돌토돌하고 하얀 돌기가 생긴다. 이 돌기를 '추성'이라고 한다. 가슴지느러미, 배지느러미, 뒷지느러미에 선홍색이 옅게 나타나고 각각의 지느러미는 노랗게 바뀐다. 꼬리지느러미도 노랗게 변하는데 가운데에 세로로 폭이 넓은 선홍색 띠가 나타난다. 등지느러미 가장자리는 노란색을 띤다.

새미는 아주 차가운 물에서 사는 '냉수성 어류'이다. 우리나라 강원도와 경기도 북부 하천이 새미의 서식지 남방 한계선으로 임진강, 한강, 삼척 오십천 등지에 산다. 북한에 있는 압록강, 청천강, 대동강, 장진강에도 서식하고 중국에 있는 흑룡강 수계에도 분포한다.

성장 새끼는 34~38mm가 되면 생김새가 어미와 닮는다. 몸통에 주둥이부터 꼬리까지 가로띠가 뚜렷히 보인다. 6cm가 되면 꼬리지느러미에 있는 검은 무늬가 희미해지고, 등지느러미의 까만 띠는 뚜렷해진다. 1년이면 4cm, 2년이면 6~7cm, 3년에 10cm로 자란다. 12cm가 되는데 4~5년이 걸린다.

산골짜기, 냇물, 강 **분포** 우리나라, 북한, 중국

10~12cm **북녘 이름** 새미

6월 추정 **다른 이름** 가리, 갈리, 썩어리,
돌챙이, 준고기, 춘고기

2007년 3월 강원도 화천 신읍천

몸길이는 10~12cm이다. 몸은 길고 세로로 조금 납작하다. 머리는 조금 납작하고 주둥이는 둥글다. 입은 작은데 주둥이 밑에 있다. 아래턱이 위턱보다 짧다. 입수염이 짧게 1쌍 있다. 눈은 작다. 몸 색깔은 등이 거무스름한 갈색이고,

배는 연한 갈색이다. 주둥이부터 눈을 지나 꼬리자루까지 폭이 넓은 까만 줄무늬가 가로로 쭉 나 있다. 새끼는 뚜렷하지만 큰 개체는 희미하다. 등지느러미에 검은 띠가 있다. 꼬리지느러미가 시작되는 곳에

검은 세로무늬가 있다. 꼬리지느러미는 깊이 갈라지고 끝은 둥글고 뾰족하다. 등지느러미 연조 7개, 뒷지느러미 연조 6개, 옆줄 비늘 40~43개, 새파 11~13개 척추골 38~39개이다.

참중고기

Sarcocheilichthys variegatus wakiyae

참중고기는 큰 강에서 사는데 물살이 센 여울을 좋아한다. 중고기는 냇물에 흔하지만 참중고기는 강에 많다. 겁이 많아 작은 소리에도 잘 놀란다. 놀라면 재빨리 물풀 속에 숨거나 돌 틈에 들어가 돌에 딱 달라붙어 숨는다. 참중고기는 중고기와 달리 등지느러미에 굵고 까만 줄이 있다. 꼬리지느러미에 까만 무늬는 없고, 몸통에 검은 무늬가 듬성듬성 크게 있다. 아가미 뒤에 세로로 굵고 새파란 줄이 있다.

알은 4~6월에 낳는다. 수컷은 혼인색을 띠어 알록달록해진다. 주둥이가 우둘투둘해지며 지느러미가 빨개진다. 꼬리지느러미 끝은 조금 불그스름하게 바뀐다. 암컷은 배에서 산란관이 나온다. 모래 속이나 자갈 틈에 사는 재첩 몸속에 알을 낳는다. 알은 조개 몸속에서 안전하게 보호를 받고 어린 새끼로 깨어난다.

우리나라 서해와 남해로 흐르는 하천에 사는 고유종이다. 요즘에는 냇물에서 모래와 자갈을 퍼가는 공사를 하고 물이 오염되면서 재첩이 줄어들고, 참중고기도 번식하기 힘들어져서 수가 줄어들고 있다.

알 낳기 참중고기는 재첩 종류와 진흙에 사는 펄조개 같은 민물조개 몸속에 알을 낳는다. 암컷과 수컷이 함께 헤엄쳐 다니면서 강바닥에 사는 재첩을 찾아다닌다. 조개는 작고 알은 커서 한 번에 많이 못 낳는다. 조개 하나에 알을 2~3개 낳고 옮겨 다니면서 여러 조개에 알을 나누어 낳는다. 참중고기 알은 납자루 알보다 크다.

강, 냇물	**분포** 우리나라, 북한	
8~10cm	**북녘 이름** 중고기	
4~6월	**다른 이름** 기름치, 돌도구리, 문동피리,	
고유종	돌피리, 똘쟁이	

수컷

암컷

2007년 3월 전남 장흥 탐진강

몸길이는 8~10cm이다. 몸이 길고 세로로 납작하다. 주둥이 앞쪽은 둥글다. 입가에 짧은 수염이 1쌍 있다. 몸통에 검은 반점이 많고, 등지느러미에 굵고 까만 줄무늬가 있다. 중고기는 몸통에 검은 반점이 자잘하게 많고

참중고기는 듬성듬성 크게 있다. 아가미덮개 뒤에 세로로 굵고 새파란 줄이 있다. 등지느러미 연조 7개, 뒷지느러미 연조 6개, 옆줄 비늘 38~43개, 새파 6~7개, 척추골 36~38개이다.

중고기

Sarcocheilichthys nigripinnis morii

중고기는 참중고기와 거의 똑같이 생겼다. 중고기는 꼬리지느러미에 위아래로 까만 줄무늬가 있고 몸통에 검은 무늬가 자잘하게 많지만 참중고기는 듬성듬성 크게 있다. 아가미뚜껑에 새파란 세로무늬도 없다. 물살이 느린 냇물이나 강에서 산다. 물이 맑은 너른 댐에 살기도 한다. 강에 많은 참중고기와 달리 중고기는 냇물에서도 흔히 볼 수 있다. 깊은 물속에서 혼자 헤엄쳐 다니며 물벌레나 새우, 실지렁이 같은 먹이를 잡아먹는다. 진흙이 섞인 모래와 자갈이 깔리고 물풀이 수북한 곳을 좋아한다. 아주 겁쟁이여서 작은 소리에도 물풀 속으로 숨는다.

알은 4~6월에 낳는데, 민물조개인 '재첩'과 '엷은재첩' 몸속에 낳는다. 펄조개와 대칭이 몸속에 낳기도 한다. 암컷은 알을 14~30개 배고, 납자루 무리처럼 배에서 산란관이 나온다. 조개 출수공에 산란관을 꽂으며 알을 낳는다. 암컷과 수컷이 어울려 다니며 조개 한 개에 알을 1~6개 낳는다. 알은 여러 조개에 나누어 낳는데 조개 크기에 따라 알 개수가 줄거나 는다.

임진강에 사는 어부들은 중고기 수컷을 보고 무당이 입는 옷처럼 색깔이 화려하다고 '무당고기'라고 한다. 중고기는 한반도에만 사는 고유종으로 서해와 남해로 흐르는 냇물과 강에 산다. 우리나라와 북한에 분포한다.

알과 성장 알은 지름이 긴 쪽은 2.6mm, 짧은 쪽은 2.3mm이다. 알은 10일이 지나야 새끼가 깨어난다. 새끼는 9.6mm이고, 3일이 지나 10mm가 되면 배에 달린 노른자위가 거의 흡수된다. 10일이 지나면 뒷지느러미와 배지느러미를 뺀 나머지 지느러미살이 완성되고 헤엄을 친다. 이후에 새끼는 조개 몸 밖으로 나와서 산다. 1년이면 5cm, 2년이면 8cm, 3년이면 10cm로 자란다. 2~3년 자라면 알을 낳을 수 있다.

혼인색 수컷은 산란기에 혼인색을 띠어 아주 화려해진다. 몸통에 푸릇푸릇한 띠가 생기고 배가 샛노래진다. 아가미뚜껑과 지느러미가 빨개지고 눈도 빨개진다. 주둥이에 작은 돌기가 잔뜩 돋아난다.

강, 냇물, 댐

10~16cm

4-6월

고유종

분포 우리나라, 북한

북녘 이름 써거비, 기름치

다른 이름 무당고기, 밤고기, 돌피리, 똘쟁이, 기름치, 불치, 개피리

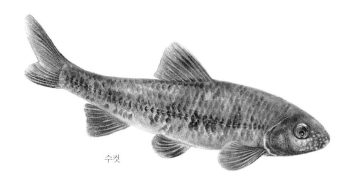

수컷

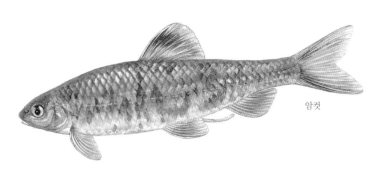

암컷

2006년 5월 경기도 파주 파주어촌계

중고기가 알을 낳는 재첩

몸길이는 10~16cm이다. 몸통은 긴데 꼬리로 갈수록 세로로 납작하다. 몸통은 푸르스름한 밤색인데 등이 짙고 배는 하얗다. 몸통에 듬성듬성 검은 점무늬가 나 있다. 주둥이는 뭉툭하고 둥글다. 입은 주둥이 밑에 있고 말굽 모양이다. 입가에 아주 작고 짧은 수염이 1쌍 있는데 잘 안 보인다. 등지느러미 끝에는 검은 줄무늬가 있다. 꼬리지느러미 위아래로 검은 줄무늬가 나 있다. 등지느러미 연조 7개, 뒷지느러미 연조 6개, 옆줄 비늘 38~41개, 새파 4~7개, 척추골 35~37개이다.

줄몰개

Gnathopogon strigatus

　주둥이 끝에서 꼬리까지 검고 굵은 줄이 하나 쭉 나 있다. 그래서 '줄몰개'라고 한다. 등과 배에도 검은 점이 많다. 이 점들이 쭉 이어져 희미한 줄무늬가 8~9개 있는 것처럼 보인다. 줄몰개는 맑은 물이 흐르는 냇물에서 산다. 물살이 느리고 바닥에 모래와 진흙이 깔린 곳을 좋아한다. 물이 깊은 곳도 좋아한다. 몇 마리씩 모여 헤엄쳐 다니면서 작은 물벌레를 잡아먹는다. 6~8월 사이에 알을 물풀에 낳는다. 새끼는 알에서 깨어나 1년 자라면 5~6cm가 되고 2년이면 8~9cm가 된다.

　줄몰개는 우리나라 서해와 남해로 흐르는 냇물과 강에서 산다. 북한에도 살고 중국 동북부와 러시아 아무르 수역에도 분포한다. 몰개 무리는 전 세계에 12종이 있다. 우리나라에는 '몰개'라는 이름이 붙은 물고기가 5종이 있다. 몰개, 참몰개, 긴몰개, 점몰개, 줄몰개인데 계통적으로 줄몰개는 다르다. 줄몰개는 몸길이가 몰개보다 짧다. 다른 몰개들보다 몸이 굵고 등이 높다. 이 종들은 모두 물살이 느리고 물풀이 수북하게 자란 곳을 좋아한다.

냇물
5~10cm
6-8월

분포 우리나라, 북한, 중국, 러시아

북녘 이름 줄버들붕어

다른 이름 줄피리, 갈등피리, 둠벙피리, 왕동이

2005년 10월 경기도 연천 사미천

몸길이는 5~10cm이다. 몸은 어두운 바탕에 누런 녹색을 띠고 배는 조금 누렇다. 주둥이는 뾰족하고 눈은 작다. 입은 위를 보고 열린다. 입가에 아주 짧은 수염이 1쌍 있다. 비늘이 빽빽이 나 있다.

지느러미는 투명하고 꼬리지느러미 가운데가 갈라졌다. 등지느러미 연조 7개, 뒷지느러미 연조 6개, 옆줄 비늘 36~38개, 척추골 33개이다.

긴몰개

Squalidus gracilis majimae

몸이 가늘고 길쭉해서 '긴몰개'라는 이름이 붙었다. 몰개 무리 가운데 몸통이 가장 날씬하다. 몸통은 은빛이 돌고 등은 검은 밤색이다. 몸이 작아서 다 커도 손가락만하다. 온몸에 아주 작은 점이 많다. 꼬리지느러미는 끝이 제비 꼬리처럼 가운데가 안쪽으로 깊이 파였다. 긴몰개는 냇물이나 강, 댐, 저수지에서 산다. 물살이 느리고 물풀이 우거진 곳을 좋아한다. 깊은 곳보다는 물가에서 떼를 지어 헤엄쳐 다닌다. 수면 가까이에서 이리저리 헤엄치다가 무엇에 놀라면 여기저기로 뿔뿔이 흩어진다. 잠잠해지면 하나둘 다시 모여든다. 수서 곤충이나 갑각류를 잡아먹고 산다.

긴몰개는 봄에 알을 낳는다. 5~6월 사이에 알을 물풀에 붙인다. 날씨가 추워지면 돌 밑이나 물풀 더미로 들어가서 가만히 지낸다. 봄에 날이 풀리면 나온다. 물이 조금 더러워도 잘 견디며 산다. 우리나라 고유종으로 서해와 남해로 흐르는 하천에 분포한다.

성장 갓 깨어난 새끼는 몸길이가 3.3mm이다. 8mm 정도 되면 등지느러미와 뒷지느러미에 지느러미살이 생긴다. 3cm로 크면 생김새가 어미와 거의 같아진다. 1년이면 4cm로 자라고, 8cm가 되려면 3년을 커야 한다.

🌊	냇물, 강, 저수지, 댐	**분포** 우리나라, 북한	
➡	7~10cm	**북녘 이름** 가는버들붕어	
❄	5~6월	**다른 이름** 쇠피리, 밀피리, 쌀고기,	
🌐	고유종	보리피리, 둠벙피리	

2005년 11월 경기도 여주 흑천

몸길이는 7~10cm이다. 온몸에 아주 자잘한
검은 점이 흩어져 있다. 짧고 가느다란 입수염이
1쌍 있다. 지느러미는 투명하고 조금 노랗다.
머리는 작고 주둥이는 뾰족하다.
위턱이 아래턱보다 조금 길다. 눈이 크다.

옆줄이 곧다. 옆줄을 따라서 비늘이 갈색 띠로
이어진다. 띠는 꼬리로 갈수록 진해진다.
몸통에 희미한 검은 줄이 하나 있다.
등지느러미 연조 7개, 뒷지느러미 연조 6개,
옆줄 비늘 33~35개, 척추골 30개이다.

몰개

Squalidus japonicus coreanus

몰개는 몸이 길고 날씬하게 생겼다. 눈이 크고 몸통에 굵고 검은 줄이 하나 쭉 나 있다. 냇물이나 강에 살고, 저수지나 논도랑에도 산다. 물살이 잔잔한 곳에서 여러 마리가 떼로 몰려다닌다. 바닥에 자갈이나 모래가 깔린 깊은 곳과 해캄 같은 민물말이 물살에 하늘거리는 곳을 좋아한다. 재빠르게 헤엄쳐 다니면서 작은 물벌레를 잡아먹는다. 물벼룩, 돌말, 식물성 플랑크톤도 먹는다. 무엇에 놀라면 이리저리 흩어져 물풀에 숨는다. 잠잠해지면 하나둘 다시 모여든다. 6~7월에 물풀이 수북한 곳에서 알을 낳는다. 알은 물풀에 잘 붙는다. 암컷 한 마리가 알을 1800개쯤 낳는다.

우리나라에만 사는 고유종으로 전국에 널리 퍼져 분포한다. 북한에 있는 대동강에도 서식한다. 북녘에서는 몰개를 '버들붕어'라고 한다.

알과 성장 암컷은 알을 1000~4000개 갖는다. 몸집이 크면 알을 많이 갖는다. 알은 동그랗고 노랗다. 지름이 0.6mm로 아주 작다. 새끼는 1년이면 3.4~5cm, 2년이면 6cm, 3년이면 7.5cm가 넘게 크고, 4년에 10cm까지 자란다. 만 2년 정도 자라면 알을 낳을 수 있다.

몰개 무리 생김새 몰개 무리는 줄몰개를 빼고는 모두 비슷하게 생겼다. 몰개, 긴몰개, 참몰개, 점몰개 4종은 모두 몸이 작고 몸통이 가늘고 길다. 몰개는 수염이 짧고, 옆줄이 아래쪽으로 오목하게 구부러져 있다. 긴몰개는 옆줄이 거의 직선이고, 입수염이 눈의 지름과 같다. 참몰개는 입수염이 길고 눈이 크다. 점몰개는 등이 높으며 옆줄 위쪽에 둥근 갈색 반점이 6~12개 있어 구분할 수 있다.

냇물, 강, 저수지	**분포** 우리나라, 북한	
8~14cm	**북녘 이름** 버들붕어	
6~7월	**다른 이름** 쇠피리, 밀피리, 쌀고기,	
고유종	보리피리, 둠벙피리	

2005년 8월 경기도 문산 문산천

몸길이는 8~14cm이다. 몸은 가늘고 길며 눈이 크다.
짧은 입수염이 1쌍 있다. 몸 색깔은 밤색인데
등은 진하다. 배는 색깔이 옅고 은빛이 돈다.
몸통에 옆줄 곁으로 굵고 검은 줄이 쭉 나 있다.
작은 점들이 아주 많은데 군데군데 모여 있다.

지느러미는 모두 투명하다.
등지느러미 연조 7개, 뒷지느러미 연조 6개,
옆줄 비늘 36~38개, 척추골 40개이다.

참몰개

Squalidus chankaensis tsuchigae

참몰개는 냇물과 강, 저수지에 산다. 물 깊이가 얕고 물풀이 우거진 곳에서 여러 마리가 떼를 지어 수면과 중층을 빠르게 헤엄쳐 다닌다. 잡식성으로 식물의 씨와 수서 곤충을 잡아먹고 산다. 알은 6~8월에 낳는다. 조금 오염된 물에서도 잘 견디며 산다.

전 세계에서 우리나라에만 사는 고유종으로 1984년에 몰개속에 관한 연구로 정확한 분류가 이루어졌다. 한강, 금강, 동진강, 낙동강, 섬진강 수계에 분포한다. 북한에 있는 대동강에도 서식하는 것으로 알려져 있다.

성장 여름에 깨어난 새끼는 9~10월이 되면 15~20mm로 자란다. 15mm가 되면 각 지느러미살이 다 생긴다. 20mm로 크면 비늘이 생기고, 23.5mm가 되면 입수염과 옆줄이 생긴다. 1년이면 4~5cm 자라고, 2년이면 6~7cm가 된다. 10cm 넘게 크려면 3년 이상 자라야 한다.

냇물, 강

8~14cm

6~8월

고유종

분포 우리나라, 북한

북녘 이름 대동버들붕어

다른 이름 깨마자, 볼치, 샘놀이, 둠벙피리,

배통쟁이, 보리피리, 배보, 개피리, 쇠피리,

골피리, 밀피리, 밀고기, 쌀피리

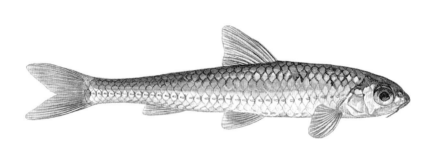

2006년 12월 충남 공주 유구천

몸길이는 8~14cm이다. 몸은 길고 세로로 납작하다. 주둥이는 뾰족하고 입수염은 길며 눈이 크다. 몸 색깔은 전체적으로 은빛을 띠고, 등 쪽은 거무스름한 갈색이며 배는 하얗다. 몸통을 지나는 거무스름한 가로줄이 있고, 작고 검은 점들이 아무렇게나 박혀 있다. 옆줄은 앞쪽이 아래로 휘어져 있다. 옆줄 위아래에 검고 작은 점이 있다. 등지느러미 연조 7개, 뒷지느러미 연조 6개, 옆줄 비늘 37~40개, 새파 5~7개, 척추골 37~38개이다.

점몰개

Squalidus multimaculatus

몸에 점이 많다고 '점몰개'라는 이름이 붙었다. 몰개와 닮았는데 옆줄 위에 큰 점이 박혀 있다. 냇물이나 강에서 산다. 맑은 물이 흐르고 모래와 자갈이 깔린 얕은 곳을 좋아한다. 어떻게 살고 언제 알을 낳는지는 아직 알려지지 않았다.

우리나라에만 사는 고유종이고 서식지가 몇 곳 안 되어 보호가 필요하다. 1984년에 처음 발견하였다. 동해로 흐르는 하천 가운데 남부 지역에만 분포한다. 경상도 울산시 울주군 회야강, 경주시 형산강, 영덕군 오십천, 죽산천, 송천천에 서식하는 것으로 알려졌는데, 1998년에 울진군 왕피천에서도 발견되었다.

연구 처음에는 경상북도 영덕군 영덕읍에서 채집한 개체를 연구하여 '영덕몰개'라고 이름을 붙였다. 김익수 박사는 모래무지아과와 비교 연구하여 별종임을 밝혔고, 이후 전상린 박사와 호소야(Hosoya) 박사가 경상북도 영덕 오십천에서 채집한 것을 토대로 연구하여 새로운 종으로 발표하였다.

냇물, 강
5~7cm
고유종

분포 우리나라(동해안 수계 남부)
다른 이름 딸쟁이, 물피리

2006년 10월 경북 경주 안강 형산강

몸길이는 5~7cm이다. 몸집이 작고 세로로 납작하다.
머리는 길고 납작하며 주둥이도 길다. 입은 주둥이
밑에 있고, 짧은 입수염이 1쌍 있다.
몸은 누런 갈색으로 등은 약간 짙고 배는 하얗다.
비늘 가장자리에 아주 작고 검은 점이 있다.

옆줄 위에 갈색을 띠는 둥근 반점 6~12개가
한 줄로 나란히 나 있다.
등지느러미는 끝부분 맨 위가 밑으로 조금
굽었고, 가운데는 안으로 파였다.
꼬리지느러미 끝이 안으로 깊게 파였다.

등지느러미 연조 6~7개, 뒷지느러미 연조 6개,
옆줄 비늘 34~37개, 척추골 23~24개이다.

누치

Hemibarbus labeo

　누치는 눈이 크다고 '눈치'라고도 한다. 몸이 크고 길쭉하다. 큰 놈은 어른 팔뚝만하다. 몸 색깔은 밝은 은색이다. 주둥이가 툭 튀어나왔고 입이 크고 입술이 두껍다. 우리나라 서해와 남해로 흐르는 큰 강에 많이 살고, 깊은 냇물과 댐에 산다. 중국, 일본, 러시아, 베트남에도 분포한다. 물이 깊고 물살이 센 여울을 좋아한다. 모래와 자갈이 깔린 강바닥을 헤엄쳐 다닌다. 툭 튀어나온 주둥이로 돌을 들추고 뒤져서 먹이를 찾는다. 물벌레나 새우, 작은 게, 다슬기를 먹고 모래 속에 있는 작은 물풀도 걸러 먹는다. 두툼한 입술로 돌에 붙어 있는 돌말도 먹는다.

　누치는 봄에 알을 낳는다. 무릎까지 오는 얕은 냇물로 올라와서 짝짓기를 한다. 이때가 4월 말 곡우쯤인데 냇물 가득 올라온 누치 떼를 보고 사람들은 '누치가리'라고 한다. 누치 암컷과 수컷이 뒤엉켜 모래와 자갈을 마구 들쑤시면서 한바탕 소란을 피운다. 누치가 알을 낳으면 모래무지나 돌고기, 피라미 같은 다른 물고기가 와서 주워 먹기도 한다. 누치 새끼는 냇물에서 살다가 자라면서 큰 강으로 내려간다.

강, 댐, 냇물	**분포** 우리나라, 북한, 중국, 일본, 러시아, 베트남	
20~60cm	**북녘 이름** 누치, 구멍이	
4~6월	**다른 이름** 눈치, 느치, 몰거지, 모랭이, 마재기,	
	나부라지, 눌어, 접비	

누치는 강에서 어부들이 그물로 잡고, 낚시꾼들이 견지낚시로도 많이 잡는다. 견지낚시는 오랜 옛날부터 우리 조상들이 즐겨 해온 전통 낚시법이다. 강여울에서 물살을 등지고 서서 끝에 바늘이 달린 줄을 풀어 낚시를 한다. 물살에 바늘을 흘려 보낸다고 '흘림낚시'라고도 한다. 미끼로 구더기나 민물 새우, 지렁이나 날벌레를 쓴다. 얼레처럼 생긴 견지를 잡아당겼다 놨다하며 '시침질'을 하여 물고기를 낚는다. 견지낚시에 참마자, 피라미, 끄리, 강준치, 쏘가리가 잡히기도 한다.

알 낳기와 성장 4~6월에 강을 거슬러 올라와 냇물에서 알을 낳는다. 이때는 수컷 여러 마리가 암컷 한 마리를 쫓아다닌다. 암컷은 알을 7만~8만 개 낳는데, 알은 모래 바닥이나 자갈에 포도송이 모양으로 붙는다. 알은 5~10일이 지나면 깨어난다. 새끼는 1년이면 7cm, 2년이면 12cm로 자란다. 3년이면 17cm가 넘는다. 4~5년 자라면 알을 낳을 수 있다.

몸길이는 20~60cm이다. 몸은 길고 통통하다. 몸 색깔은 밝은 은색인데 등은 누런색이 조금 진하다. 커다란 비늘이 고르게 붙어 있다. 머리가 크고 입은 주둥이 밑에 있다. 입은 아래를 보고 벌어진다. 입술이 두껍고 윗입술은 늘어나 앞으로 쭉 나온다.

입가에 수염이 1쌍 있다. 가슴지느러미, 배지느러미, 등지느러미는 노랗다. 옆줄은 거의 직선이다. 등지느러미 연조 7개, 뒷지느러미 연조 5~6개, 옆줄 비늘 47~52개, 새파 19~25개, 척추골 41~42개이다.

2005년 11월 경기도 양평

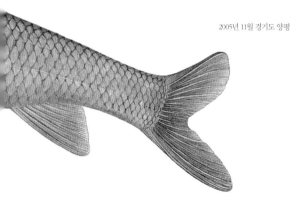

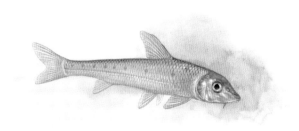

새끼 누치 2004년 11월 경기도 양평

어린 누치는 참마자와 많이 닮았는데, 온몸에 검은 점이 자잘하게 많은 참마자와 달리 점이 없다.

참마자

Hemibarbus longirostris

참마자는 그냥 '마자'라고도 한다. 몸이 통통한데 배는 납작하다. 주둥이가 삐죽해서 꼭 입을 쭉 내밀고 있는 것 같다. 몸에는 자잘한 검은 점이 아주 많다. 누치 새끼와 많이 닮았는데, 누치는 몸에 자잘한 검은 점이 없다. 참마자와 어린 누치 모두 옆줄 위에 거무스름한 작은 반점이 줄지어 나 있다. 누치는 자라면서 반점이 점점 희미해지고 나중에 사라진다. 참마자는 냇물이나 강에서 산다. 물살이 느리고 모래와 잔자갈이 깔린 곳에 흔하다. 바닥을 헤엄쳐 다니면서 깔따구 애벌레나 물벌레, 새우 따위를 잡아먹는다. 자갈, 모래에 붙어 있는 돌말을 먹기도 한다.

알은 4~6월 사이에 모래나 자갈 바닥에 낳는다. 이때가 되면 수컷은 가슴지느러미가 귤색으로 바뀌고 암컷은 누런색을 띤다. 암컷 한 마리가 알을 2~3만 개 낳는다. 참마자는 모래무지처럼 모래 속으로 잘 파고든다. 물속에서 헤엄쳐 다니다가 꼬리지느러미를 파드닥거리면서 모래 속으로 숨는다. 참마자가 들어간 곳은 모래가 불룩 솟아 있다. 두 손으로 모래와 함께 꾹 움키면 맨손으로도 잡을 수 있다. 우리나라 서해와 남해로 흐르는 하천에서 흔히 산다. 중국과 일본에도 분포한다.

알과 성장 알은 지름이 1.5~1.8mm이고, 7일이 지나면 새끼가 깨어난다. 새끼는 7mm이고, 5일 정도 후에 7.5mm가 되면서 배에 달린 노른자위가 사라진다. 1cm로 자라면 생김새가 어미와 거의 같아진다. 태어난 해 가을까지 자라면 5cm가 되고, 겨울을 나고 1년이 지나면 8~10cm로 큰다. 2년이면 12cm, 3년이면 15cm가 넘게 크고 알을 낳을 수 있다.

산골짜기, 냇물	**분포** 우리나라, 북한, 중국, 일본
15~22cm	**북녘 이름** 마자
4~6월	**다른 이름** 마자, 매자, 참매자, 모자, 뜸마주, 두루치, 참부지, 날모자, 물매자, 참무지

2004년 11월 경기도 양평 문호천

몸길이는 15~22cm이다. 몸이 길고 날렵하게 생겼다. 몸은 밝은 은색인데, 등은 거무스름한 밤색이고 배는 하얗다. 머리가 크고 눈도 크다. 주둥이는 길고 뾰족하다. 입이 크고 주둥이 밑에 있다. 위턱이 아래턱보다 길어서 아래턱을 덮는다. 입가에 짧은 수염이 1쌍 있다. 몸통에 콩알만 한 검은 반점이 군데군데 나 있다. 지느러미에는 까만 점이 아주 많다. 옆줄은 앞쪽이 아래쪽으로 약간 굽었다. 등지느러미 연조 7개, 뒷지느러미 연조 6개, 옆줄 비늘 41~43개, 새파 6~8개, 척추골 35~36개이다.

어름치

Hemibarbus mylodon

온몸에 까만 점이 많아서 헤엄칠 때 어른거린다고 '어름치'라는 이름이 붙었다. 물이 꽁꽁 얼어 다른 물고기들이 숨어 지내는 한겨울에도 헤엄친다고 '얼음치'라고도 한다. 산골짜기나 냇물에서 살고 맑은 물이 흐르는 강에도 산다. 자갈이 깔린 바닥에서 다슬기, 물벌레, 새우, 물고기 새끼를 잡아먹고 돌말도 먹는다. 물벌레가 돌 밑으로 숨어 버리는 겨울부터 봄까지는 주로 다슬기를 잡아먹는데, 입에 물고 돌에 탁탁 쳐서 깨뜨려 먹는다. 그래서 다슬기가 살 만큼 맑은 물에 어름치도 산다.

알은 4~6월에 낳는다. 밤에 깊은 물속 바닥에 깔린 자갈밭을 움푹 판다. 이튿날 밤이 되면 암컷과 수컷이 떼로 모여들어 알을 낳고는 모래와 잔자갈로 덮는다. 입으로 돌을 하나하나 물어다가 알자리에 봉긋하게 쌓는다. 자갈로 알자리를 덮어 놓으면 알이 물에 떠내려가지 않고, 다른 물고기가 와서 알을 주워 먹지 못한다.

어름치는 우리나라에만 사는 고유종인데 아주 귀하다. 임진강, 한강, 금강 상류에만 서식한다. 강원도에 있는 하천 곳곳에 어름치가 살지만 요즘에는 점점 줄어들고 있다. 문화재청에서 1972년에 금강 중상류인 충청북도 옥천군 이원면 어름치 서식지를 '천연기념물 제238호'로 지정했고, 1978년에 어름치를 '천연기념물 제259호'로 지정해서 보호하고 있다. 어름치는 잡으면 꼭 놓아주어야 한다.

알 낳기와 성장 4~6월 산란기에 수컷은 배가 까매지고 주둥이가 우둘투둘해진다. 물이 깊고 자갈이 많이 깔린 곳에 구덩이를 움푹 파고 암수가 떼로 모여 알을 낳고는 자갈로 알자리를 덮는다. 암컷은 알을 4000~9000개 낳는다. 알은 5일이 지나면 새끼가 깨어난다. 새끼는 물가 모래 바닥에서 살다가 자라면서 점점 깊고 물살이 느린 곳으로 간다.

어름치 '산란탑' 어름치가 알자리에 자갈을 쌓아 놓은 것을 '산란탑'이라고 한다. 강원도 인제와 영월 지방에서는 이 산란탑을 보고 그해 여름에 비가 많이 올지 적게 올지 미리 점쳤다. 어름치가 산란탑을 강가에 모으면 비가 많이 오고, 강 한복판에 모으면 가문다는 것이다. 산란탑을 깊은 곳에 쌓으면 가물어 강물이 줄어들어도 알이 물 밖으로 드러나지 않고, 얕은 곳에 쌓으면 비가 많아 범람해도 알자리가 쓸려 내려가지 않기 때문이다.

산골짜기, 냇물, 강

20~40cm

4~6월

고유종, 보호종
천연기념물 제259호
천연기념물 제238호
(금강의 어름치)

분포 우리나라, 북한

북녘 이름 어름치, 어룽치

다른 이름 그림치, 얼음치

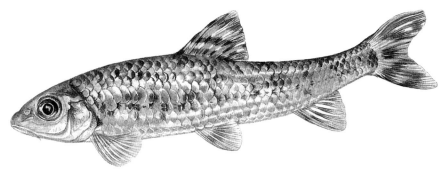

2007년 2월 충남 보령 보령민물생태관

어름치는 알자리를 잔돌로 덮어 놓는다.

몸길이는 20~40cm이다. 몸이 통통한데 꼬리 쪽은
가늘다. 눈이 크고 입가에 수염이 1쌍 있다.
몸이 누런데 온몸에 까만 점이 아주 많다. 점이
줄지어 박혀 있어서 7~8개로 보인다. 지느러미에도
까만 줄무늬가 여러 개 나 있다.

등지느러미 연조 7개, 뒷지느러미 연조 6개,
옆줄 비늘 43~44개, 새파 9~12개, 척추골 37개이다.

모래무지

Pseudogobio esocinus

　모래 속에 몸을 잘 묻고 숨어서 '모래무지'라는 이름이 붙었다. 가만히 있다가도, 헤엄치다가도 놀라면 재빨리 모래 속으로 파고 들어간다. 동그란 눈만 빠끔히 내놓고 밖을 살핀다. 몸 색깔이 모래와 비슷해서 배를 깔고 바닥에 꼼짝 않고 있으면 알아보기 어렵다. 모래무지가 파고 들어간 자리는 모래가 손등만큼 불룩 솟는다. 그 자리에 손을 넣으면 깜짝 놀라서 뛰쳐나오는데, 살살 더듬어서 맨손으로 잡기도 한다. 냇물에서 물장구를 치다보면 모래무지가 놀라서 발밑으로 파고들기도 한다. 그러면 발바닥이 간질간질하다.

　모래무지는 냇물과 강에 산다. 물살이 센 여울보다 느린 곳을 좋아한다. 입을 아래로 쭉 내밀면서 바닥에 있는 모래를 집고는 오므린다. 모래에서 사는 작은 물벌레와 아주 작은 물풀을 걸러 먹고 남은 모래는 아가미로 내뿜는다. 모래무지가 모래를 삼켰다 뱉었다 하는 동안 물속 모래밭은 저절로 깨끗해진다. 알은 5~6월에 낳는다. 모래 바닥에 알을 낳고 모래로 덮는다.

　예전에는 우리나라 전국 어느 곳에나 흔했는데, 사람들이 집을 지으려고 냇물과 강에서 모래를 많이 퍼다 쓰면서 지금은 서식지가 줄어들고 모래무지도 드물어졌다. 우리나라 서해와 남해로 흐르는 하천에 산다. 중국과 일본에도 분포한다.

알과 성장 알은 지름이 2mm쯤이다. 7일이 지나면 새끼가 깨어난다. 새끼는 4mm이고, 2일이 지나면 5mm가 되며 입을 벌릴 수 있다. 4일이 더 지나면 배에 달린 노른자위가 다 흡수되고 5.6mm가 된다. 3cm로 자라면 생김새가 어미와 거의 비슷해진다. 1년이면 6~7cm, 2년이면 11cm, 3년이면 13~15cm로 자란다. 5년 정도 지나면 20cm가 넘게 큰다.

냇물, 강	**분포** 우리나라, 북한, 중국, 일본
10~20cm	**북녘 이름** 모래무치
5-6월	**다른 이름** 모래두지, 모래물이, 모래마자, 모래막지, 오라막지, 모래마주, 모재미, 새침이, 방망이고기, 두루치, 모래받이, 모래잡이

2005년 8월 경기도 문산 문산천

모래 속으로 숨은 모래무지

몸길이는 10~20cm이다. 몸통이 통통한데 꼬리로 갈수록 가늘어진다. 등은 불룩 솟았고 배는 평평하다. 등은 어두운 갈색이고 배는 누런 회색이다. 주둥이가 조금 뾰죽하다. 머리가 크고 눈도 크다. 눈은 머리 위쪽에 붙어 있다. 입도 큰데 입수염이 1쌍 있다. 입술에 작은 돌기가 많다. 몸통과 등에 검은 반점이 나란히 있다. 몸통에 6-7개, 등에 5~6개 있다. 반점들 사이에는 작은 점들이 있다. 뒷지느러미는 투명하고 하얗다. 등지느러미, 꼬리지느러미, 가슴지느러미와 배지느러미에 검은 줄무늬가 있다. 등지느러미 연조 7개, 뒷지느러미 연조 6개, 옆줄 비늘 40~44개, 새파 13-17개, 척추골 38개이다.

버들매치

Abbottina rivularis

버들매치는 모래무지와 많이 닮아서 얼핏 보면 새끼 모래무지 같다. 물속 모래밭에서 사는 모래무지와 달리 버들매치는 진흙이 깔린 곳에서 산다. 몸집이 작아서 다 커도 손가락만 하고 머리도 뭉툭하다. 냇물과 논도랑에 사는데, 저수지에 흔하고 냇물에서는 물이 머무는 곳이나 물풀 덤불에서 산다. 바닥에 진흙이 깔린 곳을 좋아한다. 진흙을 파고 들어가 눈만 내놓고 숨기도 한다. 실지렁이, 물벌레를 잡아먹고 물풀이나 그 씨앗도 잘 먹는다.

알은 4~6월에 낳는데, 수컷은 혼인색을 띤다. 등이 파래지고 배지느러미가 굴색으로 바뀐다. 머리와 주둥이, 가슴지느러미에 아주 작은 돌기가 돋아난다. 수컷은 진흙 바닥을 움푹하게 파서 알자리를 미리 만든다. 다른 물고기가 다가오면 사납게 쫓아낸다. 암컷이 근처에 있으면 알자리 둘레를 빙글빙글 돌면서 암컷이 오게 한다. 암컷이 알을 낳고 떠나면 수컷은 알을 지키며 돌본다. 알에 진흙 찌꺼기가 들러붙으면 입으로 빨아들여 깨끗하게 해 준다. 새끼가 깨어나도 안 떠나고 곁에서 돌본다. 우리나라 서해와 남해로 흐르는 냇물과 저수지에 산다. 북한에 있는 두만강에도 서식하며, 중국과 일본에도 분포한다.

알과 성장 암컷은 알을 1100~2000개 가진다. 알은 지름이 2~2.25mm이다. 수온 15~17℃에서 6일이 지나면 새끼가 깨어난다. 새끼는 3일이 지나면 입이 생기고, 7일 뒤면 턱이 생긴다. 1년을 자라야 7~9cm가 되고 알을 낳을 수 있다.

저수지, 냇물, 논도랑　**분포** 우리나라, 북한, 중국, 일본

8~12cm　**북녘 이름** 모래마자, 알락마재기, 각시뽀돌치

4~6월　**다른 이름** 꼬래, 몰치

2004년 4월 경기도 김포 양촌면 논도랑

몸길이는 8~12cm이다. 모래무지보다 머리가 작고
주둥이가 짧고 뭉툭하다. 눈에서 주둥이까지
까만 줄이 하나 있다. 입은 주둥이 아래에 있다.
위턱이 아래턱보다 길다. 입술이 아주 두껍다.
입가에 짧고 굵은 수염이 1쌍 있다.

몸은 옅은 밤색인데 등은 진하고 배는 하얗다.
몸통에는 콩알만 한 검은 반점이 7~9개
한 줄로 늘어서 있다. 지느러미는 누런데
검은 점이 줄지어 있어서 줄무늬처럼 보인다.
등지느러미는 테두리가 둥글다.

등지느러미 연조 7개, 뒷지느러미 연조 5개,
옆줄 비늘 36~39개, 새파 10~15개,
척추골 30~31개이다.

왜매치 🐟

Abbottina springeri

몸집이 작아서 '왜매치'라는 이름이 붙었다. 돌마자와 닮았는데 몸집이 훨씬 작고 가늘다. 돌마자 입술은 우툴두툴한데 왜매치는 매끈하다. 온몸에 검은 점이 많이 나 있다. 왜매치는 냇물과 강에서 산다. 강보다는 맑은 물이 흐르는 냇물에 더 흔하다. 물살이 잔잔하고 모래와 자갈이 깔린 여울에서 떼를 지어 헤엄쳐 다닌다. 뻘과 모래가 깔린 곳에서도 산다. 작은 수서 곤충과 돌말, 식물성 플랑크톤을 먹고 산다.

알은 4~7월 사이에 낳는데, 5~6월에 가장 많이 낳는다. 이때 수컷은 몸이 새까매지고 주둥이에 하얗고 오돌토돌한 돌기가 많이 생긴다. 가슴지느러미에도 자잘한 돌기가 잔뜩 생긴다. 암컷 한 마리가 알을 600~700개 가진다. 냇물 가장자리로 와서 돌에 알을 낳는다. 이때 물가에서 흔하게 볼 수 있다. 우리나라에만 분포하는 고유종으로 서해와 남해로 흐르는 하천에 산다. 요즘에는 냇물이 더러워져서 점점 줄어들고 있다.

알과 성장 알은 지름이 4.3mm쯤이다. 새끼는 1년 자라면 3~5cm, 2년이면 6cm, 3년이면 7~8cm로 자란다. 2년을 자라야 알을 낳을 수 있다.

채집과 신종 발표 1952년 한국 전쟁 때, 미국인 스프링거(Springer)가 경상남도 김해군 이북면에서 채집하여 미국에 있는 '스미소니안 자연사 박물관'에 표본을 보존하였다. 1973년 루마니아의 바나레스쿠(Banarescu)와 날반트(Nalbant) 박사가 이 표본을 관찰하고 처음으로 기재 보고하였다.

〰️ 냇물, 강 　**분포** 우리나라

↔️ 6~8cm

✳️ 4~7월

🌐 고유종

2006년 12월 충남 서천 길산천

몸길이는 6~8cm이다. 몸집이 작고 가늘다. 몸은 연한 밤색인데 등은 조금 짙고 배는 하얗다. 머리는 작고 조금 납작하다. 주둥이가 짧고 뭉툭하다. 입은 주둥이 아래쪽에 있다. 입술은 두껍고 짧은 입수염이 1쌍 있다.

몸통에 까만 점이 흩어져 있다. 몸통과 등에 거무스름한 반점이 여러 개 줄지어 있다. 몸통에 옆줄을 따라 7~8개 있고, 등에 5~6개 있다. 가슴, 등, 꼬리지느러미에는 작고 까만 점이 흩어져 있다.

등지느러미 연조 7개, 뒷지느러미 연조 5~6개, 옆줄 비늘 34~37개, 척추골 36~37개이다.

꾸구리

Gobiobotia macrocephala

꾸구리 눈은 꼭 고양이 눈처럼 생겼다. 눈꺼풀이 있어 눈을 옆으로 떴다 감았다 한다. 어두우면 눈꺼풀이 열리고 밝으면 닫힌다. 눈을 꼭 감고 있는 것처럼 보여서 전라도에서는 '눈봉사' 라고도 한다. 우리나라에 사는 민물고기 가운데 눈꺼풀이 있는 물고기는 꾸구리와 돌상어뿐이다. 맑은 물이 흐르는 냇물이나 강에서 산다. 깊이가 무릎 정도 되고 돌과 자갈이 쫙 깔린 여울에서만 산다. 물살이 세도 안 떠내려가고 돌에 착 붙는다. 주둥이 밑에 있는 수염 세 쌍으로 돌을 짚고 물살을 견디며 물살을 뚫고 이리저리 돌 위를 날래게 옮겨 다닌다. 입가에 있는 수염은 더듬이 같은 구실을 해서 밤에 먹이를 찾는다. 돌 틈이나 돌에 붙어사는 하루살이 애벌레 같은 작은 물벌레를 잡아먹고 돌말도 먹는다.

꾸구리는 우리나라에만 사는 고유종으로 아주 드물고 귀하다. 한강, 임진강, 금강 상류에만 조금 살고 있다. 꾸구리는 물이 더럽거나 흙탕물이 되면 못 산다. 사람들이 냇물 바닥을 긁어내고 자갈을 마구 퍼 가면서 서식지가 점점 사라지고 있다. 환경부에서는 '멸종위기야생동식물 2급'으로 지정해서 보호하고 있다.

알 낳기와 성장 알은 4~6월에 낳는다. 봄이면 암컷은 몸 색깔이 연해지고 배가 불룩해진다. 수컷은 몸빛과 몸통에 난 까만 줄이 진해진다. 암컷은 몸집 크기에 따라서 알을 200~3000개 낳는다. 여울 바로 아래 돌과 자갈 틈을 8~15cm 헤집고 들어가서 낳는다. 알은 지름이 1mm이고, 4일이 넘으면 새끼가 깨어난다. 새끼는 크기가 4.6mm이고, 4일이 지나면 배에 달린 노른자위를 다 흡수하고, 15일이 지나면 8.7mm로 자라며 지느러미가 다 생긴다. 15mm로 자라면 어미와 겉모습이 거의 같아진다. 2개월이 지나면 3cm가 된다. 1년이면 4~6cm, 2년이면 8~10cm까지 자란다.

분포 우리나라 한강, 임진강, 금강 상류와 이 강으로 흘러드는 지류에 분포한다. 임진강은 북한에서 우리나라로 흐르는데, 이 강의 지류가 있는 경기도 연천과 철원에 서식한다. 한강 상류 영월과 평창에 살고, 금강 지류가 흐르는 영동과 무주에 조금 분포한다. 무주에는 수가 줄어들어 보기가 아주 힘들어졌다. 북한에 있는 예성강에도 산다.

냇물, 강	**분포** 우리나라, 북한	
7~13cm	**북녘 이름** 긴수염돌상어, 돌메자	
4~6월	**다른 이름** 눈봉사, 눈멀이, 말뚝자구, 여울돌박가,	
고유종, 보호종	기름돌부지, 돌나래미, 돌나리, 소경돌나리,	
멸종위기야생동식물 2급	여울돌나리, 기름돌무지, 여울목이, 점여울메기	

2006년 4월 경기도 연천 사미천

몸길이는 7~13cm이다. 수컷이 암컷보다 조금 더 크다. 몸통은 통통한데 꼬리로 갈수록 길고 가늘다. 머리와 배는 납작하다. 주둥이는 뾰족하다. 눈은 머리 위쪽에 있으며 눈꺼풀이 있다. 수염은 4쌍 있는데, 입가에 1쌍 있고 턱 밑에 3쌍 있다.

몸이 불그스름한데 배는 연하다. 몸통에 굵고 검은 줄이 4개 둘러 있다. 맨 앞에 있는 것은 흐리다. 지느러미에 깨알만 한 검은 점이 줄지어 나 있다. 눈 밑에도 굵고 검은 줄이 있다. 뻣뻣한 가슴지느러미와 배지느러미는 옆으로 펴져 있다.

물살이 세도 저항을 덜 받는다. 가슴에는 비늘이 없다. 등지느러미 연조 7개, 뒷지느러미 연조 5~6개, 옆줄 비늘 38~41개, 새파 8개, 척추골 35개이다.

돌상어

Gobiobotia brevibarba

돌상어는 눈이 고양이 눈처럼 생겼다고 충청북도 영동에서는 '여울괭이'라고 한다. 꾸구리와 닮았는데 등에 난 무늬가 다르다. 돌상어는 줄이 덜 뚜렷하고 얼룩덜룩하며 무늬 수도 많고 지느러미에 까만 점도 없다. 입수염이 네 쌍 있는데 아주 짧다. 여울 바닥에 딱 달라붙어서 살도록 몸이 알맞게 생겼다. 눈 앞과 눈 밑에 검은 줄이 한 개씩 나 있다.

아주 맑은 물이 흐르는 산골짜기와 냇물에서 산다. 물살이 세고 잔자갈이 깔린 여울 바닥에서 지낸다. 쉬리와 같은 곳에서 살기도 한다. 여울에서도 납작한 몸을 이용해 돌 위에 잘 붙는다. 자갈 틈으로 잘 숨고 재빠르게 이 돌에서 저 돌로 옮겨 다닌다. 물살을 거슬러 오르며 하루살이 애벌레, 날도래 애벌레 같은 작은 물벌레를 잡아먹는다. 큰 놈일수록 물살이 더 세고 깊은 곳에서 산다. 알은 4~6월에 여울 바닥 돌 틈에 낳는다.

돌상어는 우리나라에만 사는 고유종이다. 한강과 임진강 상류와 이 강으로 흘러드는 냇물에도 살고, 금강 상류에도 산다. 요즘에 댐을 세우고 하천을 개발하여 물이 오염되면서 점점 숫자가 줄어들고 있다. 아주 드물고 희귀해서 환경부에서는 '멸종위기야생동식물 2급'으로 지정해서 보호하고 있다.

알 낳기와 성장 알은 4~6월에 낳는다. 이때 암컷과 수컷 모두 배가 불룩해진다. 깊이가 20~40cm 되는 여울에서 낳는데, 알은 자갈에 잘 붙는다. 암컷은 몸집에 따라 알을 1600~2500개 갖는다. 갓 낳은 알은 노랗고 동그란데 지름이 2mm쯤이다. 6일이 지나면 알에서 새끼가 깨어난다. 새끼는 5.5mm이고, 4일이 지나면 7.4mm로 자라며 배에 달린 노른자위를 다 흡수한다. 15일이 지나면 1cm로 자라고 지느러미살이 다 생긴다. 1년이면 4cm, 2년이면 5~8cm, 3년 자라면 10~12cm가 된다. 암컷은 5cm, 수컷은 4cm 이상 자라야 알을 낳을 수 있다. 지금까지 조사된 가장 큰 것은 14cm이다.

산골짜기, 냇물, 강

7~14cm

4~6월

고유종, 보호종

멸종위기야생동식물 2급

분포 우리나라(한강 수계)

북녘 이름 돌상어

다른 이름 돌나래미, 눈깔망냉이, 여울돌나리, 돌날나리, 여울괭이, 여울내미, 돌노구리

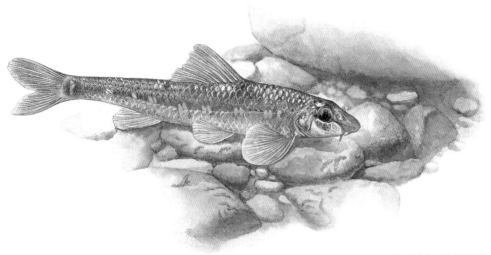

2006년 11월 경기도 연천 연천어촌계

돌 위에 올라와 있는 돌상어

몸길이는 7~14cm다. 몸이 길고 배는 납작하다.
몸은 불그스름하다. 머리는 가로로 납작하다.
등은 둥글하다. 주둥이는 삐죽 튀어나왔다.
입은 주둥이 밑에 있다. 입수염이 4쌍 있다.
몸통에 폭이 넓은 검은 반점이 얼룩덜룩 나 있다.

등에 5~6개, 몸통에 7~8개 있다.
등지느러미 연조 7개, 뒷지느러미 연조 6개,
옆줄 비늘 42~43개, 새파 11~13개, 척추골 37개이다.

흰수마자

Gobiobotia nakdongensis

흰수마자는 '흰 수염이 달린 마자'라는 뜻으로 붙은 이름이다. 입수염이 네 쌍 있는데 모두 길고 새하얗다. 입가에 한 쌍, 턱 밑에 세 쌍 있다. 눈은 동그랗지 않고 세로로 길쭉하며 툭 튀어 나왔다. 눈동자를 옆으로 이리저리 잘 굴린다. 모래무지아과에는 참마자와 돌마자처럼 이름에 '마자'라는 말이 들어간 민물고기가 여러 종 있다.

맑은 물이 흐르는 냇물이나 강에서 산다. 바닥에 모래가 깔리고 물살이 센 여울에서만 산다. 물살이 느리거나 바닥에 돌이 많고 진흙이 깔린 곳에서는 못 산다. 물속에 사는 작은 물벌레를 잡아먹는다. 알은 6월에 낳는다.

흰수마자는 우리나라에만 사는 고유종으로 아주 드물다. 낙동강, 금강, 임진강 상류와 이 강으로 흘러드는 냇물에 서식한다. 다른 곳보다 낙동강에 더 흔한데, 낙동강으로 흘러드는 내성천에 많고 상주와 구미에도 분포한다. 금강에서는 미호종개 서식지에 같이 살기도 한다. 사람들이 냇물과 강에서 모래를 퍼 가면서 사는 곳이 점점 줄어들고 있다. 흰수마자는 환경부에서 '멸종위기 야생동식물 1급'으로 지정해서 보호하고 있다. 함부로 잡아서는 안 되고 잡으면 꼭 놓아주어야 한다.

조사 연구와 분포 1935년에 일본인 모리 타메조(Mori Tamezo)가 경상북도 영주 내성천에서 발견해 신종으로 보고했다. 내성천은 냇물 바닥에 가는 모래가 깔려 있어 흰수마자가 살기 좋은 환경이다. 이후 수십 년 동안 낙동강에만 사는 것으로 알려졌다가, 1980년대 초반 금강과 임진강에서도 발견되어 우리나라 전국에 분포하는 것으로 확인되었다. 하지만 낙동강과 임진강, 금강의 서식처는 수질 오염과 모래 채취, 준설, 하상 공사 등으로 훼손되어 점점 사라지고 있다.

　냇물, 강 | **분포** 우리나라

　6~10cm | **북녘 이름** 낙동돌상어, 락동돌상어

　6월 | **다른 이름** 독노구리, 돌노구리,

　고유종, 보호종 | 돌모래무지, 돌모래미, 댕이

멸종위기야생동식물 1급

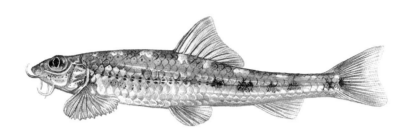

2006년 10월 충남 청양 지천

모래 바닥에서 가만히 쉬고 있는 흰수마자

몸길이는 6~10cm이다. 몸은 조금 누런데 등이 짙고
배는 하얗다. 몸집이 작지만 길다. 머리와 배는
굵은데 꼬리에서 잘록해지고 가늘어진다. 머리는
가로로 납작하고 등은 둥글다. 배는 납작하다.
주둥이는 뾰죽하고 입은 주둥이 밑에 있다.

긴 입수염이 4쌍 있다. 입가에 1쌍,
턱 밑에 3쌍 있다.
몸에 눈알만 한 검은 반점이 나란히 박혀 있다.
몸통에 5~6개, 등에 7~9개 있다.
지느러미에는 무늬가 없고 투명하다.

등지느러미 연조 7개, 뒷지느러미 연조 6개,
옆줄 비늘 37~40개, 새파 10개, 척추골 33개이다.

모래주사

Microphysogobio koreensis

모래주사는 강과 냇물 중상류 지역에 산다. 물살이 느리고 바닥에 모래가 깔려 있는 곳에서 작은 떼를 지어 헤엄친다. 모래 바닥에 붙어 사는 미생물을 주로 먹고, 작은 갑각류나 물속에서 사는 곤충도 잡아먹는다. 바닥에 붙어서 쉴 때는 지느러미를 접는다. 알은 4~5월에 낳는다. 이때 수컷은 주홍색의 화려한 혼인색을 띤다. 암컷은 배가 불룩해진다. 물이 무릎까지 오고 자갈이 깔린 여울에서 알을 낳는다. 물살이 센 곳 돌 틈에서 떼로 모여 알을 낳는데, 암컷 한 마리에 수 컷 여러 마리가 따라붙는다. 알은 돌과 바닥에 있는 모래에 붙는다.

우리나라에만 사는 고유종으로 낙동강과 섬진강에서 살고, 이 강들로 흘러드는 지류에도 서 식한다. 섬진강이 흐르는 남원과 임실, 낙동강이 흐르는 문경, 영양, 밀양, 산청, 경산, 봉화, 의령, 안동, 합천, 함안에 분포한다. 아주 드물고 귀해 우리나라 환경부에서 2001년부터 '멸종위기야생 동식물 2급'으로 지정하여 보호하고 있다.

알 낳기와 성장 알은 4월 말에서 5월 초 수온이 20℃쯤일 때 낳는다. 수심 50~100cm로 얕은 하천 바닥의 잔자갈 틈에서 10일 동안 알을 낳는다. 알은 동그란데 지름이 1.8mm쯤이다. 암컷은 알을 2000~4000개 낳 는다. 수온 23℃에서 30시간이 지나면 새끼가 깨어나기 시작한다. 새끼는 2.2mm이고, 7일이 지나면 4.4mm 로 자라고 배에 달린 노른자위가 다 흡수된다. 14일이 지나면 5.6mm로 자라고 어미와 닮는다. 20일이 지 나면 6.5mm로 크고 지느러미가 다 생긴다. 2개월 자라면 24mm가 되고 몸의 무늬가 어미와 같아진다. 100 일이 지나면 42mm가 되고, 2~3년 정도 자라야 10cm가 넘는다.

연구 1935년부터 1982년까지 모래주사는 돌마자와 구분하지 않았으나 1982년 김익수 박사와 이완옥 박사 가 돌마자를 연구하며 모래주사와 돌마자를 분명하게 구분하였다. 이 두 종은 입술에 있는 돌기 모양이 다르고, 배에 붙은 비늘에 차이가 있다. 모래주사는 입술에 돌기가 아주 작고 많으며 배에 비늘이 붙어 있 지만, 돌마자는 돌기가 크고 수가 적으며 배에 비늘이 없다.

강, 냇물	**분포** 우리나라(섬진강 수계, 낙동강 수계)	
5~10cm	**북녘 이름** 돌붙이	
4~5월	**다른 이름** 꼬막가리, 돌박지, 곱사리,	
고유종, 보호종	쓰갱이, 황둥이, 돌무거리, 돌무락지, 댕이,	
멸종위기야생동식물 2급	돌소리, 개모래미, 꼴띠기	

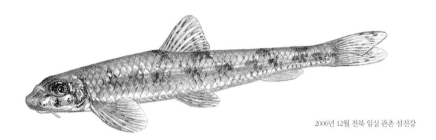

2006년 12월 전북 임실 관촌 섬진강

모래주사는 모래나 잔자갈이 깔린 곳에서 산다.

몸길이는 5~10cm이다. 10cm를 넘는 것들도 있다. 암컷이 수컷보다 조금 크다. 몸은 가늘고 길며 가로로 조금 납작하다. 주둥이는 짧고 끝이 둔하다. 입은 주둥이 아래에 있고 입술에 작은 돌기가 많은데 입 양 끝에는 오밀조밀 붙어 있다.

아래턱이 위턱보다 짧다. 아주 짧은 입수염이 있다. 몸 색깔은 등이 푸르스름한 갈색이고 배는 새하얗다. 등에 검고 큰 반점이 4~5개 있고, 몸통에는 흐리고 거뭇한 반점이 5~13개 있다. 몸 여기저기에 작고 검은 점이 있다. 옆줄은

배 쪽으로 조금 굽어 있다. 지느러미에 아주 작은 점이 점선 무늬를 이룬다. 꼬리지느러미는 깊게 갈라졌다. 등지느러미 연조 7개, 뒷지느러미 연조 6개, 옆줄 비늘 38~41개, 척추골 37개이다.

돌마자

Microphysogobio yaluensis

돌 위에 잘 붙어 있다고 '돌마자'라고 한다. 돌 위에서 꼼짝 않고 가만히 쉴 때가 잦다. 그러다 놀라면 눈 깜짝할 사이에 다른 돌 위로 달아난다. 몸이 모래 색깔과 비슷하고 점이 많아서 모래 위에 가만히 있으면 잘 안 보인다. 모래무지처럼 모래를 파고들어 숨기도 한다. 모래무지와 닮았지만 몸집이 훨씬 작다. 돌마자는 물이 맑은 냇물이나 강에서 산다. 물살이 느리고 돌이나 모래가 깔린 곳을 좋아한다. 입에 올록볼록한 돌기가 있어서 돌에 붙은 돌말을 잘 먹는다. 바닥에 닿을 듯이 헤엄치면서 수서 곤충을 잡아먹기도 한다. 알은 5~7월에 낳는데 이때 수컷은 가슴지느러미와 몸통이 까매진다. 주둥이 위아래와 가슴지느러미에 돌기가 돋는다. 한낮에 암수가 열 마리쯤 떼를 지어 다니면서 알을 낳는다.

돌마자는 토박이 이름이 많다. 강원도에서는 잡아 놓으면 금방 죽고 썩는다고 '썩어뱅이'라고 한다. 배가 통통하다고 전라도에서는 '배보'나 '배불탱이'라고 한다. 배가 까맣다고 충청도에서는 '똥마주'라고 한다. 우리나라 고유종으로 서해와 남해로 흐르는 하천에 분포한다. 예전에는 아주 흔했는데 요즘에는 사람들이 냇물에서 모래를 많이 퍼 가서 점점 줄어들고 있다.

알 낳기와 성장 알은 5~7월에 물풀에 낳는다. 암컷은 몸집에 따라서 알을 300~1200개 낳는다. 알은 지름이 0.5mm쯤이고 하루가 지나면 새끼가 깨어난다. 새끼는 0.7mm이고, 4일이 지나면 배에 달고 있던 노른자위가 다 흡수된다. 6일 뒤면 먹이를 먹기 시작한다. 30일 정도 커야 몸에 어미처럼 검은 점이 생긴다. 1년이면 5~6cm, 3년 자라면 10cm 정도 된다.

산골짜기, 냇물, 강

5~10cm

5~7월

고유종

분포 우리나라, 북한

북녘 이름 압록강돌부치, 돌모래치

다른 이름 돌매자, 돌모래무지, 똥마주, 돌바가,
썩어뱅이, 뚜꾸, 쓰갱이, 배불뚜기

2004년 7월 경기도 연천 동막계곡

몸길이는 5~10cm이다. 몸이 길고 가늘다.
몸 색깔은 푸르스름한 밤색인데 머리와 등은
옅고 배는 하얗다. 주둥이는 짧고 뭉툭한데
아래에 입이 있다. 윗입술에는 오돌토돌한
돌기가 있다. 짧은 입수염이 1쌍 나 있다.

배가 납작하고 평평하며 비늘이 없다.
몸에 자잘한 검은 점이 많다. 등에 콩알만 한
검은 반점이 8개쯤 줄지어 나 있다. 등지느러미와
꼬리지느러미에도 작고 검은 점이 많이 있는데
줄지어 있어서 줄무늬를 3~4개 이룬다.

옆줄은 뚜렷하고, 위아래로 까만 줄이 2개 있다.
등지느러미 연조 7~8개, 뒷지느러미 연조 6개,
옆줄 비늘 34~39개, 새파 12~20개, 척추골 35~37개이다.

여울마자

Microphysogobio rapidus

여울에 산다고 '여울마자'라는 이름이 붙었다. 모래와 자갈이 깔리고 물이 빠르게 흐르는 곳에서 산다. 돌마자와 닮았고 같은 곳에서 함께 살기도 하는데, 여울마자는 아주 귀하고 드물다. 몸 가운데 굵은 노란색 띠가 가로로 나 있고, 가슴지느러미와 배지느러미가 조금 붉다. 여울마자의 생태에 대해서는 알려지지 않았고 자세한 연구가 필요하다.

우리나라에만 사는 고유종이다. 1999년에 낙동강에서 채집하고 분류하여 새로운 종으로 발표했다. 낙동강이 흐르는 경상북도 문경, 구미, 예천, 안동 지역에 분포한다. 우리나라 환경부에서 '멸종위기야생동식물 1급'으로 지정하여 보호하고 있다.

 강, 냇물

 5~10cm

고유종, 보호종

멸종위기야생동식물 1급

분포 우리나라(낙동강 수계)

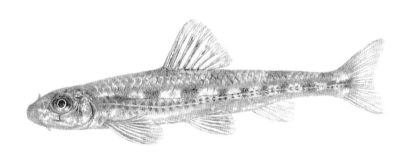

2013년 4월 경남 함양 경호강

몸길이는 5~10cm이다. 몸은 길고 가로로
조금 납작하다. 주둥이는 짧고 끝이 둔하다.
입은 주둥이 아래에 있고 입술에 돌기가 있다.
입가에 아주 짧은 수염이 1쌍 있다.
옆줄은 잘 보이고 배 쪽으로 굽어 있다.

등지느러미와 꼬리지느러미에
아주 작은 점이 희미한 줄무늬를 이룬다.
꼬리지느러미는 깊게 갈라졌다.
등지느러미 연조 7개, 뒷지느러미 연조 6개,
옆줄 비늘 39~42개, 척추골 37~40개이다.

됭경모치

Microphysogobio jeoni

됭경모치는 돌마자와 닮았는데, 몸 색깔이 훨씬 흐리고 몸통이 날씬하다. 강과 냇물 중하류 모래가 깔린 곳에서 산다. 바닥에서 헤엄치고 모래에 잘 붙어서 쉰다. 미생물, 작은 갑각류, 실지렁이, 물속에 사는 수서 곤충을 잡아먹는다.

우리나라에만 사는 고유종이다. 낙동강과 이 강으로 흘러드는 지류에 가장 흔하다. 금강, 한강, 임진강과 이 강들로 흘러드는 냇물에도 분포한다. 북한에도 서식한다.

알 낳기와 성장 알은 5~7월에 낳는다. 새끼는 1년 자라면 4~5cm에 이르고, 2년이면 6~7cm가 된다. 3년이면 8~10cm로 자란다.

강, 냇물
7~10cm
5~7월
고유종, 보호종
(서울시 지정)

분포 우리나라, 북한

다른 이름 황둥이, 돌무거리, 돌무락지, 댕이, 황등어, 개모래미, 꼴띠기

2007년 10월 금강 하구

몸길이는 7~10cm이다. 몸은 가늘고 길다. 꼬리로 갈수록 세로로 조금씩 납작해진다. 주둥이는 끝이 둔하다. 콧구멍 앞이 조금 오목하게 들어가 있다. 눈은 크다. 입은 주둥이 아래에 있고, 아래턱이 위턱보다 짧다. 윗입술에는 돌기가 있다.

짧은 입수염이 1쌍 있다. 등은 푸른빛이 조금 도는 갈색이고 배는 은백색이다. 등에 있는 비늘 가장자리에는 작고 검은 점들이 마름모꼴 무늬를 이룬다. 옆줄 위아래로 짙은 점이 마주 보며 나 있다. 옆줄 위에 길쭉한 갈색 점이 7~11개 줄지어 있다.

등지느러미와 꼬리지느러미에 아주 작은 점이 희미한 줄무늬를 이룬다. 꼬리지느러미는 깊게 갈라졌다. 등지느러미 연조 7개, 뒷지느러미 연조 6개, 옆줄 비늘 36~39개, 새파 13~17개, 척추골 33~35개이다.

배가사리

Microphysogobio longidorsalis

배가사리는 맑고 깨끗한 물이 흐르는 냇물이나 산골짜기에 산다. 바닥에 모래와 자갈이 깔려 있고 물살이 센 여울에서 산다. 돌에 붙어 있는 돌말과 작은 물벌레를 먹고 모래에서 유기물을 걸러 먹는다. 돌마자와 닮았는데 몸집이 훨씬 크고 몸통이 두툼하다. 등지느러미가 크고 넓으며 가장자리가 불룩하다.

알은 5~7월에 낳는다. 이때 수컷은 몸이 검어진다. 지느러미 가장자리는 붉게 바뀌고 특히 등지 느러미 가장자리는 아주 붉은 색깔을 띠며 커진다. 주둥이에는 오돌토돌한 돌기가 아주 많이 솟아나고 가슴지느러미에도 돌기가 돋아난다. 산란기가 지나면 혼인색과 돌기는 사라진다. 알을 낳을 때는 수십 마리가 떼로 모여든다. 겨울에도 떼로 모여 지낸다.

배가사리는 우리나라에만 사는 고유종이다. 한강과 임진강, 금강 상류와 이 강들로 흘러드는 크고 작은 지류에 산다. 한강 지류인 홍천강, 내촌천, 평창강, 섬강에는 흔하지만, 금강과 그 지류에서는 아주 드물다. 북한에 있는 대동강에도 분포하는데, 이름을 '큰돌붙이'라고 한다.

알 낳기와 성장 알은 5~7월에 낳는다. 새끼는 1년 동안 자라면 4~7cm, 2년이면 7~11cm로 자란다. 3년 정도 지나면 11cm로 큰다. 2년 정도 자라야 알을 낳을 수 있다.

산골짜기, 냇물, 강

8~15cm

5~7월

고유종

분포 우리나라, 북한

북녘 이름 큰돌붙이

다른 이름 돌박이, 돌배, 돌나리, 돌마개, 돌치, 썩은돌나리, 썩으배

2007년 2월 경기도 양평 흑천

배가사리는 입이 주둥이 아래쪽에 있고 밑을 보고 벌어진다. 입술에 작은 돌기가 잔뜩 나 있다.

몸길이는 8~15cm이다. 등은 진한 밤색이고 배는 하얗다. 주둥이는 튀어나왔는데 끝이 둥그스름하다. 입이 주둥이 밑에 있는데 말발굽처럼 생겼다. 아래턱이 위턱보다 짧다. 입가에 아주 짧은 수염이 1쌍 있다. 몸통에 희미한 갈색 줄무늬가 있다. 몸통에 진한 갈색 점이 8~9개가 나란히 박혀 있다. 등지느러미가 큰데 가장자리가 불룩하다. 각 지느러미에 작고 검은 점이 쭉 박혀 있어서 줄무늬처럼 보인다. 옆줄에 가늘고 까만 점줄이 나 있다.

등지느러미 연조 7개, 뒷지느러미 연조 5~6개, 옆줄 비늘 40~41개, 새파 8~11개이다.

두우쟁이

Saurogobio dabryi

두우쟁이는 큰 강에서 산다. 모래무지와 닮았는데 몸이 훨씬 길다. 등지느러미 뒤부터 몸이 아주 날씬하고 길다. 모래가 깔린 큰 강 바닥에서 헤엄친다. 작은 게와 새우, 물벌레를 잡아먹고 돌에 붙은 돌말도 먹는다.

추운 겨울에는 강어귀에서 지낸다. 임진강에 사는 두우쟁이는 강화도 바다까지 가서 겨울을 난다. 알을 낳는 4월, 곡우 때 강을 거슬러 올라온다. 떼를 지어 강을 오르는데 냇물까지 오기도 한다. 임진강에 사는 두우쟁이는 강화도에서 강을 거슬러 올라 경기도 연천군 전곡까지 오기도 한다. 임진강 어부들은 두우쟁이를 '미수개미'라고 한다. 어부들에 따르면 해마다 잡히는 양이 다르다고 한다. 성질이 급해서 잡아 놓으면 금방 죽는다.

우리나라 서해로 흐르는 강과 강어귀에 산다. 한강, 금강, 임진강에서 사는데, 한강과 금강에서는 보기가 어려워졌다. 한강은 물이 더러워졌고, 금강은 하구에 둑을 쌓아 물길이 막혔다. 임진강은 강어귀에 하구둑이 없고, 물이 맑아서 아직 흔하다. 북한에 있는 압록강과 대동강, 청천강, 예성강에도 산다. 북녘에서는 '생새미'라고도 하고 '두루치'라고도 한다. 중국, 베트남, 러시아 시베리아에도 분포한다.

알 낳기와 성장 알은 4월에 낳는데, 물풀에 붙인다. 알을 낳기 적당한 수온은 12~20℃다. 암컷은 알을 2만~3만 개 낳는다. 알은 지름이 2.3~3mm이고, 3일이 지나면 깨어난다. 새끼는 2년 정도 지나면 알을 낳을 수 있을 만큼 자란다.

〰	강	**분포** 우리나라, 북한, 중국, 러시아, 베트남
⬌	20~25cm	**북녘 이름** 생새미, 두루치
✿	4월	**다른 이름** 미수개미, 공지, 미수감미어, 여울매자, 사침어

2005년 4월 경기도 연천 임진강

몸길이는 20~25cm이다. 몸은 가늘고 길다. 특히 등지느러미 뒤가 길다. 등은 푸른 갈색이고 배는 은백색이다. 옆구리에 거무스름한 반점이 여러 개 줄지어 나 있다. 수컷이 암컷보다 아가미뚜껑 아래쪽에 보라색 줄무늬가 강하다.

아가미뚜껑에 세모진 검은 점무늬가 있다. 옆줄을 따라서 검은 반점이 있다. 몸통에 눈알만 한 검은 반점이 여러 개 있다. 주둥이는 길고 끝이 뭉툭하다. 입가에 수염이 1쌍 있다.

등지느러미 연조 8개, 뒷지느러미 연조 6개, 옆줄 비늘 49~51개, 새파 13~15개, 척추골 43~45개이다.

황어

Tribolodon hakonensis

황어는 일생을 대부분 바다에서 살다가 이른 봄에 알을 낳으러 강을 거슬러 오른다. 이때 암 컷과 수컷 모두 몸통과 지느러미에 불그스름하며 샛노란 띠가 여러 개 나타난다. 그래서 누런 물 고기라는 뜻으로 이름이 '황어'다. 수컷 띠가 더 진하고, 머리와 아가미, 지느러미까지 샛노랗게 바뀐다. 수컷은 머리 위와 등에 점처럼 생긴 하얀 돌기가 잔뜩 생긴다. 암컷은 돌기가 거의 없다. 봄에 물이 맑은 강 하류 웅덩이가 진 깊은 곳에서 볼 수 있다. 때로는 무리를 지어 여울에서 이리 저리 헤엄을 친다. 잡식성으로 수서 곤충, 어린 물고기, 물고기의 알, 새우 같은 갑각류, 조개, 물 풀, 풀씨를 먹는다. 수면으로 떨어지는 곤충도 먹는다. 황어와 연어처럼 바다와 하천을 오가는 물 고기를 '회유성 어류'라고 한다.

알은 3~5월에 낳는다. 이때 수천 마리가 떼로 강을 오른다. 깊이가 20~70cm가 되는 얕은 곳, 자 갈과 모래가 깔린 거친 여울에서 밤에 알을 낳는다. 암컷과 수컷이 떼로 모여 알을 낳는데, 알은 돌과 모래에 엉겨 붙는다. 어미들은 알을 낳느라 온몸이 돌에 부딪혀 상처가 난 채로 죽는다. 새 끼는 강에서 태어나 바다로 내려가서 3~4년을 살다가 강으로 돌아온다.

황어는 바다에서 가을부터 봄까지 고기 떼가 다니는 길목에 쳐 놓은 그물에 걸리거나 낚시에 잡히는데, 한 겨울이 제철이고 맛이 가장 좋다. 우리나라 동해와 남해로 흐르는 크고 작은 하천 에서 알을 낳는다. 황어가 오는 남해로 흐르는 강은 섬진강(화개, 구례, 곡성)과 낙동강(하단, 물 금, 삼랑진)이다. 섬진강에서는 매화가 필 무렵에 황어가 강으로 올라온다고 한다. 요즘에는 강을 막은 댐과 커다란 보가 많아 황어가 알을 낳으러 상류까지 오르기 어렵다.

알 낳기와 성장 봄 중에서 수온이 11~17℃일 때 강을 오른다. 큰 무리를 이루지만 알을 낳을 때는 암컷 한 마리와 수컷 여러 마리가 어울린다. 알은 수온 15℃에서 5일, 10℃에서 13일이면 새끼가 깨어난다. 새끼는 13 일이 지나면 11mm로 자란다. 만 1년이면 10~13cm, 2년이면 16~20cm, 30cm가 넘게 크려면 4년 이상 걸린다.

강, 바다, 강어귀   **분포** 우리나라, 북한, 일본, 러시아(연해주, 사할린)

25~40cm   **북녘 이름** 붉은황어, 황예, 붉은직

3-5월   **다른 이름** 물황어, 황어사리, 황고기, 항어, 졸황어,
밀황어, 밀아, 밀하

2007년 4월 경북 울진 왕피천

몸길이는 25~40cm이다. 큰 것은 45cm가 되기도
한다. 암컷이 수컷보다 훨씬 크다. 몸은 길며
세로로 조금 납작하다. 주둥이는 길고 뾰족하다.
입술은 비스듬히 위를 본다. 아래턱이 위턱보다
짧다. 눈은 작고 머리 가운데 있다.

등은 짙푸른 갈색이거나 누런 갈색이고
배는 은백색이다. 옆줄은 뚜렷하고 배 쪽으로 휘어
꼬리자루까지 이어진다. 꼬리지느러미는 깊이
갈라진다.

등지느러미 연조 7개, 뒷지느러미 연조 7~8개,
옆줄 비늘 76~89개, 새파 14~16개,
척추골 43~46개이다.

연준모치

Phoxinus phoxinus

연준모치는 산골짜기 맑은 여울에서 산다. 강원도 몇몇 산골짜기에만 살아서 아주 드물다. 금강모치와 함께 살기도 하는데, 금강모치보다 드물고 더 귀하다. 물살이 아주 센 여울 아래 소에서 떼로 헤엄쳐 다닌다. 이리저리 재빠르게 헤엄치면서 쉴 새 없이 왔다 갔다 한다. 옆새우나 작은 물벌레나 물이끼를 먹고 산다.

4~5월에 알을 낳는다. 수컷은 몸통이 노랗게 바뀌고 배, 가슴, 뒷지느러미가 빨개지며 입술은 연지를 칠한 것처럼 새빨개진다. 아가미뚜껑 끝은 새파래진다. 수컷과 암컷 모두 주둥이에 좁쌀만 한 돌기가 돋아난다. 암컷 한 마리를 수컷 여러 마리가 쫓아다니며 떼로 헤엄치다가 자갈을 파고 들어가 알을 돌에 붙인다. 여름에는 무리를 지어 살고 날이 추워지면 바위 밑이나 물가 돌 밑에서 겨울을 난다.

우리나라 동해로 흐르는 냇물에서 산다. 수온이 23℃ 아래인 찬물에서만 산다. 강원도 삼척 오십천, 남한강 상류에 분포하고 북한에는 압록강, 대동강, 성천강, 두만강에도 있다. 중국, 러시아 시베리아, 유럽에서도 볼 수 있는데 추운 지역에서만 산다. 우리나라는 전 세계에서 연준모치가 분포하는 남쪽 한계 지점이다.

알 낳기와 성장 알은 4~5월에 낳는다. 암컷은 알을 3000~4000개 낳는다. 알은 5~6일이 지나면 깨어난다. 새끼는 2년 정도 자라면 알을 낳을 수 있다.

산골짜기

6~8cm

4~5월

분포 우리나라, 북한, 중국, 러시아, 유럽

북녘 이름 모치, 연문모치, 연지모치, 패랭이, 오리고기, 수수고기

다른 이름 가물떼기, 챙피리

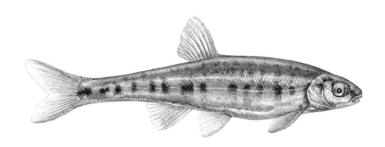

2007년 1월 강원도 평창 창리천

몸길이는 6~8cm이다. 몸집이 작고 짧다. 등이 푸르스름한 밤색이고 배는 하얗다. 몸통이 세로로 조금 납작하고 배는 통통하다. 주둥이는 뭉툭하다. 입이 작고 위턱이 아래턱보다 길어 조금 튀어나왔다. 눈도 작다. 눈두덩과 아가미가 샛노랗다. 꼬리자루 부분은 옆줄이 잘 안 보인다. 옆줄 위에 샛노란 줄이 하나 쭉 나 있다. 몸통에 거무스름한 반점 14~17개가 나란히 박혀 있다. 비늘이 아주 잘고 잘 벗겨진다. 꼬리지느러미는 깊게 갈라졌다. 등지느러미와 뒷지느러미 연조 7개, 옆줄 비늘 71~90개, 새파 7~10개, 척추골 40개이다.

버들치

Rhynchocypris oxycephalus

버들잎처럼 생겼다고 '버들치'라고 한다. 우리나라 산골짜기 어디나 흔해서 토박이 이름이 많다. 사람 발길이 뜸한 산골짜기에서 사는데 절에 사는 스님들처럼 온순하다고 '중태기'나 '중피리'라고 한다. '버드쟁이'나 '돌피리'라고도 하고, 제주도에서는 '메옹이'라고 부른다.

산골짜기와 맑은 물이 흐르는 계곡에서 많이 산다. 여울에서 수십 마리가 떼로 모여 줄줄이 헤엄쳐 다닌다. 무엇에 놀라면 흩어져 가랑잎이나 돌 밑에 들어가 숨는다. 밖이 잠잠해졌다 싶으면 하나둘 다시 모여든다. 물속 돌이나 가랑잎을 주둥이로 뒤적거리면서 하루살이 애벌레, 강도래 애벌레, 깔따구 애벌레나 옆새우를 잡아먹는다. 날벌레를 잡아먹기도 하고 돌에 붙은 물이끼도 먹는다.

알은 4~7월 사이에 낳는다. 이때 수컷 머리에 아주 작은 돌기가 생긴다. 모래와 자갈이 깔린 웅덩이에 암컷과 수컷이 떼로 모여서 알을 낳는다. 알은 물살을 따라 바닥에 고루 퍼져 돌이나 가랑잎에 붙는다. 새끼는 물살이 잔잔한 물가에서 자란다. 버들치는 맑고 차가운 물을 좋아해서 추운 겨울에도 아랑곳하지 않고 헤엄쳐 다닌다.

알 낳기와 성장 알은 4~7월에 낳는다. 암컷은 알을 1000~2500개 낳는다. 알 지름은 1.7~2mm, 노른자위 지름은 1.1~1.4mm이다. 새끼는 1년이 지나면 5~6cm로 자란다. 2년이면 8~10cm로 크고 알을 낳을 수 있다. 3년을 자라면 12~14cm가 된다.

분포 우리나라 전국에 널리 산다. 제주도와 거제도 같은 몇몇 섬에서도 볼 수 있다. 중국 북동부, 러시아 연해주, 일본 남부에도 분포한다.

산골짜기

10~15cm

4~7월

분포 우리나라, 북한, 중국, 일본, 러시아 연해주

북녘 이름 버들치, 중국모치, 중타래, 중걸대, 버드락지

다른 이름 버드쟁이, 버드랑치, 버들피리, 중태기, 중피리, 돌피리, 똥피리, 메옹이

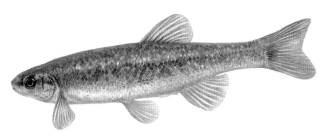

2004년 11월 경기도 양평 문호천

몸길이는 10~15cm이다. 몸이 가늘고 길며 앞쪽은
통통하고 뒤쪽은 세로로 조금 납작하다.
몸통은 밤색이고 자잘한 검은 점이 많이 나 있다.
등은 진하고 배는 하얗다. 입은 비스듬히 위를 보고
있다. 눈이 크다. 주둥이부터 꼬리지느러미까지

검은 띠가 하나 쭉 있다. 비늘이 아주 잘다.
등지느러미와 뒷지느러미 연조 6-7개, 옆줄 비늘
72-78개, 새파 5-7개, 척추골 40~42개이다.

버들개

Rhynchocypris steindachneri

버들개는 버들치와 아주 많이 닮아서 두 종을 가려내기가 쉽지 않다. 몸통과 머리가 버들치보다 가늘고, 몸통에 검은 줄이 버들치보다 굵고 뚜렷하게 있다. 사는 곳에 따라서 줄이 희미하기도 하고 뚜렷하기도 하다. 비늘 크기는 버들개가 훨씬 작다. 버들개는 사는 곳이 드문데, 동해안으로 흐르는 산골짜기와 냇물에 살고, 서해로 흐르는 한강 최상류에도 산다. 동해안 북쪽 강릉, 고성, 속초, 양양 등지에 주로 분포한다.

맑고 차가운 물이 흐르고 물살이 별로 안 센 여울에서 헤엄쳐 다닌다. 큰 놈과 작은 것들이 떼로 어울린다. 하루살이 애벌레, 강도래 애벌레, 깔따구 애벌레, 옆새우, 날벌레를 잡아먹고 물고기 알도 주워 먹는다. 돌말과 물풀의 눈과 씨를 먹는다.

알 낳기와 성장 알은 4~6월에 낳는다. 알은 돌에 붙는다. 수온 10~16℃가 알을 낳기에 적당하다. 알은 5일이 지나면 새끼가 깨어난다. 새끼는 2개월이 지나면 7~24mm가 되고, 17mm로 자라면 지느러미가 모양을 갖춘다. 3cm까지 자라면 몸통에 갈색 반점이 나타난다. 만 1년이 지나면 6~7cm로 크고, 2년 정도면 10cm가 된다.

산골짜기

12cm

4-6월

분포 우리나라, 북한, 중국, 일본, 러시아 연해주

북녘 이름 동북버들치, 버들개, 버드락지

다른 이름 버들각시, 버들갱, 용고기, 쇠피리, 배드리, 버들치기, 버들마치, 버들무치

2006년 10월 경북 경주 안강 형산강 지류

몸길이는 12cm쯤이다. 몸은 가늘고 길며 세로로
약간 넙적하다. 주둥이는 끝이 뾰족하며, 아래턱이
위턱보다 약간 짧다. 몸 색깔이 황갈색이지만
버들치보다 황색이 옅다. 몸의 무늬는 변이가 심하나
몸통에 작고 검은 점이 흩어져 있고,

몸통을 가로지르는 검은 줄무늬가 꼬리까지
이어져 있다. 지느러미는 투명하다.
등지느러미 연조 7개, 뒷지느러미 연조 7개,
옆줄 비늘 80~88개, 척추골 41~42개다.

금강모치

Rhynchocypris kumgangensis

금강산에서 처음 찾았다고 '금강모치'라고 한다. 큰 바위가 수두룩한 깊은 산골짜기 아주 맑고 차가운 물에서만 산다. 물이 콸콸 쏟아지는 웅덩이에서 열 마리쯤 떼를 지어 이리저리 헤엄쳐 다니고 돌 틈이나 큰 바위 밑으로 잘 숨는다. 환히 들여다보이는 물속에서 헤엄치면 몸이 반짝반짝거린다. 버들개와 생김새가 닮았는데, 몸집이 작고 등지느러미에 까만 줄이 하나 있다.

금강모치는 작은 물벌레나 새우 따위를 잡아먹고 물이끼도 먹는다. 알은 4~5월에 낳는다. 수컷 몸통에 귤색 줄무늬가 진해지고 배에도 하나 생긴다. 수컷이 떼 지어 암컷을 쫓아다닌다. 암컷과 수컷이 실타래처럼 떼로 어울려 자갈 밑을 들쑤시면서 파고 들어가 알을 낳는다. 알은 서로 붙기도 하고 자갈에도 잘 붙는다.

금강모치는 우리나라 고유종으로 아주 드물고 귀하다. 사람의 간섭이 적고 숲이 훼손되지 않은 곳, 강원도 깊은 산골짜기와 전라도 금강 상류에서만 산다. 전라북도 무주 구천동에 사는 금강모치는 물이 더러워지면서 많이 줄어들었다. 압록강과 대동강에도 사는데, 북한에서는 금강모치를 '천연기념물 제510호'로 정해서 보호하고 있다.

알 낳기와 성장 알은 4~5월에 낳는데 동그랗고 노랗다. 서로 잘 붙고 자갈에도 잘 붙는다. 알은 지름이 2.2mm다. 5일이 지나면 새끼가 깨어난다. 새끼는 5.3mm이고, 10일이 지나면 1cm로 자라며 헤엄칠 수 있다. 1년 자라면 5cm, 2년이면 7~8cm로 큰다.

분포 우리나라에만 사는 고유종으로 그 수가 매우 적다. 강원도 인제나 양양, 평창, 정선 등 한강 최상류와 설악산, 금강 최상류인 전라도 무주 구천동 계류에서만 산다. 동해로 흐르는 하천과 북한에 있는 금강산 골짜기, 압록강과 대동강 최상류에도 분포한다.

산골짜기	**분포** 우리나라, 북한	
7~8cm	**북녘 이름** 금강모치, 금강뽀돌개, 연지모치, 수땅버들치	
4~5월	**다른 이름** 산버들치, 용버들쟁이, 산피리, 버들피리,	
고유종	버드랑치	

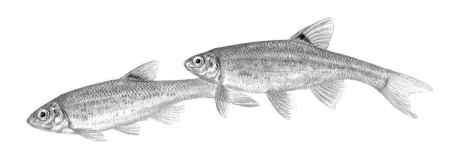

2004년 6월 강원도 양양 송천 산골짜기

몸길이는 7~8cm이다. 몸은 길고 납작하다. 몸은
노란데 등은 누런 갈색이다. 배는 하얗다. 주둥이는
뾰족하고 눈이 크다. 등지느러미에 까만 줄무늬가
또렷하게 나 있다. 몸에 작은 비늘이 덮여 있다.
몸통에는 굵고 아주 진한 귤색 줄이 하나 있다.

지느러미는 조금 노랗다. 가슴지느러미는 귤색이다.
등지느러미 연조 7개, 뒷지느러미 연조 7~8개,
옆줄 비늘 59~66개, 새파 7~9개, 척추골 42~44개이다.

왜몰개

Aphyocypris chinensis

　왜몰개는 '작은 몰개'라는 뜻이다. 이름과는 달리 몰개 무리와 생김새가 안 닮았다. 몸통이 통통한 몰개 무리와 달리 왜몰개는 납작하고 입수염이 없다. 사람들은 사는 곳이 비슷하고 몸집이 작아서 왜몰개와 송사리를 많이 헷갈린다. 송사리보다는 왜몰개 몸집이 크다. 북녘에서는 눈이 크다고 '눈달치'라고 한다.

　냇물이나 논도랑에 살고 물이 고여 있는 저수지나 늪에서도 산다. 물살이 없거나 느리고 말즘이나 붕어말 같은 물풀이 수북하게 난 곳에서 떼 지어 헤엄쳐 다닌다. 송사리처럼 모기 애벌레인 장구벌레를 잘 잡아먹는다. 다른 작은 물벌레도 잡아먹고 물풀도 먹는다. 수면 위로 조금 뛰어올라서 파리, 모기, 하루살이 같은 날벌레를 잡아먹기도 한다.

　옛날에는 우리나라 어느 곳에나 아주 흔했는데, 요즘에는 점점 줄어들고 있다. 사람들이 물길을 막는다고 논도랑에 나는 물풀을 거두기 때문이다. 논에 농약과 비료를 많이 치고 농사짓기 쉽게 논을 반듯하게 한다고 논도랑을 파헤쳐서 서식지를 잃고 있다. 일본에서는 우리나라보다 왜몰개가 더 드물어져서 법으로 정해 보호하고 있다.

알 낳기와 성장　알은 5~6월에 물풀에 붙이며 낳는다. 3~4일이 지나면 알에서 새끼가 깨어난다. 새끼는 3mm쯤 된다. 1년 자라면 4~5cm가 되고, 알을 낳을 수 있다.

논도랑, 냇물, 저수지, 늪　**분포** 우리나라, 북한, 중국, 일본, 대만

4~6cm　**북녘 이름** 눈달치, 농달치, 농뚜치

5~6월　**다른 이름** 용달치

2007년 3월 전북 군산 미성동 논도랑

몸길이는 4~6cm이다. 몸이 세로로 납작하다.
입은 크고 아래턱은 위턱보다 길다. 입이 위로
벌어진다. 눈이 크다. 등은 연한 밤색이고
배는 하얗다. 몸통에 굵은 갈색 띠가 아가미부터
꼬리까지 쭉 나 있다. 등지느러미와 꼬리지느러미는
어두운 색이고 다른 지느러미는 투명하다.
옆줄은 4~9번째 비늘까지 아래로 굽어지다가
그 뒤로는 잘 안 보인다.
등지느러미 연조 7개, 뒷지느러미 연조 6~7개,
옆줄 비늘 31~34개, 새파 6~10개, 척추골 33~36개이다.

갈겨니

Zacco temminckii

갈겨니는 눈이 크다고 '눈검쟁이', 피라미와 닮았다고 '참피리'라고도 한다. 피라미보다 눈이 훨씬 크고 몸통에 검고 굵은 줄이 또렷한 것이 다르다. 피라미는 물이 더러워져도 잘 살지만 갈겨니는 못 산다. 예전에는 아주 흔했지만 요즘에는 숫자가 많이 줄었다.

산골짜기나 냇물에서 살고, 맑은 물이 흐르는 강에서도 산다. 여울에서 물살을 가르며 헤엄치고 물살이 느린 곳도 좋아한다. 깔따구 애벌레 같은 작은 물벌레를 잡아먹거나 돌에 붙은 돌말을 먹는다. 한여름에는 곧잘 물을 차고 뛰어올라서 날아다니는 하루살이나 잠자리 같은 날벌레를 잘 잡아먹는다. 알은 6~8월 사이에 낳는다. 수컷은 배가 빨개지고 눈도 빨개진다. 암컷과 수컷이 떼를 지어 헤엄치며 모래와 잔자갈이 깔린 여울 바닥을 파헤치면서 알을 낳는다.

갈겨니는 피라미보다 차고 맑은 물을 더 좋아한다. 옛날에는 냇물과 강에 피라미보다 갈겨니가 훨씬 더 흔했다. 요즘은 냇물에 보나 둑을 쌓고 물길을 막으면서 줄어들었다. 또 농약과 비료를 많이 뿌리고, 공장 폐수와 생활 하수로 하천이 오염되면서 더 줄어들고 있다. 우리나라 남부 지방에 있는 영산강, 동진강, 섬진강, 탐진강, 낙동강과 이 강들로 흘러드는 하천에 산다.

알 낳기와 성장 6~8월에 알을 낳는다. 알은 5일이 지나면 새끼가 깨어난다. 새끼는 1년 자라면 6~7cm가 되고, 2년이면 10~12cm가 된다. 3년을 자라면 14cm 이상 큰다.

혼인색 산란기에 수컷은 배가 빨개지고 등은 짙푸른 색이 된다. 눈동자 바로 위에 붉은 반점이 생긴다. 입 둘레에 우둘투둘한 돌기가 잔뜩 돋아나고 뒷지느러미가 길어진다. 꼬리지느러미를 뺀 나머지 지느러미는 누렇고 검게 변한다.

산골짜기	**분포** 우리나라, 일본
10~17cm	**북녘 이름** 갈겨니, 불지네
6~8월	**다른 이름** 눈검쟁이, 눈검지, 참피리, 괴리, 개리, 왕등어

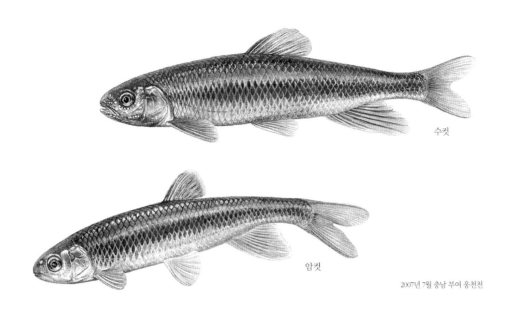

수컷

암컷

2007년 7월 충남 부여 웅천천

맑은 물이 흐르는 산골짜기에서 헤엄치는 갈겨니

몸길이는 10~17cm이다. 몸은 세로로 납작하고 길다. 머리가 크고 눈도 크다. 입은 짧고 끝이 조금 뭉툭하며 위를 보고 있다. 위턱이 아래턱보다 길다. 등은 푸른빛이 도는 밤색이고 배는 노랗다. 몸통에 아가미 뒤부터 꼬리지느러미까지 굵고 거무스름한 줄이 쭉 나 있다.

등지느러미 연조 7~8개, 뒷지느러미 9~10개, 옆줄 비늘 48~52개, 새파 9~11개, 척추골 42~45개이다.

참갈겨니

Zacco koreanus

참갈겨니는 갈겨니와 거의 똑같이 생겼는데 몸집이 조금 더 크다. 두 종을 얼핏 보고 구분하기는 쉽지 않다. 참갈겨니는 갈겨니보다 몸이 노랗고 눈에 빨간 점도 없다. 참갈겨니는 우리나라 동해로 흐르는 냇물을 비롯한 전국 곳곳에 사는데, 갈겨니는 우리나라 남부 지역에만 분포한다. 두 종이 같은 곳에서 살기도 하지만, 참갈겨니는 여울을 더 좋아하고 갈겨니는 물살이 느린 곳에서 생활한다.

참갈겨니는 수서 곤충과 부착 조류를 먹고, 수면 위로 뛰어올라 날벌레도 잡아먹는다. 생태와 습성은 갈겨니와 비슷하다. 알은 6~8월에 낳는다. 수컷은 혼인색을 띠어 노랗게 바뀌고 배 밑만 조금 빨개진다. 뒷지느러미와 꼬리지느러미도 샛노래진다. 뒷지느러미는 길어진다. 주둥이에 우둘투둘한 돌기가 조금 난다. 강원도에서는 혼인색을 띤 수컷을 '불괴리'라고 하며, 암컷은 '괴리'라고 한다.

최근까지 갈겨니로 여기다가 2005년에 참갈겨니와 갈겨니 두 종으로 나누었다. 몸통에 난 비늘 수를 세로로 세어 보면 참갈겨니는 9~10개이고, 갈겨니는 11~12개다. 참갈겨니 수컷은 갈겨니 수컷과 달리 혼인색을 띠어도 눈에 빨간 점이 안 생긴다.

산골짜기

13~20cm

6~8월

고유종

분포 우리나라

북녘 이름 갈겨니, 불지네

다른 이름 산골개리, 산골부러지, 황피리,
괴리, 불괴리, 천둥불거지, 촌피래미, 산피리

암컷

수컷

2004년 7월 경기도 연천 동막계곡

몸길이는 13~20cm이다. 갈겨니보다
몸집이 큰 것들이 있다. 몸은 세로로 납작하고 길다.
주둥이 아래쪽에 있는 입이 위를 보고 있다.
머리가 크고 눈도 크다. 눈 가장자리에 붉은 점이
없다. 위턱이 아래턱보다 길다. 등은 푸른빛이 도는

밤색이고 배는 노랗다. 몸통에는 아가미 뒤부터
꼬리지느러미까지 굵고 거무스름한 줄이 쭉 있다.

피라미

Zacco platypus

피라미는 우리나라 어디에나 흔하다. 냇물에 많고 강이나 저수지에도 산다. 수십 마리가 떼를 지어 이리저리 헤엄쳐 다닌다. 돌에 붙어 있는 돌말이나 물풀을 먹고 작은 물벌레도 잡아먹는다. 물 위로 뛰어올라서 하루살이 같은 날벌레를 잡아먹기도 한다. 한여름 저물녘에 수십 마리가 뛰어올라 냇물에서 반짝거리기도 한다. 피라미는 어항에 된장을 넣어 담가두면 냄새를 맡고 잘 들어간다.

6~8월에 알을 낳는다. 수컷은 혼인색을 띠어 몸통이 파래지고 붉은 무늬가 군데군데 생기며 울긋불긋해진다. 몸빛이 달라진 수컷을 보고 '불거지'나 '비단피리'라고도 한다. 암컷은 은빛 그대로다. 물이 발목 정도 오는 얕은 물가에 암컷과 수컷이 떼로 모여든다. 모래나 잔자갈이 깔린 바닥을 뒷지느러미로 파헤치면서 알을 낳는다. 피라미 알은 모래무지, 돌고기, 참종개 같은 물고기가 주워 먹기도 한다.

피라미는 물이 조금 더러워져도 잘 산다. 사람들이 냇물이나 강에서 모래와 자갈을 퍼가고 둑을 쌓아 물길을 바꿔 놓아도 잘 적응한다. 강에 보나 댐을 쌓아 물이 고이거나 물살이 느려지면 수가 부쩍 늘어나기도 한다. 어린 피라미가 강물에 휩쓸려 바다로 떠내려가지 않기 때문이다. 동해로 흐르는 하천처럼 길이가 짧은 곳에는 피라미가 드물다.

알 낳기와 성장 6~8월에 물 깊이가 5~10cm 되고 모래나 자갈이 깔린 바닥에 알을 낳는다. 암컷 한 마리가 알을 900~2500개 낳는다. 수컷은 알자리에 정액을 뿌리면서 뒷지느러미를 부르르 떨며 바닥을 파헤치고 수정이 잘 되게 한다. 알은 3일이 지나면 깨어난다. 새끼는 1년 지나면 6~7cm로 자란다. 2년이 되면 8~11cm가 되고 알을 낳을 수 있다. 3년 이상 자라면 12cm가 넘는다.

혼인색 수컷은 혼인색이 아주 뚜렷하다. 몸 색깔이 울긋불긋해지고 아가미와 지느러미도 조금 붉어진다. 주둥이에 좁쌀만 한 돌기가 잔뜩 돋아나고 등, 가슴, 배, 뒷지느러미가 빨개진다. 뒷지느러미는 많이 길어진다.

냇물, 강, 저수지	**분포** 우리나라, 북한, 중국, 일본, 대만	
10~17cm	**북녘 이름** 행베리	
6~8월	**다른 이름** 불거지, 피리, 개리, 날피리, 갈피리, 부러지, 꽃가래, 광대피리	

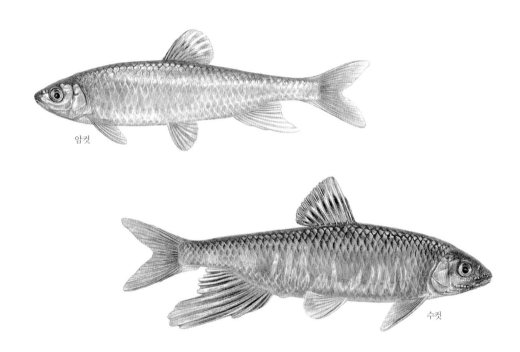

암컷

수컷

2006년 7월 경기도 연천 임진강

몸길이는 10~17cm이다. 17cm가 넘는 큰 것도 있다. 몸이 길고 날씬하다. 등은 까맣고 옅은 푸른색이다. 비늘은 잘고 고르며 하얗다. 눈에 붉은 점이 있다. 몸통에 옅은 푸른색 세로띠가 10개쯤 있다. 주둥이 끝은 뾰족하고,

입은 약간 위쪽을 보고 있다. 위턱은 아래턱보다 조금 앞으로 나와 있다. 꼬리지느러미는 제비 꼬리처럼 끝이 둘로 갈라진다. 옆줄은 몸통 아래쪽으로 길게 이어지고 가운데는 배 쪽으로 치우쳐 있다.

등지느러미 연조 7개, 뒷지느러미 9개, 옆줄 비늘 42~45개, 새파 13~16개, 척추골 40~41개이다.

끄리

Opsariichthys uncirostris amurensis

끄리는 큰 강이나 저수지에 산다. 댐처럼 물이 고여 있는 곳을 좋아한다. 강에서는 물살이 느리고 폭이 넓은 곳에 많다. 물을 차며 수면 위로 펄쩍펄쩍 잘 뛰어올라서 강원도에서는 '날치'라고도 한다. 피라미와 닮았는데 몸집이 훨씬 크다. 새끼는 피라미랑 더욱 닮았다.

끄리는 입이 크고 삐뚤빼뚤하다. 물고기를 쫓아다니면서 큰 입을 벌리고 덥석 물어서 잡아먹는다. 새끼 때는 작은 물벌레와 물풀을 먹고 다 자라면 입맛이 바뀌어 물벌레부터 물고기까지 움직이는 것은 닥치는 대로 잡아먹는다. 먹잇감으로 피라미를 아주 좋아해서 피라미 떼를 쫓아 다닌다. 그래서 끄리가 흔한 곳에는 피라미도 많다. 새우나 날벌레를 잡아먹기도 한다. 알은 5~7월에 낳는다. 물살이 세고 바닥에 자갈이 깔린 너른 여울에 낳는다. 산란기에 혼인색을 띠어 몸 색깔이 화려하게 바뀐 수컷은 '꽃날치'나 '불날치'라고 부른다.

사람들이 강에서 견지낚시로 잡고 어부들이 쳐 놓은 그물에도 잘 걸린다. 잡아 놓으면 물 밖으

2005년 11월 강원도 화천

 강, 저수지, 댐

20~40cm

5-7월

분포 우리나라, 북한, 중국, 일본, 러시아

북녘 이름 어헤, 날치

다른 이름 날치, 날피리, 어이, 치리, 꺼리, 강치리,
칠어, 꽃날치, 불날치, 꽃치리

로 마구 뛰어오르고 성질이 급해서 잘 죽는다. 우리나라의 동해로 흐르는 하천을 뺀 강과 냇물에 산다. 한강, 임진강, 금강, 만경강, 섬진강에 서식한다. 북한에는 대동강과 압록강, 삭주와 벽동에 분포한다.

알 낳기와 성장 알은 5~7월에 낳는다. 바닥에 자갈이 깔린 너른 여울에서 알을 낳는다. 알은 2~3일 지나면 새끼가 깨어난다. 새끼는 1년 자라면 10cm가 되고, 2년이면 12~15cm로 큰다. 3년이면 20cm가 넘는다. 2~3년 자라면 알을 낳을 수 있다.

혼인색 수컷은 산란기에 몸 색깔이 화려하게 바뀐다. 등은 푸른 자주색, 머리와 배는 진한 굴색으로 물든다. 지느러미도 굴색으로 바뀐다. 머리와 주둥이, 꼬리와 뒷지느러미에는 깨알만한 우둘투둘한 돌기가 돋아난다.

몸길이는 20~40cm이다. 몸은 길고 세로로 납작하다. 머리도 크고 입도 크다. 입이 삐뚤빼뚤하다. 위턱보다 아래턱이 길어서 입이 위로 벌어진다. 몸이 푸르스름한 갈색인데 등이 짙다. 배는 하얗다.

지느러미는 연한 갈색이 돈다. 옆줄은 배 쪽으로 굽어서 꼬리로 쭉 이어진다. 등지느러미 연조 7개, 뒷지느러미 연조 9개, 옆줄 비늘 46~48개, 새파 10~13개, 척추골 44개이다.

혼인색을 띤 끄리 수컷

눈불개

Squaliobarbus curriculus

눈동자 위에 커다랗고 붉은 점이 있어서 '눈불개'라는 이름이 붙었다. 북녘에서는 같은 뜻의 한자 이름으로 '홍안자'라고 한다. 중국에서는 눈이 붉은 물고기라는 뜻으로 '홍엔위(紅眼魚)'라 부르고, 일본에서는 '가와아까메(河赤眼)'로 눈이 붉은 강고기라는 뜻이다. 큰 강 하류 근처 물이 천천히 흐르는 곳에서 산다. 혼자서 지내며 물에 가만히 떠 있기를 좋아한다. 알은 6~8월에 낳는데, 이때는 무리를 지어 이리저리 헤엄쳐 다닌다. 무엇이든 잘 먹는 잡식성으로 돌말과 물풀, 수서 곤충 애벌레와 물고기 알을 먹고 산다.

눈불개는 우리 둘레에 있는 작은 강이나 냇물에서는 보기가 어렵다. 물이 깊은 강과 바다가 만나는 강어귀에서 볼 수 있다. 낚시꾼들이 '플라이 낚시'로 많이 잡고, 어부들이 쳐 놓은 그물에 잡히기도 한다. 한강, 금강과 만경강 하류에 분포한다.

성장 새끼는 1년을 자라면 1.8cm가 된다. 만 2년에 갓 성숙하여 알을 낳을 수 있는 암컷은 25.9cm, 수컷이 23.5cm이다. 3년을 자라면 30cm로 큰다.

보호 1996년 환경부에서 보호종으로 지정했으나 이후 해제되었다. 그 뒤 금강 하구를 조사 연구하던 중에 많은 수가 사는 것으로 밝혀졌다.

강, 강어귀

20~30cm

6-8월

분포 우리나라, 북한, 중국, 일본

북녘 이름 홍안자

다른 이름 농어리, 동노리, 독노리, 독준어, 동서, 동숭어, 농어리

2007년 2월 전북 전주 만경강

몸길이는 20~30cm이다. 드물게 40cm쯤 되는 것들도 발견된다. 몸은 길쭉하고 몸통은 원통형이지만 꼬리로 갈수록 납작하다. 머리는 작고 주둥이가 짧다. 입은 큰데, 위턱이 아래턱보다 조금 나온다. 입수염이 1쌍 있다. 눈은 동그랗고 크며 눈동자 위에 커다란 빨간 점이 있다. 몸 색깔은 등이 푸르스름한 갈색이고 배는 은백색이다. 비늘 가운데에 반달 모양으로 까만 점이 있어 가로로 긴 줄이 7~8개가 있어 보인다. 등지느러미와 꼬리지느러미는 잿빛이고 다른 지느러미는 투명하다. 꼬리지느러미는 깊이 갈라진다. 옆줄은 배 쪽으로 굽어서 꼬리자루로 이어진다. 등지느러미 연조 7개, 뒷지느러미 연조 6-7개, 옆줄 비늘 47~48개, 새파 14개, 척추골 45~46개이다.

강준치

Erythroculter erythropterus

강준치는 큰 강이나 댐에서 산다. 아주 깊은 냇물에도 사는데 물살이 느린 곳을 좋아한다. 강물 위쪽에서 떼로 헤엄을 치다가 수면 위로 뛰어오르기도 한다. 작은 물고기, 작은 게나 새우, 물벌레를 잡아먹는다. 물이 조금 더러워져도 잘 견딘다. 5~7월에 알을 낳는다. 강어귀로 내려가서 알을 낳으며 물풀에 붙인다. 어린 새끼들은 연안에서 무리를 지어 산다. 여울에서 지내고 자라면서 점점 물이 많고 깊은 곳으로 간다. 겨울에는 깊은 곳에서 지낸다.

강준치는 손맛이 좋아서 낚시꾼들이 자주 잡는다. 어부들이 쳐 놓은 그물에도 잘 들어간다. 잡아 놓으면 튀어 오르고 부딪히고 난리를 친다. 비늘이 얇아서 잘 벗겨지고 성질이 급해서 금방 죽는다. 살에 잔가시가 많고 맛이 없어서 잘 안 먹는다고 한다. 우리나라 서해로 흐르는 한강, 금강, 임진강에 살고 북한에는 대동강과 압록강에 산다. 중국, 대만, 러시아에도 분포한다.

성장 알은 5~7월에 물풀에 붙이며 낳는다. 새끼는 1년을 자라면 6~9cm가 된다. 2년 자라면 10~12cm가 되고 알을 낳을 수 있다. 알을 낳을 수 있는 가장 작은 크기는 수컷 10.5cm, 암컷 11.5cm이다. 3년 자라면 15cm가 된다. 20cm가 넘으려면 5~6년을 자라야 한다.

강, 저수지, 댐

40~50cm

5-7월

분포 우리나라, 북한, 중국, 대만, 러시아

북녘 이름 강준치

다른 이름 준치, 우레기, 물준치, 민물준치, 준어, 백두라미, 입쟁이, 변대

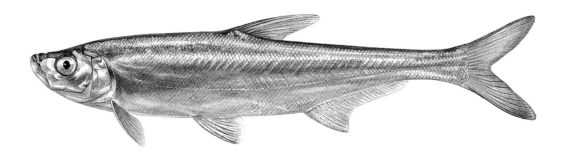

2007년 3월 충남 강경 논산천

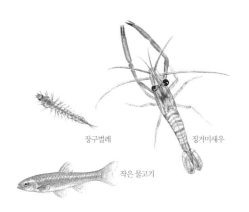

장구벌레   징거미새우

작은 물고기

강준치의 먹잇감

몸길이는 40~50cm이다. 온몸이 은색인데
등이 푸르스름하다. 몸이 세로로 아주 납작하고 길다.
머리가 작고 주둥이가 위쪽으로 뾰족 튀어나왔다.
위턱보다 아래턱이 더 나왔다. 입이 위를 보고
벌어진다. 눈이 아주 크다. 비늘이 얇고 둥글다.

꼬리지느러미가 크다. 배지느러미부터
뒷지느러미까지 칼날처럼
날카로운 비늘이 돌기처럼 나 있다.
등지느러미 연조 7개, 뒷지느러미 연조 21~24개이다.
옆줄 비늘 82~93개, 새파 26~29개, 척추골 41개이다.

백조어

Culter brevicauda

백조어는 강준치와 닮았는데 납작하고 등이 불룩 솟아 있다. 강준치처럼 입이 삐죽 위로 튀어나왔다. 백조어는 '준치'라고도 하고, 영남 지방에서는 '황등어'와 비슷한 이름을 많이 쓴다. 백조어는 물살이 느린 큰 강에서 산다. 주로 중류와 하류에 살고, 늪과 호수에도 산다. 게와 새우 같은 갑각류나 수서 곤충과 애벌레, 어린 물고기를 잡아먹는다. 알은 5월 말부터 7월 초까지 낳는다.

옛날에는 백조어를 요리해 먹기도 했다. 요즘에는 많이 줄어들어 환경부에서 '멸종위기야생동식물 2급'으로 지정해서 보호하고 있다. 우리나라 한강, 낙동강, 금강, 영산강에 서식한다. 북한에 있는 대동강에도 서식한다는 기록이 있다. 중국과 대만에도 분포한다.

알 낳기와 성장 알은 5~7월에 낳는다. 새끼는 2.5cm가 되면 생김새를 갖추고 지느러미도 대부분 완성된다. 만 1년에 10~12cm로 자라고, 2년에 15~20cm, 3년에 20~24cm로 자란다. 25cm이상 크려면 4년이 넘게 걸린다.

〰 강, 늪, 저수지	**분포** 우리나라, 북한, 중국, 대만	
▶ 20~25cm	**북녘 이름** 냇뱅어	
✹ 5~7월	**다른 이름** 준어, 준치, 줌치, 중치, 둔치, 왕어,	
🌐 보호종	왕치, 문치, 홍두어, 홍등어, 황등어, 밀황등어	

멸종위기야생동식물 2급

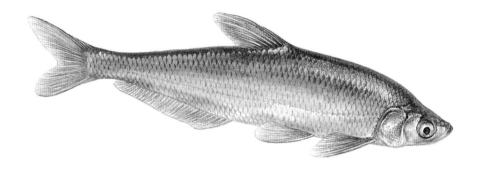

2006년 11월 경남 산청 남강댐(진양호)

몸길이는 20~25cm이다. 몸은 길고 아주 납작하다.
머리는 작고, 몸통에 비하면 뾰족하고 좁다.
주둥이 끝이 솟아 있고 입도 솟아 있다.
아래턱이 위턱보다 길어서 앞으로 튀어나온다.
눈은 크고 등 쪽에 붙어 있다.

콧구멍은 눈에 가깝고 위를 본다.
몸은 은백색이고 등은 푸른 갈색이다. 등지느러미와
꼬리지느러미는 색이 짙고 나머지 지느러미들은
하얗고 투명하다. 배에 칼날 돌기가 있다.
가슴지느러미는 아가미덮개 바로 뒤에 붙어 있으며

좁고 길다. 뒷지느러미는 옆으로 길다. 꼬리지느러미는
깊이 갈라진다. 옆줄은 배 쪽으로 살짝 굽어 있다.
등지느러미 연조 7개, 뒷지느러미 연조 26~29개,
옆줄 비늘 64~72개, 새파 27~28개, 척추골 42~43개이다.

살치

Hemiculter leucisculus

화살처럼 생겼다고 '살치'라고 한다. 몸통이 길쭉하고 납작하며 주둥이가 뾰족하다. 몸이 세로로 납작하고 등이 둥그렇게 휘었으며 은빛으로 반짝인다. 몸통에 누르스름한 가는 줄이 하나 있다. 언뜻 보면 피라미 암컷과도 닮았다. 비늘이 얇아서 손으로 잡으면 잘 벗겨진다.

강이나 커다란 저수지에 살고, 물살이 느린 냇물이나 큰 댐에도 산다. 주로 아주 느리게 흐르는 강 하류에 흔하다. 수면 가까이에서 수십 마리가 떼를 지어 헤엄친다. 진흙 바닥에서 실지렁이나 작은 새우 따위를 잡아먹고 물풀과 풀씨도 먹는다. 6~7월에 알을 낳는데, 이때 수컷은 머리에 작은 돌기가 돋아난다. 암컷은 알을 여러 번에 걸쳐서 물풀에 붙이고 바닥에 그냥 낳기도 한다. 새끼는 2년 자라면 알을 낳을 수 있다. 늦가을이 되면 물이 깊은 강어귀로 가서 겨울을 난다.

우리나라 서해와 남해로 흐르는 하천에 분포한다. 임진강 어부들은 살치가 강어귀에서 많이 잡히고, 물이 맑은 상류에서는 조금 잡힌다고 한다. 흙냄새가 많이 나서 맛이 없다고 안 먹는다. 낚시꾼들에게도 인기가 없다. 낚으려는 물고기가 아닐뿐더러 입질이 너무 잦아서 미끼를 죽내기만 한다. 낚시꾼들은 '날치'라고도 한다.

알 낳기와 성장 알은 6~7월에 물풀에 붙이며 낳는다. 알은 지름이 1mm쯤이다. 2일이 지나면 새끼가 깨어나며 몸길이가 3.6mm이다. 7일이 지나면 5.5mm로 자라며 배에 있던 노른자위가 사라진다. 1년이면 6~9cm로 자라고, 2년 자라면 10~12cm가 되고, 3년이 지나면 15cm로 큰다. 수컷은 10cm, 암컷은 12cm로 자라면 짝짓기를 할 수 있다. 드물게 20cm가 넘게 자라는 개체도 있다.

분포 우리나라 서해와 남해로 흐르는 하천에 산다. 임진강과 북한 대동강 하류에 흔하다. 한강 수계에서는 광나루, 양평과 팔당에 산다. 동해로 흐르는 두만강에서도 발견되었다. 중국, 대만, 러시아에도 분포한다.

연구 최근 조사 연구로 치리와 동일 종이라는 사실이 밝혀졌다. 살치가 치리보다 먼저 기록되었기 때문에 '살치(*Hemiculter leucisculus*)'로 이름과 학명을 통일하여 사용한다.

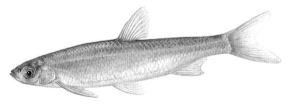

2005년 3월 인천 강화도 장흥천

강, 저수지, 댐, 냇물

15~20cm

6~7월

분포 우리나라, 북한, 중국, 대만, 러시아

북녘 이름 살치, 살티, 강청어, 강멸치

다른 이름 은치, 은어, 언어, 치리, 치레기, 치라미, 보리치리, 딴치, 날치, 편중어

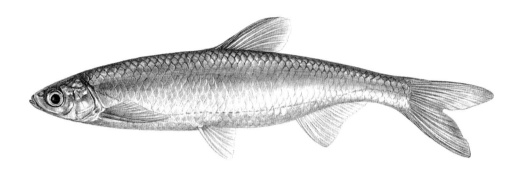

2006년 11월 경기도 파주 파주어촌계

살치는 작은 새우나 실지렁이 따위를 먹는다.

몸길이는 15~20cm이다. 암컷이 수컷보다 조금 더 크다. 몸이 납작하고 길다. 몸은 은빛이다. 등은 푸른빛이 도는 밤색이다. 몸통에 누르스름한 가는 줄이 하나 있다. 머리는 작은데 눈이 크다. 주둥이는 뾰족하다. 입은 작은데 위턱보다 아래턱이 조금 더 튀어나와서 위를 본다. 배는 칼날처럼 오목하게 내려앉아 있다. 지느러미는 투명하고 등지느러미와 꼬리지느러미는 누런 녹색을 띤다. 꼬리지느러미 끝은 검은색을 조금 띠며 제비 꼬리처럼 안으로 깊이 파였다. 옆줄은 배 쪽으로 내려갔다가 뒷지느러미 끝에서 올라와 꼬리까지 쭉 이어진다. 비늘은 큰데 잘 떨어진다. 등지느러미 연조 7개, 뒷지느러미 연조 12~14개, 옆줄 비늘 45~49개, 새파 26~32개, 척추골 37~39개이다.

종개

Barbatula toni

종개는 몸이 가늘고 길쭉하다. 몸통이 노란데 구름 같은 얼룩덜룩한 밤색 무늬가 있다. 주둥이가 툭 튀어나왔고 입가에 수염이 세 쌍 있다. 산골짜기에 살고 냇물에서는 아주 맑고 차가운 물이 흐르는 곳에서 산다. 바닥에 모래와 자갈이 깔린 여울에서 이리저리 재빠르게 헤엄쳐 다닌다. 모래에 붙어 쉬거나 자갈을 파고들고, 돌 밑에 잘 숨는다. 큰 돌 아래에 여러 마리가 숨기도 한다. 작은 수서 곤충 애벌레를 잡아먹거나 돌말을 먹는다. 알은 5~6월에 낳는데, 어디에 낳는지는 아직 알려지지 않았다.

종개는 추운 지방에서 사는 물고기다. 강원도 강릉 남대천보다 북쪽에 있는 고성과 간성 지역의 하천에 분포한다. 이 강과 냇물들은 모두 동해로 흘러든다. 북한에도 살고 일본 북해도, 러시아 사할린과 시베리아 동부에도 분포한다. 최근에 우리나라 경기도 남부 지역에도 종개로 보이는 개체가 발견되어 연구가 필요하다.

알 낳기와 성장 알은 5~6월에 낳는다. 이때가 되면 수컷 가슴지느러미에 돌기가 돋는다. 새끼는 8mm로 자라면 배에 붙어 있는 노른자위가 사라진다. 1cm로 자라면 입수염 3쌍이 생긴다. 1.6cm가 되면 지느러미살이 모두 생기고, 2cm가 되면 어미처럼 몸통에 무늬가 생긴다. 1년을 자라면 8~10cm, 2년이면 12cm가 된다.

종개과와 미꾸리과 우리나라에 사는 종개과는 종개, 대륙종개, 쌀미꾸리 3종이 있다. 미꾸리과에는 16종이 산다. 이 두 과에 속하는 물고기들은 몸통이 둥글고 길다. 비늘은 아주 잘아서 눈에 안 보인다. 종개과는 미꾸리과와 다르게 눈 밑에 가시가 없고, 수컷 가슴지느러미에 골질반이 없다.

산골짜기, 냇물
10~15cm
5~6월

분포 우리나라, 북한, 일본, 러시아

북녘 이름 종개, 쫑개, 종가니

다른 이름 수수쟁이, 수수종개, 무늬미꾸라지, 산골지름종개, 산미꾸리

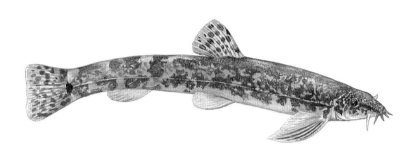

2007년 3월 강원도 삼척 오십천

종개는 크고 넓적한 돌 밑에 잘 숨는다.

몸길이는 10~15cm이다. 몸은 가늘고 길다. 몸 색깔은 노란데 얼룩덜룩한 밤색 무늬가 나 있다. 몸통은 둥글고 머리는 가로로 조금 납작하며 꼬리 쪽은 세로로 납작하다. 눈이 작다. 주둥이는 뾰족하고 입은 주둥이 밑에 있다. 위턱이 크고 아래턱은 작다. 입술이 두텁다. 입수염이 3쌍 있는데, 2쌍은 앞쪽에 있고 1쌍은 뒤쪽에 있다. 꼬리지느러미는 끝이 세로로 반듯하다. 가슴, 등, 꼬리지느러미에도 검은 점이 줄줄이 박혀 있다. 콧구멍에 대롱이 짧게 나와 있다. 옆줄은 꼬리까지 길고 곧게 이어진다. 등지느러미 연조 7개, 뒷지느러미 연조 5개, 척추골 42~43개이다.

대륙종개

Barbatula nuda

몽골과 중국 대륙에도 널리 분포해서 '대륙종개'라고 한다. 종개와 많이 닮았는데, 대륙종개 몸집이 더 크고 몸통에 난 무늬가 종개보다 더 작고 빽빽하다. 눈이 작고 입수염이 세 쌍 있다. 산골짜기나 냇물에서 산다. 차가운 물에서 사는데, 아주 맑은 물이 흐르고 바닥에 자갈이나 모래가 깔린 여울에서 헤엄친다. 떼를 지어 몰려다니면서 돌이나 자갈 밑에 잘 숨어든다. 알은 4~5월에 모래나 자갈 바닥에 낳는다.

대륙종개는 백두 대간의 서부, 한강으로 흘러드는 하천에 분포한다. 동해로 흐르는 강원도 삼척 오십천과 마읍천, 낙동강 상류에도 산다. 북한에도 분포한다. 요즘에 물이 더러워지면서 점점 줄어들고 있다.

대륙종개와 종개 두 종은 서로 많이 닮았다. 종개 몸통에 난 무늬는 큼지막한데 대륙종개는 작고 빽빽하다. 종개에 견주어 대륙종개 눈 밑에 무늬가 적다. 이 두 종은 모두 한반도 중부 지방보다 위쪽 추운 곳에서 산다. 대륙종개는 중국 동북부와 몽골에, 종개는 일본 북해도와 러시아에 분포한다.

산골짜기, 냇물
10~20cm
4~5월

분포 우리나라, 북한, 중국, 몽골

북녘 이름 말종개, 종간이, 돌종개

다른 이름 수수쟁이, 수수종개, 무늬미꾸라지, 산골지름종개, 산미꾸리

2004년 11월 경기도 양평 문호천

몸길이는 10~20cm이다. 몸통은 둥글고 가늘며 길다. 몸이 누런 밤색인데 검은 무늬가 얼룩덜룩하게 나 있다. 몸통에 난 무늬가 종개에 견주어 자잘하다. 입수염이 3쌍 있는데, 2쌍은 앞쪽에 있고 1쌍은 뒤쪽에 있다. 가슴, 등, 꼬리지느러미에도 검은 점이 줄줄이 박혀 있다. 꼬리지느러미는 끝이 곧다.

콧구멍에 대롱이 짧게 나와 있다. 옆줄은 꼬리까지 길고 곧게 이어진다.

등지느러미 연조 7개, 뒷지느러미 연조 5개, 새파 11~13개, 척추골 40~46개이다.

쌀미꾸리

Lefua costata

쌀미꾸리는 논도랑이나 웅덩이에서 산다. 늪이나 작은 개울에서도 볼 수 있다. 물이 얕고 진흙이 깔려 있으며 물풀이 수북한 논도랑에서 헤엄쳐 다닌다. 산에서 내려오는 맑고 차가운 물에서 사는데, 산 바로 아래 논도랑에 흔하다. 미꾸라지처럼 진흙을 파고 들어가기도 하고, 물풀 뿌리를 뒤지고 들어가서 배기기도 한다. 미꾸라지보다 헤엄을 훨씬 잘 친다. 작은 물벌레나 물이끼를 먹고 풀씨나 진흙도 먹는다. 알은 4~6월에 낳는다. 수컷은 주둥이 끝에서 꼬리까지 넓고 검은 가로줄무늬가 길게 나타난다. 알은 아침에 여러 번 낳는다. 암컷이 나타나면 수컷 3~4마리가 따라다니다가 물풀에 알을 붙인다.

쌀미꾸리는 다 자라도 새끼손가락만 하다. 몸집이 작다고 북한에서는 '애기미꾸라지'라고 한다. 강원도 양양 산골에서는 쌀미꾸리를 '옹고지'라고 하며, 꺽지 낚시에 미끼로 쓰기도 한다. 쌀미꾸리를 바늘에 매달아 낚싯대를 드리우면 꺽지가 잡아먹으려고 잘 꼬인다. 우리나라 전국에 분포한다. 요즘에는 논도랑이나 작은 웅덩이가 사라지면서 쌀미꾸리가 살 곳도 점점 줄어들고 있다.

알 낳기와 성장 4~6월에 알을 물풀에 붙이며 낳는다. 알은 수온 25℃에서 1~2일 지나면 새끼가 깨어난다. 새끼는 3~4mm이다. 15mm로 자라면 등지느러미와 뒷지느러미가 생기고 주둥이에 입수염 3쌍이 난다. 2cm로 자라면 어미와 겉모습이 비슷해지는데, 몸통에 난 긴 줄무늬는 아직 흐릿하다. 1년이 지나면 수컷은 4~5cm, 암컷은 5~6cm까지 자란다.

논도랑, 늪, 냇물

5~6cm

4~6월

분포 우리나라, 북한, 중국, 러시아 시베리아

북녘 이름 쌀미꾸라지, 애기미꾸라지, 애기미꾸리, 쇠치네

다른 이름 옹고지, 용지리, 용미꾸리, 용지름지,
각시미꾸라지, 중미꾸리

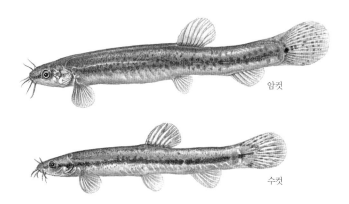

암컷

수컷

2006년 10월 충남 태안 안면읍 논도랑

암컷과 수컷이 바닥에 진흙이 깔린
논도랑에서 헤엄친다.

몸길이는 5~6cm이다. 몸집이 작다. 암컷이 수컷보다
조금 더 크다. 미꾸리에 견주어 몸이 굵고 짧다.
몸은 옅은 갈색 바탕에 등은 진하고 배는 연하다.
몸통에 작고 검은 점들이 흩어져 있다.
등지느러미와 꼬리지느러미에도 아주 작은 점이

흩어져 있다. 꼬리지느러미는 끝이 둥글다.
수컷은 주둥이 끝에서 꼬리까지 굵고 검은 줄이
하나 쭉 나 있다. 암컷은 줄이 흐리다.
머리와 등, 배는 가로로 납작하고 꼬리는 세로로
조금 납작하다. 입은 작은데 주둥이 밑에 있다.

입술은 두텁고 매끄럽다. 윗입술에 수염이 3쌍 길게
붙어 있다. 콧구멍 둘레에 짧은 수염이 1쌍 있다.
등지느러미 연조 6개, 뒷지느러미 연조 5개,
새파 12~13개, 척추골 35~36개이다.

미꾸리

Misgurnus anguillicaudatus

미꾸리라는 이름은 '밑이 구리다'는 말에서 왔다. 미꾸리와 미꾸라지는 물속에서 방귀를 뀌듯이 항문에서 공기 방울이 나온다. 가끔 수면으로 올라와 물 밖으로 입을 내놓고 뻐끔거리고는 내려간다. 입으로 공기를 마셔 배 속에서 산소를 빨아들이고 남은 공기는 방귀처럼 항문으로 나온다. 논이나 논도랑, 웅덩이에서 살며 늪이나 냇물에도 흔하다. 물살이 느리고 바닥에 진흙이 깔린 곳에서 산다. 몸이 길쭉하고 미끌미끌해서 진흙을 잘 파고 다닌다. 장구벌레나 실지렁이, 물이끼를 먹는다. 작은 물벌레나 진흙을 먹기도 한다.

알은 6~7월 사이에 낳는다. 비가 온 뒤 밤에 알을 낳는다. 암컷 배를 수컷 여러 마리가 주둥이로 쫀다. 그러다가 수컷 한 마리가 암컷 몸통을 둘둘 휘감는다. 수컷이 가슴지느러미로 배를 꾹 눌러서 알을 짜낸다. 알을 진흙이나 모래에 묻는다. 산란기에 알을 낳은 암컷 배에는 수컷이 가슴지느러미로 눌러서 생긴 빨간 생채기가 있다.

우리나라 전국에 널리 퍼져 있다. 여름에 날이 가물어 물이 마르면 진흙을 깊숙이 파고들어 간다. 땅이 꽁꽁 어는 겨울에도 진흙 속으로 들어가서 꼼짝 않고 지낸다. 미꾸리는 미꾸라지와 함께 '추어탕' 재료로 쓰인다. 미꾸라지보다 맛이 좋다고 한다.

알 낳기와 성장 6~7월에 알을 낳는다. 수컷은 이때 가슴지느러미에 아주 작은 돌기가 난다. 암컷은 알을 3만~4만 개 낳는다. 알은 7일이 지나면 새끼가 깨어난다. 새끼는 4mm이고, 2일이 지나면 5mm가 넘고, 3cm로 자라면 어미와 겉모습이 비슷해진다. 2년 자라면 8~9cm가 되고 알을 낳을 수 있다.

이름 유래, 장호흡 '밑이 구리다'와 '밑구리'가 변해서 미꾸리가 되었다. 미꾸라지 이름 또한 같은 뜻에서 왔다. 흔히 엉덩이를 '밑'이라고도 한다. '밑이 구리다'는 방귀를 뜻한다. 미꾸리와 미꾸라지는 아가미로도 숨을 쉬지만, 배 속 창자로도 호흡한다. 수면을 오르락내리락하며 입으로 공기를 마신다. 창자에서 산소를 흡수하고 남은 공기는 항문으로 나온다. 이것을 '장호흡'이라고 한다.

냇물, 논, 논도랑, 늪, 저수지, 연못, 둠벙

10~17cm

6~7월

분포 우리나라, 북한, 중국, 일본

북녘 이름 미꾸라지, 미꾸리

다른 이름 참미꾸라지, 보리미꾸라지, 웅구락지, 미꼬리

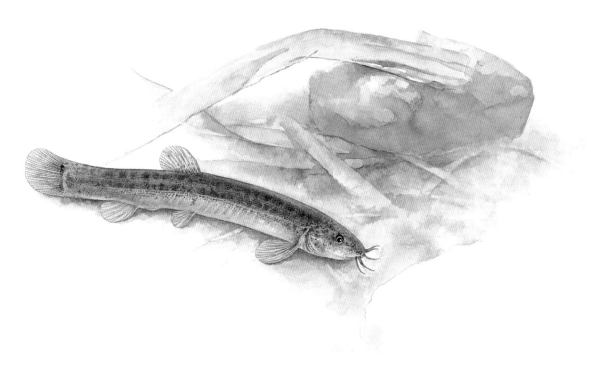

2005년 3월 경기도 김포 하성면 논도랑

몸길이는 10~17cm이다. 몸통이 둥글고 길쭉하다. 머리 쪽은 가로로 꼬리지느러미 쪽은 세로로 납작하다. 온몸이 미끌미끌하다. 주둥이는 길고 입수염이 3쌍 있다. 윗입술 마지막 수염이 가장 길다. 턱 밑에 긴 돌기가 2쌍 있는데 꼭 수염처럼 보인다. 온몸이 짙은 밤색인데 사는 곳에 따라서 몸 색깔이 조금씩 다르다. 꼬리지느러미에 까만 점이 1개 있다. 옆줄은 곧게 나 있는데 흐릿하다. 비늘은 눈에 안 보일 정도로 작은데 현미경으로 보면 둥글다. 수컷 가슴지느러미는 암컷보다 길고 굵은 골질반이 있다. 등지느러미 연조 6개, 뒷지느러미 연조 5개, 새파 14~16개, 척추골 42~46개이다.

미꾸라지

Misgurnus mizolepis

미꾸라지는 몸이 아주 매끄럽다. 살갗에서 미끄덩거리는 물이 나오면 더 미끌미끌하다. 손으로 잡으면 손가락 사이로 쏙쏙 잘도 빠져나간다. '꾸리룩 꾸리룩' 하고 소리를 내기도 한다. 미꾸리와 서로 많이 닮았다. 논이나 논도랑, 웅덩이에 산다. 늪에도 살고 연못이나 냇물에도 있다. 냇물에서는 물이 느리고 물풀이 많은 곳이나 모래가 깔린 곳에 살기도 한다. 맑은 물보다 진흙탕을 좋아한다. 논바닥에서 꼬불탕꼬불탕 헤엄쳐 다니며 물벌레와 실지렁이를 잡아먹는다. 특히 장구벌레를 많이 잡아먹고 진흙을 먹기도 한다. 가만히 있다가 흙탕물을 마구 일으키면서 바닥으로 파고 들어간다.

미꾸라지는 미꾸리처럼 배 속 창자로도 숨을 쉰다. 진흙 바닥에서 헤엄치다가 수면으로 오르락내리락하며 입으로 공기를 마신다. 배 속에 있는 창자에서 산소를 빨아들이고 남은 공기는 항문으로 나온다. 그래서 물이 적은 진흙 속에서도 살 수 있다. 여름에 물이 마르거나 겨울에 땅이 꽁꽁 얼면 진흙 속에서 지낸다.

논에 미꾸라지가 많으면 농사가 잘 된다. 미꾸라지가 논바닥에 구멍을 뚫고 다니면 흙 속으로 바람이 잘 들어가서 벼 뿌리가 튼실해진다. 가을걷이를 마친 시골에서는 논을 파서 미꾸라지를 잡기도 한다. 맛이 좋아 즐겨 먹는데, '추어탕'은 미꾸라지를 요리해 만든 국이다. 요즘에는 추어탕 재료로 쓰려고 일부러 양식을 많이 한다.

알 낳기와 성장 알은 4~6월에 낳는다. 비가 내릴 때 논에 물이 차면 알을 낳는다. 이때 수컷 가슴지느러미에는 아주 작은 돌기가 생긴다. 암컷 한 마리를 수컷 여러 마리가 쫓아다닌다. 수컷이 암컷 몸을 휘감고 알을 짜낸다. 알은 물풀 줄기나 지푸라기에 붙는데 잘 떨어진다. 암컷은 알을 3만~4만 개 낳는다. 알은 지름이 1mm이고, 수온 20℃에서 2~3일 지나면 깨어난다. 알에서 깨어난 새끼는 2.6~2.8mm이고, 4cm로 자라면 어미와 생김새가 거의 같아진다. 새끼는 2년을 자라면 알을 낳는다.

미꾸라지와 미꾸리 두 종 가운데 미꾸라지 몸집이 조금 더 길고, 머리와 몸통이 조금 납작하다. 미꾸라지는 꼬리자루 가에 납작하게 도드라진 살이 있으며 꼬리자루에 점이 없고, 입수염이 미꾸리보다 길다. 미꾸라지는 논에 흔하고, 미꾸리는 냇물에 더 흔하다.

논, 논도랑, 늪, 저수지, **분포** 우리나라, 북한, 중국, 대만
연못, 둠벙, 냇물

북녘 이름 당미꾸리

20cm **다른 이름** 논미꾸람지, 미꾸락지,

4~6월 미꾸래이, 추어

2006년 6월 전북 고창 아산면 서낭댕이 논

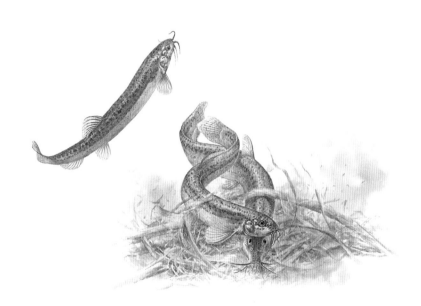

논바닥에서 뒤엉켜 헤엄치는 미꾸라지

몸길이는 20cm이다. 몸이 길쭉하고 미끌미끌하다. 온몸이 밤색인데 배는 누렇다. 몸에 자잘한 검은 점이 많다. 주둥이는 길고 입은 주둥이 밑에 있으며 입수염이 3쌍 있다. 아랫입술에 긴 돌기가 2쌍 있는데 꼭 수염처럼 보인다.

옆줄은 가슴지느러미 근처에만 있다. 꼬리지느러미 끝은 둥글다. 수컷은 가슴지느러미에 골질반이 있으며 1~2번째 지느러미살 끝이 암컷보다 길고 뾰족하다.

등지느러미 연조 6~7개, 뒷지느러미 연조 5개, 새파 19~22개, 척추골 47~49개이다.

새코미꾸리

Koreocobitis rotundicaudata

주둥이 끝에서 머리 뒤쪽까지 희끄무레한 굵은 줄이 있다. 이 줄이 꼭 새의 부리 같다고 '새코미꾸리'라고 한다. 미꾸라지처럼 몸이 길쭉하고 미끄럽다. 미꾸라지는 진흙탕에서 사는데 새코미꾸리는 맑은 물이 흐르는 곳에만 산다. 산란기에 수컷은 온몸이 온통 분홍빛을 띠고, 자잘한 까만 점이 많이 박혀 있다. 주둥이와 수염도 빨갛다. 눈 밑에 끝이 둘로 갈라진 뾰족한 작은 가시가 있다. 잡아서 만지면 가시를 세워 따갑게 찌른다.

새코미꾸리는 산골짜기나 냇물에서 산다. 아주 맑은 물이 흐르는 강에서도 산다. 큰 돌이나 자갈이 깔리고 물살이 빠른 여울에서 돌 틈을 들락날락거리며 작은 물벌레를 잡아먹거나 돌말을 갉아먹는다. 넓적한 돌 밑에 들어가 몸을 동그랗게 말고 잘 숨는다. 우리나라에만 서식하는 고유종으로 한강이나 임진강으로 흐르는 하천에만 산다. 임진강 어부들은 강에서 산다고 새코미꾸리를 '강미꾸라지'라고 한다.

알 낳기와 성장 알은 5~8월에 낳는다. 이때가 되면 수컷은 몸이 분홍빛을 띤다. 여울 가장자리에 있는 돌에 알을 붙인다. 새끼도 콧잔등에 하얀 줄이 있다.

골질반 미꾸리과는 암컷과 수컷 가슴지느러미가 다르다. 수컷 가슴지느러미가 암컷보다 길고 뾰족하다. 가슴지느러미 두 번째 지느러미살이 굵고 뾰족한 가시로 되어 있다. 이 부분을 '골질반'이라고 하는데, 수컷은 암컷을 휘감아 골질반으로 배를 눌러 알을 더 잘 낳게 한다.

안하극 새코미꾸리를 비롯한 미꾸리과 대부분은 눈 밑에 있는 끝이 둘로 갈라지고 세울 수 있는 가시가 있다. 위급할 경우 가시를 세워 방어한다. 이를 '안하극'이라고 한다.

산골짜기, 냇물, 강	**분포** 우리나라, 북한	
12~22cm	**북녘 이름** 흰무늬하늘종개	
5~8월	**다른 이름** 강미꾸라지, 수수미꾸라지, 용미꾸라지,	
고유종	말미꾸라지, 용지름종이, 말지름쟁이, 수수미, 수수종개,	
	수수지름쟁이, 빨간미꾸라지, 참지름이, 수꾸지름종이	

2004년 11월 경기도 양평 시우천

몸길이는 12~22cm이다. 15cm쯤 되는 것이 흔하다.
온몸이 빨갛고 까만 점이 퍼져 있다. 배는 색깔이
연하고 까만 점이 없다. 수컷이 암컷보다 색깔이 조금
짙다. 몸은 둥글고 긴데 꼬리로 갈수록 세로로
납작하다. 주둥이는 길고 뾰족하며 입수염이 3쌍 있다.
입술은 두툼하고 매끄럽게 생겼다. 두 눈 사이가
좁으며 눈동자 둘레가 빨갛다. 등지느러미와
꼬리지느러미에 까만 줄무늬가 2개 있고
안쪽은 듬성하고 바깥쪽은 굵다. 옆줄이
가슴지느러미까지만 잘 보이고 꼬리로 갈수록
희미하고 굴곡이 있으며, 배 쪽으로 내려가 있다.
암컷 가슴지느러미는 가장자리가 둥근데,
수컷은 가슴지느러미 끝이 뾰족하다.
꼬리지느러미는 시작 부분이 잘록하고 끝이 둥글다.
등지느러미 연조 7개, 뒷지느러미 연조 5개,
새파 14개, 척추골 44~47개이다.

얼룩새코미꾸리

Koreocobitis naktongensis

얼룩새코미꾸리는 새코미꾸리와 닮았는데 몸 색깔이 노랗다. 온몸이 얼룩덜룩한데 등지느러미 앞쪽 무늬가 크다. 몸에 자잘한 까만 점이 많이 박혀 있다. 새코미꾸리와 다르게 가슴지느러미에도 큰 점이 있고, 꼬리지느러미에 검은 줄무늬가 여러 겹이다. 아주 맑은 물이 흐르는 냇물에서 산다. 산골짜기에는 적고 하천의 중상류에 산다. 물살이 빠르고 큰 돌이나 자갈이 깔린 여울에서 작은 물벌레를 잡아먹거나 돌말을 먹는다. 돌 밑에 들어가 잘 숨는다. 알은 5~6월에 낳는다. 수컷이 암컷 몸을 감아서 배를 조인다.

얼룩새코미꾸리는 우리나라 낙동강 수계에만 서식하는 고유종이다. 경상도에서는 몸빛이 화려해서 '호랑이미꾸라지'와 '얼룩말미꾸라지'라고도 한다. 할아버지처럼 수염이 있고 뱀장어처럼 몸이 길다고 '할뱀장이'라고도 한다. 아주 드물고 숫자가 점점 줄어들고 있어 환경부에서 2005년에 '멸종위기야생동식물 1급'으로 지정해 보호하고 있다.

얼룩새코미꾸리와 새코미꾸리 두 종은 사는 곳이 완전히 다르다. 얼룩새코미꾸리는 낙동강 수계에 살고, 새코미꾸리는 임진강과 한강 수계에 분포한다. 몸 형태는 거의 같지만 색깔이 확연히 다르다. 얼룩새코미꾸리는 노랗고, 새코미꾸리는 주황색이다. 얼룩새코미꾸리는 몸통에 난 무늬가 크고, 가슴지느러미에 굵은 점이 있으며 꼬리지느러미 끝은 새코미꾸리와 다르게 곧다.

산골짜기, 냇물, 강	**분포** 우리나라(낙동강 수계)	
12~20cm	**다른 이름** 호랑이미꾸라지, 얼룩말미꾸라지,	
5~6월	하늘미꾸라지, 하늘노지람장이, 귀신미꾸라지,	
고유종, 보호종	할뱀장이, 수지름장이, 뽀드랭이, 조굴대,	
멸종위기야생동식물 1급	수꾸레미	

2007년 2월 경남 밀양 밀양강

몸길이는 12~20cm이다. 온몸이 노랗고 까만 점이
퍼져 있다. 배에도 까만 점이 많다. 몸은 둥글고
긴데 꼬리로 갈수록 세로로 납작하다.
주둥이는 길고 뾰족하다. 입은 주둥이 끝에 있으며
입수염이 3쌍 있다. 눈동자 둘레가 새빨갛다.

등지느러미에 까만 줄무늬가 2개, 꼬리지느러미에
여러 개 나 있다. 가슴지느러미에도 줄무늬 같은
굵은 점이 있다. 수컷 가슴지느러미는
암컷보다 끝이 길고 뾰족하며 골질반이 있다.
꼬리지느러미는 끝이 곧다.

옆줄은 가슴지느러미까지만 보인다.
등지느러미 연조 7개, 뒷지느러미 연조 5개,
새파 14개, 척추골 44~47개이다.

참종개

Iksookimia koreensis

참종개는 몸이 가늘고 길쭉하다. 몸이 미끌미끌하다고 '기름쟁이'와 '기름조'라고도 한다. 몸통에 얼룩덜룩한 검은 무늬가 줄줄이 있다. 머리에는 자잘한 검은 점이 많이 박혀 있다. 두 눈 밑에 작은 가시가 있어서 손으로 머리를 만지면 가시를 세워 찌르기도 한다.

참종개는 맑은 물이 흐르는 냇물이나 강에서 산다. 잔자갈이 깔린 바닥에서 슬슬 기어 다닌다. 자갈 위에 가만히 있다가 잽싸게 파고들어 잘 숨는데 빼꼼히 주둥이와 눈만 밖으로 내놓는다. 바닥을 뒤지면서 깔따구 애벌레 같은 작은 물벌레를 찾아 잡아먹는다. 가끔 모래를 입에 넣고 오물오물거리면서 모래에 붙어 있는 돌말을 걸러 먹기도 한다.

참종개는 우리나라에만 산다. 서해로 흐르는 한강, 금강, 만경강, 동진강과 이 강들로 흘러드는 하천에 서식한다. 동해로 흐르는 강원도 삼척 오십천과 마읍천에도 산다. 북한에서는 한강과 임진강으로 흘러드는 냇물에 서식한다. 1975년에 어류학자인 김익수 박사가 학계에 신종으로 처음 보고한 물고기다. 우리나라 학자의 이름이 학명에 붙은 뜻깊은 민물고기이다.

알 낳기와 성장 알은 6~7월에 낳는다. 암컷은 알을 2000~3000개 낳는데 몇 개씩 뭉쳐서 덩어리로 바닥에 가라앉는다. 알은 지름이 2.4mm쯤이고, 낳은 지 3~4일 지나면 새끼가 깨어난다. 새끼는 5~6mm이고, 1년에 4~7cm로 자란다. 2년이면 7~9cm로 커서 알을 낳을 수 있다. 10cm가 넘으려면 3년 이상 자라야 한다.

수컷 가슴지느러미 참종개 수컷 가슴지느러미는 길고 끝이 뾰족하다. 암컷은 짧고 끝이 둥그스름하다. 수컷 가슴지느러미 두 번째 살은 새 부리 모양으로 뾰족하며, 몸통 쪽에 막대처럼 생긴 가늘고 긴 '골질반'이 있다. 수컷은 짝짓기를 할 때 암컷 몸을 둘둘 감아서 배를 조이며 골질반으로 눌러 알 낳기를 돕는다.

냇물, 강, 산골짜기	**분포** 우리나라, 북한	
8~18cm	**다른 이름** 기름쟁이, 수수쟁이, 말미꾸라지,	
6~7월	물미꾸리, 수수미꾸리, 기름조, 양수라미	
고유종		

2004년 7월 경기도 연천 동막계곡

몸길이는 8~18cm이다. 10cm쯤 되는 것이 흔하다.
몸은 길고 통통하다. 머리가 작고 눈도 작다.
주둥이는 길고 끝이 둥그스름하다. 입은 작고
바닥을 보고 열린다. 입술은 두껍고 매끄럽다.
아랫입술은 가운데 홈이 있어서 양쪽으로 갈라진다.

입수염이 3쌍 있다. 몸 색깔은 누런데 등은 짙고
배는 옅다. 사는 곳이 어두우면 진하고 밝으면 옅다.
머리에 작고 짙은 갈색 점이 많이 흩어져 있다.
몸통에 구름 모양 얼룩과 거무스름한 가로무늬가
10~16개 나란히 늘어서 있다. 꼬리지느러미와

등지느러미에는 밤색 점이 2~3줄로 늘어서 있다.
꼬리자루에 까만 점이 1개 박혀 있다.
옆줄은 가슴지느러미 뒤로는 잘 안 보인다.
등지느러미 연조 7개, 뒷지느러미 연조 5개, 새파 16개,
척추골 42~45개이다.

부안종개

Iksookimia pumila

부안종개는 우리나라 전라북도 부안에 있는 백천에서 발견했다. 그래서 이름에 '부안'이라는 지역명을 붙였다. 몸집이 어른 손가락만하다. 참종개와 닮았는데 훨씬 작고, 등에 난 얼룩무늬가 둥글둥글하고 큼지막하다. 몸통 옆줄을 따라서 동그란 점이 5~10개 있다.

부안종개는 물이 맑고 바위가 많은 곳에서 산다. 돌 틈과 모래 바닥에서 헤엄치면서 깔따구 애벌레 같은 작은 물벌레를 잡아먹는다. 입으로 모래 알갱이를 집어 오물거리면서 돌말을 걸러 먹는다. 모래 속으로 파고들어 머리만 삐죽 내밀고 밖을 살피기도 한다. 알은 6~7월에 낳는다. 수컷이 암컷 몸을 감고 배를 꽉 조여서 알을 짜낸다. 새끼 때는 물가 고운 모래가 깔린 곳에서 지내고 점점 몸집이 커지면서 굵은 모래가 있는 곳으로 모인다.

부안종개는 1987년에 새로운 종으로 분류하고 발표되었다. 부안종개가 사는 곳은 백천과 주변 하천으로 한정되어 있다. 요즘에 댐이 생기면서 사는 곳이 줄어들고 숫자도 점점 줄어들고 있다. 환경부에서 '멸종위기야생동식물 2급'으로 지정해 보호하고 있다.

알 낳기와 성장 알은 5~7월에 낳는다. 새끼들은 그해 겨울이 되기 전에 3cm로 자란다. 1년이면 4.5cm로 자라고, 3년이면 6cm로 큰다. 2년을 자라야 알을 낳을 수 있다.

참종개속의 연구와 분류 부안종개는 1987년에 김익수 박사와 이완옥 박사가 신종으로 발표하였다. 김익수 박사를 중심으로 한 동료 어류학자들의 오랜 연구로 기름종개로 분류되었던 부안종개, 미호종개, 왕종개, 동방종개, 남방종개가 신종으로 발표되었다. 이 종들은 참종개와 함께 '참종개속'으로 새롭게 분류되어 묶였다. 세계적인 어류학자인 루마니아의 날반트(Nalbant) 박사는 1993년 논문에서 김익수 박사를 기념하기 위해 '참종개속'의 속명을 라틴 어로 표기하여 '*Iksookimia*[익수키미아]'로 제안했다.

냇물

6~8cm

5~7월

고유종, 보호종

멸종위기야생동식물 2급

분포 우리나라(전북 부안 백천과 그 주변 하천)

다른 이름 호랑이미꾸라지, 양시라지, 기름쟁이

2007년 3월 전북 부안 백천

부안종개는 바닥에서 헤엄을 치며
모래를 파고 잘 숨는다.

몸길이는 6~8cm이다. 몸이 길고 통통하다.
몸 색깔은 누렇다. 등에 굵고 둥글둥글한 검은
얼룩무늬가 7~10개 있다. 몸통에도 동그란 점이
옆줄을 따라서 5~10개 있다. 머리에 자잘한 까만 점이
흩어져 있다. 입수염이 3쌍 있다.

등지느러미와 꼬리지느러미에는 띠무늬가 2~3줄
있다. 수컷 가슴지느러미는 암컷보다 크고
골질반이 있다. 꼬리자루에 새까만 점이 하나 있다.
비늘은 작고 머리에는 비늘이 없다.
눈 밑에 끝이 둘로 갈라진 안하극이 있다.

등지느러미 연조 7개, 뒷지느러미 연조 5개,
새파 14~15개, 척추골 37~40개이다.

왕종개

Iksookimia longicorpus

왕종개는 몸집이 크다는 뜻에서 이름에 '왕'이라는 말이 붙었다. 미꾸리과 가운데 가장 몸이 길고 굵다. 참종개와 닮았는데 등에서 배로 내려오는 검고 얼룩덜룩한 무늬가 훨씬 굵직굵직하다. 그중에서 아가미 뒤에 있는 첫 번째 무늬가 시커멓다. 두 번째 무늬까지 진한 것들도 있다. 꼬리지느러미 위에 작고 까만 점이 아주 뚜렷하다.

산골짜기나 냇물에서 산다. 물살이 빠르고 자갈이 깔린 곳에서 물이끼나 작은 물벌레를 먹는다. 바닥에서 꼼짝 않고 있다가도 눈 깜짝할 사이에 자갈 밑이나 돌 밑으로 잘 숨는다. 알은 5~7월 사이에 낳는다. 새끼는 2년 자라면 알을 낳을 수 있다.

왕종개는 1976년에 섬진강에서 처음으로 발견했다. 우리나라 섬진강과 낙동강에 사는데 섬진강에 많고 낙동강에는 드물다. 남해안으로 흐르는 하천 몇 군데와 이곳과 가까운 섬에도 분포한다. 경상남도 울산 태화강보다 남쪽에 있는 하천에도 분포한다.

알 낳기와 성장 알은 5~7월 낳는다. 새끼는 1년 자라면 6~10cm가 된다. 2년에 10~13cm로 자라고 알을 낳을 수 있다. 3년 자라면 13~15cm가 된다.

연구 1976년 김익수 박사가 신종으로 처음 발표하였다. '기름종개속'에 속하는 여러 물고기들의 몸통 무늬를 연구한 성과로 1975년 학계에 참종개의 신종 발표가 이루어졌고, 그 뒤 왕종개 신종 발표로 이어졌다.

산골짜기, 냇물

10~18cm

5~7월

고유종

분포 우리나라(섬진강 수계, 낙동강 수계)

다른 이름 기름미꾸라지, 얼룩미꾸라지, 중미꾸라지,
기름도치, 기름쟁이, 얼룩미꾸라지, 양스래미,
노지름쟁이, 토저지

2006년 12월 전북 임실 섬진강

몸길이는 10~18cm이다. 10cm를 조금 넘는 것들이 흔하다. 주둥이는 조금 튀어나왔고 끝은 둔하다. 입은 반원 모양인데, 입술은 두툼하고 아랫입술은 가운데서 양쪽으로 갈라진다. 입수염이 3쌍 있다. 눈은 작고, 눈 밑에 끝이 갈라진 작은 안하극이 있다.

몸이 옅은 노란색으로, 등은 짙은 밤색이고 배는 하얗다. 머리에 짙은 밤색 점이 자잘하게 흩어져 있다. 몸통과 등에 밤색 무늬가 얼룩덜룩 나 있다. 몸통에는 큼직한 무늬가 10~14개가 쭉 늘어서 있다. 꼬리자루에 있는 새까만 점은 아주 뚜렷하다. 등지느러미와 꼬리지느러미에 점으로 된 무늬가

3줄씩 있다. 꼬리지느러미는 끝이 세로로 반듯하다. 옆줄은 가슴지느러미 뒤부터 잘 안 보인다. 등지느러미 연조 7개, 뒷지느러미 연조 5개, 새파 16~17개, 척추골 44~47개이다.

북방종개

Iksookimia pacifica

   북쪽에 사는 종개라는 뜻으로 '북방종개'라는 이름이 붙었다. 얼핏 보면 미호종개와 닮았다. 북방종개는 몸에 난 무늬가 미호종개보다 큼직큼직하다. 충청도 지역에 분포하는 미호종개와 달리 북방종개는 강원도 동해안으로 흐르는 냇물에 분포하므로 쉽게 구별된다. 강릉 남대천보다 북쪽에서 흐르는 하천에 서식하고, 북한 함경도 지역에 있는 동해로 흘러드는 하천에 분포할 것이라고 예측한다. 전 세계에서 우리나라에만 사는 고유종이다.

   북방종개는 맑은 냇물에 산다. 주로 모래가 깔린 바닥에 숨어 지낸다. 모래 속에 사는 작은 물벌레를 잡아먹고 모래에 붙은 돌말도 먹는다. 알은 6~8월에 낳는다. 수컷은 암컷보다 가슴지느러미가 크고, 세모꼴로 생긴 딱딱한 '골질반'이 있다. 짝짓기를 할 때 수컷은 암컷 몸을 감고 조이며, 골질반으로 배를 눌러 알 낳기를 돕는다.

연구 몽골과 시베리아에 걸쳐 분포하는 종과 같은 것으로 보고 기름종개속으로 분류하여 북방종개 학명을 '*Cobitis melanoleuca*'라고 했다. 그러나 1999년 강릉 남대천 지역에서 동해로 흐르는 하천에 사는 표본의 생김새와 잘 구별되어 새로운 종으로 발표하면서 학명은 '*Cobitis pacifica*'로 변경했다. 2009년 김익수 박사는 〈한국 미꾸리과 어류 분류의 종합 연구〉라는 논문에서 북방종개의 체측 반문을 비교 검토한 결과 참종개속으로 분류하여 학명을 '*Iksookimia Pacifica*'로 변경하는 것이 타당하다고 발표하였다.

   냇물
   8~10cm
   6~8월
   고유종

분포 우리나라, 북한
다른 이름 눈댕이

2007년 2월 강원도 고성 간성 북천

북방종개가 모래 바닥에서 쉬고 있다.

몸길이는 8~10cm이다. 몸은 가늘고 길며 세로로 조금 납작하다. 몸 색깔이 누런데 등은 진하고 배는 연하다. 주둥이에서 눈을 지나는 검은 줄이 있다. 머리는 작고 입은 주둥이 아래에 있다. 입수염이 3쌍 있다. 눈은 머리 가운데 위쪽에 있고, 눈 밑에 움직이는 작은 안하극이 있다. 꼬리자루도 가늘며 납작하다. 몸통에 둥글거나 세모꼴인 갈색 반점 10~12개가 줄지어 나 있다. 등에 굵은 세로줄이 머리 뒤에서 꼬리까지 쭉 이어진다.

등지느러미와 꼬리지느러미에 흑갈색 띠무늬가 3~4줄 있다. 등지느러미 연조 7개, 뒷지느러미 연조 5개, 새파 15~17개, 척추골 41~42개이다.

남방종개

Iksookimia hugowolfeldi

우리나라 남쪽 지역에 산다고 '남방종개'라는 이름을 붙였다. 냇물과 강에서 살고 물살이 느리고 자갈과 모래가 섞여 있는 바닥에서 헤엄친다. 주로 모래에 붙어 있는 부착 조류와 수서 곤충의 애벌레를 먹고 산다. 알은 5~6월에 낳는다. 수컷이 암컷을 감고 조이며 알을 낳는다. 수컷 가슴지느러미가 암컷보다 더 뾰족하다.

우리나라에만 서식하는 고유종으로 영산강을 중심으로 전라남도에 있는 서해와 남해로 흐르는 작은 하천들에 분포한다. 남방종개의 생태는 아직 덜 알려졌으며, 이에 대한 자세한 연구가 더 필요하다.

연구 섬진강과 낙동강에 분포하는 왕종개와 매우 비슷하여 '왕종개'로 알려졌다. 이후 1993년에 루마니아의 어류학자인 날반트(Nalbant) 박사는 남방종개가 왕종개에 비하여 몸이 더 뭉툭하고 머리가 크며 안하극이 더 작고 가늘 뿐만 아니라 입수염 3쌍이 길어서 다른 종으로 구별된다고 하였다.

냇물, 강

10~15cm

5~6월

고유종

분포 우리나라(영산강 이남)

다른 이름 기름지, 기름뱅이, 뽀드락지, 꼬들래미, 기름장군, 삼아치, 싸리쟁이, 노구래쟁이, 뺀드랭이

2007년 3월 전남 함평 대동천

모래 바닥에서 먹이를 찾는 남방종개

몸길이는 10~15cm이다. 몸은 조금 누런데, 몸통에 작은 갈색 무늬 9~11개가 한 줄로 나 있다. 머리 쪽 무늬 1~2개는 더 진하다. 등과 몸통의 무늬 사이에는 작은 갈색 점들이 아주 많다. 등지느러미와 꼬리지느러미에 줄무늬가 3~4 줄로 있고, 꼬리지느러미 위쪽에 크고 뚜렷한 점이 박혀 있다. 등지느러미 연조 7개, 뒷지느러미 연조 5개, 새파 15~16개, 척추골 41~44개이다.

동방종개

Iksookimia yongdokensis

   우리나라에만 사는 고유종으로, 동쪽에 사는 종개라는 뜻으로 '동방종개'라는 이름을 붙였다. 동해로 흐르는 냇물과 강들 중에서도 경상도 지역에만 서식한다. 경상북도 경주에서 포항으로 흐르는 형산강과 영덕에 있는 오십천, 축산천, 송천천에 분포한다.

   동방종개는 주로 냇물과 강의 중하류에 산다. 자갈과 모래가 깔린 바닥에서 수서 곤충의 애벌레를 잡아먹는다. 알은 6~7월에 낳는다. 참종개속과 기름종개속의 다른 물고기들처럼 수컷이 암컷을 감고 조이며 알을 낳는다. 이때 수컷은 가슴지느러미에 있는 딱딱한 골질반으로 암컷 배를 누른다.

연구 동방종개는 참종개속으로 분류하지만 체세포 염색체 수가 100개로 다른 물고기와 차이가 있어 어류학 연구에 있어서 매우 중요하다.

냇물, 강	**분포** 우리나라(경상도 지역 동해안 수계)	
10~12cm	**다른 이름** 기름지, 기름뱅이, 뽀드락지,	
6~7월	꼬들래미, 기름장군, 삼아치, 싸리쟁이,	
고유종	노구래쟁이, 빤드랭이	

2007년 2월 경북 경주 안강 형산강

동방종개 몸통 가운데는 통통하지만 머리 쪽은
가늘고 꼬리자루는 잘록하다.

몸길이는 10~12cm이다. 주둥이는 뭉툭하다.
몸은 조금 누렇다. 등에 7~9개 가로무늬가
있고 구름무늬가 이어져 내려온다.
몸통에 갈색 무늬가 9~13개 나란히 나 있다.
머리 바로 뒤 1~2개는 더 진하다.

몸에 작은 갈색 점들이 아주 많다.
등지느러미와 꼬리지느러미에는 줄무늬가
3~4개 있고, 꼬리지느러미 위쪽에
큰 점이 박혀 있다.

등지느러미 연조 6~7개, 뒷지느러미 연조 5개,
새파 13~14개, 척추골 41~43개이다.

기름종개 🐟

Cobitis hankugensis

기름종개는 우리나라 고유종으로 경상도에 있는 낙동강과 형산강에만 산다. 이 강들로 흘러 드는 냇물에도 분포한다. 모래가 많이 깔린 곳에서 재빠르게 헤엄치며 모래에 붙어 있는 돌말이 나 작은 물벌레를 먹고 산다. 기름종개 몸통에는 뚝뚝 끊어진 것처럼 보이는 점으로 이어진 줄 이 네 개 있다. 줄 하나에 굵고 길쭉한 점이 10~13개다. 알은 5~6월에 낳는다. 이때가 되면 암컷과 수컷의 구분이 쉽다. 암컷은 점과 줄무늬가 그대로인데, 수컷은 점이 붙어서 줄처럼 연결된다.

기름종개는 오랫동안 중국에 사는 것과 같은 종으로 알았는데, 조사해서 연구해보니 차이가 밝혀졌다. 2003년에 분류하여 새로운 종으로 기록하였다.

알 낳기와 성장 알은 5~6월에 낳는다. 알은 수온 20~23℃에서 3일이면 새끼가 깨어난다. 새끼는 1년 자라면 4~6cm가 되고, 3년을 자라면 12cm가 넘는다.

기름종개속과 참종개속 김익수 박사는 1973년부터 기름종개속(*Cobitis*)의 몸통에 난 무늬를 연구하여, 기름종개속과 참종개속으로 나누었다. 기름종개속에는 기름종개, 점줄종개, 줄종개, 미호종개가 들어간다. 참종개속(*Iksookimia*)은 참종개, 부안종개, 왕종개, 북방종개, 남방종개, 동방종개가 포함된다. 이 종들은 생태와 생김새가 비슷하지만 크기와 몸통의 무늬, 골질반의 모양, 분포가 조금씩 다르다.

🌊 냇물
↔ 10~15cm
❄ 5~6월
🌐 고유종

분포 우리나라(낙동강 수계, 형산강)

다른 이름 모래미꾸리, 자갈미꾸라지, 기름동갱이, 하늘미꾸라지, 기름도둑, 기름쟁이, 기름지, 기름동개, 쏘지래미

2007년 2월 경북 청도 청도천

몸길이는 10~15cm인데, 10cm쯤 되는 것이 흔하다. 몸은 길고 세로로 조금 납작하다. 머리에 갈색 점이 흩어져 있다. 주둥이부터 눈을 지나는 검은 줄이 있다. 입수염이 3쌍 있다. 몸통에 점으로 된 줄이 4개 있다. 맨 아래 줄은 굵은 점 10~13개가 쭉 이어져 점선을 이룬다. 등에도 굵은 점선처럼 줄무늬가 있다. 등지느러미와 꼬리지느러미에는 갈색 줄무늬가 2~4개 있다. 꼬리자루 위쪽에 까맣고 둥근 점이 1개 있다. 눈 아래에 안하극이 있다. 비늘은 작고 피부에 묻혀 있으며 머리에는 없다. 수컷은 가슴지느러미에 골질반이 있다. 등지느러미 연조 7개, 뒷지느러미 연조 5개, 새파 15~16개, 척추골 41~45개이다.

점줄종개

Cobitis lutheri

몸통에 점이 줄지어 있어서 '점줄종개'라고 한다. 등 바로 밑 머리 뒤에서 꼬리자루까지 거무스름한 굵은 줄이 하나 있다. 암컷은 옆줄 밑에 굵은 점이 점선처럼 띄엄띄엄 한 줄로 나 있다. 수컷은 쭉 이어져 있다. 줄과 점선 사이에는 찌글찌글한 작은 점이 제멋대로 줄줄이 박혀 있다.

점줄종개는 냇물이나 강에서 산다. 맑은 물이 흐르고 물살이 느린 곳에서 산다. 모래가 깔린 바닥에서 작은 물벌레나 모래에 붙어 있는 돌말을 먹는다. 모래를 파고들어 잘 숨는데 머리만 밖으로 내놓고 살피기도 한다. 5~6월에 알을 낳는다. 이때 수컷은 몸에 난 점들이 이어져서 줄이 두 개가 된다. 두 줄 사이에 있던 찌글찌글한 점들은 희미해져서 잘 안 보인다. 암컷은 줄과 점이 그대로다. 수컷이 암컷 몸을 둘둘 감고 조여서 알을 낳는다.

우리나라 서해와 남해로 흐르는 냇물과 강에서 산다. 서해로 흐르는 하천에 더 흔하고, 남해로 흐르는 하천은 전라남도에서만 볼 수 있다. 중국과 러시아 시베리아 동부에도 분포한다.

암컷과 수컷 구별 봄여름에 암컷과 수컷이 구분된다. 바로 산란기 전후다. 이때 수컷 몸통에 있는 점이 줄처럼 연결되어 두 줄로 보이고, 암컷은 그대로 줄과 점이 있다. 산란기가 아니면 암수 모두 점이 많고, 무늬가 비슷해서 구분하기 어렵다. 기름종개도 산란기 때 몸통에 있는 줄이 조금 달라지는데, 점줄종개 만큼 뚜렷하지는 않다.

냇물, 강
8cm
5~6월

분포 우리나라, 북한, 중국, 러시아 시베리아
다른 이름 기름지, 기름뱅이, 뽀드락지,
꼬들래미, 기름장군, 삼아치, 싸리쟁이,
노구래쟁이, 빤드랭이

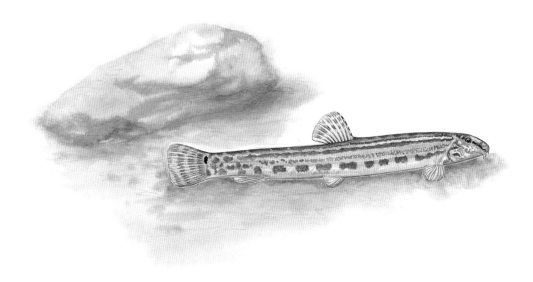

2006년 12월 충남 부여 입포천

몸길이는 8cm쯤이다. 몸이 가늘고 길다. 암컷은
수컷보다 몸집이 크다. 머리에 자잘한 점이 많다.
주둥이는 둥그스름하고 입은 작은데 아래턱이
위턱보다 짧다. 입수염이 3쌍 있다.
눈은 작고 눈 밑에 안하극이 있다.
주둥이 끝에서 눈을 지나는 검은 줄이 있다.

몸은 누런색이다. 등은 조금 진하고 배는 연하다.
몸통에 밤색 점이 쭉 나 있다. 10~18개가 한 줄로
띄엄띄엄 이어진다. 바로 위에 자잘한 점이
긴 줄무늬처럼 이어진다. 그 위 머리 뒤에서
꼬리자루까지 연한 밤색 줄이 쭉 있다. 꼬리자루
위쪽에 검은 점이 하나 박혀 있다. 꼬리지느러미는

끝이 넓고 바깥쪽 가장자리는 세로로 곧다.
수컷은 가슴지느러미에 둥근 골질반이 있다.
옆줄은 가슴지느러미까지만 보인다.
등지느러미 연조 7개, 뒷지느러미 연조 5개,
새파 15~16개, 척추골 39~41개이다.

줄종개

Cobitis tetralineata

몸에 줄무늬가 있다고 '줄종개'라고 한다. 몸통 옆구리에 줄이 세 개 쭉 나 있다. 아가미 뒤부터 꼬리까지 있는데 꼬리에 이르러서 줄이 점점 끊어진다. 굵은 줄 사이에 끼어 있는 가운데 줄은 가늘고 꼬리로 갈수록 사라진다. 냇물에 사는데 모래가 깔린 바닥에서 헤엄치며 돌아다닌다. 모래 위에 가만히 있다가도 곧잘 모래를 파고 쏙 숨는다. 깔따구 애벌레 종류나 꽃병벌레 종류 같은 물벌레를 잡아먹는다. 모래에 붙어 있는 작은 돌말도 먹는다. 입으로 모래 몇 알을 집어서 오물오물거리다가 돌말을 먹고 도로 내뱉는다. 겨울이 되어 물이 차가워지면 모래를 파고 들어가 겨울을 난다.

줄종개는 우리나라에만 사는 고유종이다. 일본에 사는 종과 같다고 알려졌으나 차이가 있어 1999년에 새로운 종으로 발표하였다. 전라도에 있는 섬진강과 동진강으로 흐르는 칠보천 상류에 산다. 본디 섬진강에만 분포했는데, 섬진강 댐이 생긴 뒤로 칠보천에 줄종개가 서식하게 되었다. 섬진강 댐의 물을 수력 발전을 위해 유역 변경하여 동진강 지류인 칠보천으로 흘려 보냈기 때문에 줄종개가 퍼진 것이다.

알 낳기와 성장 알은 6~8월에 낳는다. 6월 하순부터 7월 중순에 짝짓기를 많이 한다. 이때 수온이 22~26℃이다. 암컷은 알을 1300개쯤 낳는다. 새끼는 1년 자라면 4~6cm가 되고, 2년이면 6~9cm, 3년이면 9cm가 넘게 큰다.

기름종개, 점줄종개, 줄종개 줄무늬 기름종개속의 기름종개와 점줄종개, 줄종개 3종은 몸의 점과 줄무늬가 거의 비슷하다. 몸통 가장 아래쪽 점선 무늬는 조금 차이를 보인다. 기름종개는 또렷한데, 점줄종개는 무늬가 가늘고 점들 사이가 흐릿하다. 줄종개는 위쪽과 아래쪽 줄무늬 모두 한두 군데 벌어질 뿐 줄이 거의 끊기지 않고 이어진다. 하지만 산란기 때는 기름종개와 점줄종개 수컷 무늬가 이어지므로 3종의 구분이 어렵다.

냇물
10cm
6~8월
고유종

분포 우리나라(섬진강 수계, 칠보천)

다른 이름 기름지, 기름고기, 기름미꾸라지, 기름도둑, 모래미꾸리

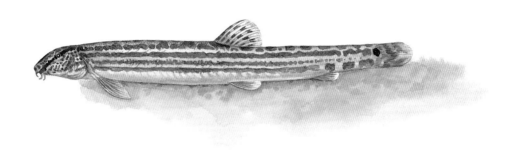

2006년 9월 전북 정읍 산내

몸길이는 10cm이다. 몸이 가늘고 길다. 몸통이 세로로 조금 납작하다. 주둥이는 조금 뾰족하다. 머리에 자잘한 밤색 점들이 흩어져 있다. 주둥이 아래에 작은 입이 있으며, 입수염이 3쌍 있다. 눈 밑에는 작은 안하극이 있다. 주둥이 끝에서 눈을 지나는 까만 줄이 있다. 등에도 밤색 굵은 점이 있는데 얼룩덜룩하게 줄처럼 이어진다. 등지느러미와 꼬리지느러미에는 까만 띠가 2~3개 있다. 꼬리지느러미에 아주 까만 점이 1개 박혀 있다.

등지느러미 연조 7개, 뒷지느러미 연조 5개, 새파 17~18개, 척추골 41~44개이다.

미호종개

Cobitis choii

충청북도에 있는 미호천에서 발견했다고 '미호종개'라고 이름을 붙였다. 바닥에 가늘고 고운 모래가 깔리고 맑은 물이 흐르는 냇물에서만 산다. 조금 여울진 곳을 좋아한다. 참종개와 닮았는데 몸이 가늘다. 꼬리자루로 갈수록 더 가늘고 잘록하다. 등에는 얼룩덜룩한 무늬가 나 있다. 눈에서 주둥이 끝까지 굵은 줄이 하나 있다.

미호종개는 모래에 몸을 파묻고 숨어 살아서 눈에 안 띈다. 모래에 붙어 있는 돌말이나 작은 물벌레를 먹는다. 비가 많이 와서 물살이 세지면 발목만큼 모래 속으로 파고 들어가서 숨는다. 알은 5~7월에 낳는다. 하루 중 새벽녘에 낳는다. 암컷이 수면으로 솟구쳐 오르면 수컷 2~5마리가 뒤따르면서 주둥이로 암컷 배를 톡톡 쫀다. 수컷은 암컷 배를 조이듯 휘감고, 암컷이 알을 낳으면 정자를 뿌려 수정시킨다. 알 낳기는 하루에도 몇 번씩 이루어진다.

미호종개는 우리나라 고유종으로 1984년에 처음 발견했다. 요즘에는 미호천과 둘레에 있는 백곡천과 유구천, 금강으로 흘러드는 갑천과 지류에서 가끔 발견된다. 미호종개 서식지 곳곳에서 모래와 자갈을 퍼 가는 공사를 하고, 생활 하수와 축산 폐수로 물이 오염되면서 점점 사라지고 있다.

알 낳기와 성장 알은 5~7월에 낳는다. 암컷은 알을 1200개쯤 낳는다. 알은 지름이 1mm이고 낳은 지 하루 만에 깨어난다. 4일이 지나면 입과 항문이 열리고 헤엄을 친다. 30일이 지나면 치어가 되고, 6개월 자라면 어미와 생김새가 같아진다.

보호 환경부는 2005년에 '멸종위기야생동식물 1급'으로 지정했다. 문화재청은 2005년에 '천연기념물 제454호'로 지정했고, 2011년에 충청남도 부여·청양 지천 미호종개 서식지를 '천연기념물 제533호'로 지정하여 보호하고 있다.

연구 1984년 김익수 박사와 손영목 박사가 금강의 지류인 충청북도 청원군 오창면 미호천에서 채집하여 새로운 종으로 처음 발표하였다. 기름종개속으로 분류하여 '*Cobitis choii*'라는 학명을 붙였다. 1993년 루마니아의 날반트(Nalbant) 박사가 처음으로 참종개속 '*Iksookimia*'를 발표하면서 미호종개를 참종개속으로 변경하여 보고하였다. 그러나 2009년 김익수 박사는 체측 반문이 원형에 가깝기 때문에 1984년에 발표한 대로 기름종개속인 '*Cobitis*'로 다시 변경하였다.

냇물

7~12cm

5~7월

고유종, 보호종
멸종위기야생동식물 1급
천연기념물 제454호
천연기념물 제533호
(충남 지천 미호종개 서식지)

분포 우리나라(금강·만경강 수계)

다른 이름 기름쟁이

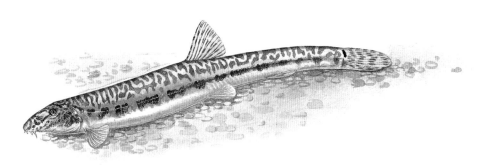

2006년 11월 충북 진천 백곡천

모래를 파고 들어가 머리만 내놓고 있는 미호종개

몸길이는 7~12cm이다. 몸통이 둥글며 가느다랗다. 꼬리자루는 잘록하다. 주둥이가 길고 뾰족하다. 입은 주둥이 밑에 있다. 입수염이 3쌍 있다. 눈은 작고 눈 밑에 끝이 둘로 갈라진 안하극이 있다. 몸 색깔은 누런데 몸에 옅은 갈색 무늬가 많다.

몸통 옆에는 둥근 갈색 반점 12~17개가 나란히 박혀 있다. 등에도 얼룩덜룩한 무늬가 나 있다. 눈에서 주둥이 끝까지 굵은 줄이 하나 있다. 등지느러미와 꼬리지느러미에는 작은 점이 줄지어 있어서 3개처럼 보인다. 꼬리자루에는 검은 점이 하나

또렷하게 나 있다. 수컷 가슴지느러미에 있는 딱딱한 골질반은 손가락 모양으로 가늘고 길다. 등지느러미 연조 6-7개, 뒷지느러미 연조 5개, 새파 14개, 척추골 42~44개이다.

수수미꾸리

Kichulchoia multifasciata

수수미꾸리는 얼룩덜룩한 무늬가 몸을 뒤덮고 있어서 '호랑이미꾸라지'라고도 한다. 몸통에 세로로 큼지막하고 까만 줄무늬가 많다. 몸이 길쭉한데 온몸이 노랗다. 머리와 입수염, 가슴지느러미와 배지느러미, 뒷지느러미는 주황색이다. 머리에 자잘한 까만 점들이 빼곡히 박혀 있다.

수수미꾸리는 맑고 차가운 물이 흐르는 곳에서 산다. 큰 자갈과 모래가 깔리고 물살이 빠른 여울에서 사는데 큰 돌 밑에 잘 숨는다. 돌에 붙은 돌말을 먹거나 모래 속에서 작은 물벌레를 잡아먹는다. 알은 4~5월 사이에 낳는다. 암컷은 알을 800~900개 낳는다. 수컷이 암컷 몸을 감고 조이며 알을 짜낸다.

수수미꾸리는 우리나라에만 사는 고유종으로 낙동강 상류나 이 강으로 흘러드는 하천에 서식한다. 아주 드물며 귀하고, 작은 지역에 분포하므로 보호해야 할 종이다.

알 낳기와 성장 4~5월에 알을 낳는다. 갓 깨어난 새끼는 5~6mm이다. 16일이 지나면 배에 달린 노른자위를 완전히 흡수한다. 2개월을 자라면 17~20mm가 되는데 지느러미가 다 생긴다. 3개월이 지나면 2~2.5cm로 자라며, 몸통에 어미와 같은 무늬가 생긴다.

가슴지느러미 미꾸리과는 수컷의 가슴지느러미가 크거나 길다. 수수미꾸리는 암컷과 수컷의 가슴지느러미 모양이 같고 수컷에게는 골질반이 없다. 몸에 난 무늬가 특이하고 머리가 작아서 다른 미꾸리과 종류와 잘 구별된다.

연구 수수미꾸리는 일본인 어류학자 와끼야(Wakiya)와 모리(Mori) 박사가 1929년에 북한강 수계에서 처음 발견하여 기름종개속으로 분류하여 '*Cobitis multifasciata*'로 발표하였는데, 김익수 박사와 일본인 사와다(Sawada)가 1979년 수컷 가슴지느러미 기부에 골질반이 없다는 특징 때문에 수수미꾸리속(*Niwaella*)으로 변경하여 사용해 왔다. 최근 검토 결과 한국산 좀수수치속(*Kichulchoia*)에 더 가깝다는 사실이 확인되었다.

냇물, 산골짜기, 강   **분포** 우리나라(낙동강 수계)

15~18cm   **북녘 이름** 줄무늬하늘종개

4~5월   **다른 이름** 호랑이미꾸라지, 수수종개, 수수미,

고유종   수수기름쟁이, 자갈미꾸라지, 얼룩미꾸라지,

수꾸시름쟁이, 수수꼴대기

2006년 12월 경북 경산 남천

몸길이는 15~18cm이다. 몸은 가늘고 길다.
몸통은 둥근데 머리와 함께 세로로 조금 납작하다.
머리는 작고 자잘한 검은 점이 많다.
입은 주둥이 아래 있고 입수염이 3쌍 있다.
몸통에 밤색 굵은 줄무늬가 13~18개 있는데,

조금씩 떨어져서 박혀 있다. 등지느러미와
꼬리지느러미에는 검은색 줄무늬가 2~3개 또렷하게
있다. 조금씩 끊겨 있는 것도 있다. 등지느러미는
꼬리 쪽에 치우쳐 붙어 있다. 눈 바로 밑에는 끝이
둘로 갈라진 뾰족한 안하극이 있다.

가슴지느러미 뒤쪽 옆줄은 희미하다.
등지느러미 연조 6개, 뒷지느러미 연조 4개,
새파 18~20개, 척추골 48~50개이다.

좀수수치

Kichulchoia brevifasciata

좀수수치는 새끼 손가락만하다. 우리나라에 사는 미꾸리과 가운데서 가장 작다. 그래서 '좀수수치'라고 한다. 이름 맨 첫 글자 '좀'은 작은 것을 이를 때 쓰는 말이다. 몸은 누런데 짙은 밤색 무늬가 얼룩덜룩 나 있다. 암컷과 수컷의 가슴지느러미 모양과 크기가 같고 골질반이 없어 암수가 잘 구별되지 않는다. 산골짜기와 냇물에서 산다. 물이 무릎까지 오고 모래와 자갈이 깔린 곳에서 산다. 여울 바로 아래 웅덩이가 진 곳을 좋아한다. 아주 작은 물벌레를 잡아먹고 물이끼도 먹는다. 알은 4~5월에 낳는다.

좀수수치는 우리나라에만 사는 고유종이다. 1995년에 전라남도 여수시 금오도에서 처음 발견했다. 그 뒤 고흥군 풍양면과 거금도에서도 서식이 확인되었다. 이 하천은 모두 남해로 흐른다. 좀수수치는 분포 범위가 매우 좁은데다 수도 점점 줄고 있어서 환경부에서 '멸종위기야생동식물 2급'으로 지정하여 보호하고 있다.

분포와 보호 전라남도 고흥반도와 그 둘레에 있는 섬의 하천에 분포한다. 요즘에는 거금도에서만 서식이 확인되고 있다. 다른 곳 하천에서는 수질 오염과 하천 바닥을 파헤치는 공사로 서식지 환경이 파괴되었다고 한다. 좀수수치처럼 서식지가 좁은 지역으로 한정된 물고기를 보호하려면 세심한 주의가 필요하다. 하천 수질 오염을 반드시 막고 '마구잡이 하천 공사'를 방지해야 한다. 그렇지 않으면 물고기가 떼죽음을 당하고 환경 변화로 멸종될 수 있기 때문이다. 꼭 필요한 공사를 한다면 물고기가 피신할 수 있도록 조치하고, 또한 공사 구간을 여러 곳으로 나누어 훼손된 자연 생태계가 회복될 시간을 충분히 주어야 한다.

냇물, 산골짜기

5cm

4-5월

고유종, 보호종
멸종위기야생동식물 2급

분포 우리나라(전남 남해안 섬)

다른 이름 기름쟁이

2006년 10월 전남 고흥 거금도

좀수수치는 잔돌이 깔린 하천 바닥에서 산다.

몸길이는 5cm쯤이다. 몸집이 아주 작다. 머리는 작고 주둥이는 둥글다. 입은 주둥이 아래에 있다. 입술이 두툼하고 입가에 수염이 3쌍 있다. 몸은 조금 누런데 등에 짙은 밤색 가로 무늬가 얼룩덜룩하게 나 있다. 몸통 옆줄 아래에 세모꼴로 생긴 까만 무늬가 있다. 무늬는 13~19개가 있는데 조금씩 떨어져서 줄줄이 박혀 있다. 등지느러미와 꼬리지느러미에는 작고 검은 점이 2~3줄로 쪽 나 있다. 꼬리자루에 아주 동그란 검은 점이 1개 또렷하게 박혀 있다. 꼬리자루 끝 위아래가 불룩 올라왔다. 수컷은 가슴지느러미에 딱딱한 골질반이 없다. 등지느러미 연조 6개, 뒷지느러미 연조 4개, 새파 12~14개, 척추골 43~45개이다.

동자개

Pseudobagrus fulvidraco

동자개는 냇물에 살고 강이나 저수지에도 산다. 따뜻하고 탁한 물, 물살이 느리고 모래나 진흙이 깔린 곳을 좋아한다. 바닥에 큰 돌과 자갈이 많은 곳에도 흔하다. 어부들이 강에서 그물로 잡고, 양식을 하기도 한다. 매운탕을 끓여 먹는데 맛이 좋아서 사람들이 즐겨 찾는다.

동자개는 '빠가빠가' 하는 소리를 낸다. 그래서 흔히 '빠가사리' 라고도 한다. '빠가빠가' 하는 소리는 가슴지느러미를 몸통에 비벼서 내는 소리다. 먹이 앞에서나 위험을 느낄 때, 또 사람에게 잡히면 가슴지느러미와 등지느러미를 꼿꼿이 폈다 접었다 한다. 이 두 지느러미 끝에는 억세고 뾰족한 가시가 있다. 가시에 찔리면 아주 따갑고 아프다. 가시로 쏜다고 동자개를 '쐬기' 라고도 한다.

온몸이 풀색인데 얼룩덜룩하고 비늘이 없어서 매끄럽다. 낮에는 돌 밑이나 바위틈에 숨어 있다가 밤에 나와서 먹이를 찾는다. 작은 물고기나 새우, 물벌레 따위를 잡아먹는다. 겨울이 되면 물이 깊은 곳으로 옮겨 간다. 큰 바위 밑에 수십 마리가 들어가서 겨울을 난다. 우리나라 서해와 남해로 흐르는 하천에 산다. 북한과 중국, 일본, 대만, 러시아 시베리아에 분포한다.

알 낳기와 성장 5~7월에 알을 낳는다. 수컷은 얕은 물가에서 가슴지느러미로 진흙 바닥을 우묵하게 파내고 알자리를 마련한다. 암컷이 알을 낳으면 수컷은 알을 지키고 새끼가 헤엄쳐 다닐 때까지 곁에서 돌본다. 알은 동그랗고 노란데 지름이 2.4mm이다. 수온 25℃에서 2일이 지나면 새끼가 깨어나는데, 4.2~4.3mm이다. 그해 가을이 되면 3cm까지 자란다. 1년을 자라면 5~7cm가 되고, 2년이면 12~17cm가 되며 알을 낳을 수 있다.

강, 냇물, 저수지

10~20cm

5~7월

분포 우리나라, 북한, 중국, 일본, 대만, 러시아

북녘 이름 자개, 빠가사리

다른 이름 빠가사리, 빠가, 동자가, 동바가, 쐬기, 쏜쟁이, 참빠가, 황빠가

어린 동자개는 어미와 꼭 닮았다.

2006년 9월 충남 보령 봉당천

돌 밑에 잘 숨는 동자개

몸길이는 10~20cm이다. 머리가 가로로 납작하고 뒤로 갈수록 잘록해지면서 세로로 납작하다. 몸 색깔은 얼룩덜룩한 풀색이다. 몸통에 거무스름한 짙은 무늬가 군데군데 나 있다. 몸에 비늘이 없고 미끄러운 물이 많이 나온다.

입수염이 4쌍 있다. 위턱에 2쌍 있고, 아래턱에 2쌍 있다. 위턱에 있는 수염이 길다. 눈 앞에 있는 수염 1쌍은 위로 꼿꼿이 세우기도 한다. 등지느러미와 꼬리자루 사이에 두툼한 기름지느러미가 있다.

꼬리지느러미는 깊게 갈라졌다. 지느러미에는 모두 검은 무늬가 있다. 등지느러미 연조 7개, 뒷지느러미 연조 21~25개, 새파 13~17개, 척추골 39~41개이다.

눈동자개

Pseudobagrus koreanus

눈과 눈두덩이 새까맣고 눈이 크다고 '눈동자개'라는 이름이 붙었다. 동자개와 닮았는데 몸통이 훨씬 길쭉하고 가늘다. 온몸이 우중충한 누런 밤색에 얼룩덜룩한 검은 무늬가 있다. 입가에 수염이 네 쌍 있고, 가슴지느러미에 톱니처럼 생긴 거치가 있다.

냇물이나 강에서 산다. 큰 강에 흔하다. 바위가 많고 바닥에 진흙이 깔린 곳을 좋아한다. 낮에는 숨어 있다가 밤에 나와서 물벌레나 작은 물고기를 잡아먹는다. 알은 5~7월에 낳는다. 여러 마리가 한 곳에 모여들어 짝짓기를 한다. 억센 가슴지느러미 가시로 진흙 바닥을 움푹하게 파고 알을 낳는다. 겨울에는 떼를 지어 깊은 곳으로 들어가 큰 돌 밑에서 지낸다.

눈동자개는 우리나라에만 사는 고유종이다. 서해와 남해로 흐르는 강이나 냇물에서 산다. 한강, 임진강, 안성천, 웅천천, 금강, 만경강, 동진강, 섬진강, 영산강, 탐진강에 분포한다. 낙동강 수계와 동해안 수계에는 없다. 임진강에 사는 어부들은 누렇다고 눈동자개를 '황빠가'라고 한다. 초여름에 잘 잡힌다고 한다. 살이 많고 맛이 좋아서 국을 끓여 먹는다.

알 낳기와 성장 5~7월에 알을 낳는다. 알은 지름이 2.5mm이다. 수온 21~23℃에서 2일이 지나면 새끼가 깨어나는데, 4.2~4.3mm이다. 4cm로 자라면 생김새를 갖추고 어미와 닮는다. 1년을 자라면 6~8cm, 2년이면 10~12cm, 3년이면 15~17cm로 자란다.

연구 1939년 일본인 우치다(Uchida)가 섬진강에서 채집한 표본을 미확인 종으로 보고했다. 1970년대까지 섬진강에서만 사는 것으로 알려졌는데, 이후 서해와 남해로 흐르는 여러 하천에서 발견되었다. 1990년에 이충열 박사와 김익수 박사가 동자개속의 다른 종과 비교하여 별종으로 기록했다.

≋	강, 냇물	**분포** 우리나라	
⇨	20~30cm	**다른 이름** 황빠가, 당자개, 종자개,	
❀	5~7월	보리자개, 자개사리, 칠거리, 자개미,	
🌐	고유종	명태빠가, 벼리자개, 쌔미	

2006년 11월 경기도 연천 연천어촌계

눈동자개는 바위틈이나 돌 밑에 잘 숨는다.

몸길이는 20~30cm이다. 온몸이 우중충한 밤색이고 얼룩덜룩하게 무늬가 있다. 배 쪽은 색이 연하다. 몸에 견주어 머리가 작고 가로로 납작하다. 주둥이 끝은 둥글고 입은 아래를 보고 열린다. 윗턱이 아래턱보다 조금 길다.

입수염이 4쌍 있다. 눈 앞에 난 수염은 검은데 입가와 턱 밑에 난 것은 하얗다. 몸에 비늘이 없다. 등지느러미와 가슴지느러미에는 억세고 뾰족한 가시가 있고, 가슴지느러미에 톱니처럼 생긴 거치가 있다.

등에 기름지느러미가 있다. 꼬리자루는 납작하고 길다. 꼬리지느러미 끝이 둥근데 가운데가 조금 파였다. 등지느러미 연조 7개, 뒷지느러미 연조 19~24개, 새파 8~14개, 척추골 44~47개이다.

꼬치동자개

Pseudobagrus brevicorpus

꼬치동자개는 동자개 무리 가운데 몸집이 가장 작다. 다 커도 어른 손가락만하다. 몸에 샛노란 무늬가 여기저기에 얼룩덜룩 나 있다. 주둥이는 뭉툭하고 입가에 수염이 네 쌍 있는데 모두 길다. 등지느러미와 가슴지느러미에 억센 가시가 있다. 아주 맑은 물이 흐르고 바닥에 잔돌이 깔린 냇물에서 산다. 여울 아래 물살이 잦아들어 느리게 흐르고 물이 허리쯤 오는 곳에 산다. 모래 바닥에 큰 돌이 많이 깔린 곳을 좋아하고, 큰 바위 밑과 물풀이 우거진 곳도 좋아한다. 낮에는 숨어 있고 저물녘에 나온다. 돌 틈에서 사는 작은 물고기나 물벌레를 잡아먹는다. 죽은 물고기와 물고기 알도 먹는다.

알은 5~7월에 낳는다. 밤에 알을 낳는데 수컷이 넓은 돌 밑을 찾아서 청소하고 지킨다. 암컷이 근처에 오면 수컷이 암컷 꼬리지느러미를 잡으려고 빙글빙글 돈다. 수컷이 암컷 몸을 감싸듯이 마는 순간 암컷 배에서 알이 터지듯이 나온다. 알은 돌에 잘 붙는다. 물풀에 알을 낳기도 한다. 수컷은 알자리에 남아서 지킨다. 새끼는 물풀이 많은 곳에 모여 살고, 조금 자라면 큰 바위가 많은 곳으로 옮겨간다.

꼬치동자개는 아주 드물고 귀하다. 우리나라에만 사는데 낙동강 상류와 이 강으로 흘러드는 냇물에만 산다. 요즘에 물이 더러워지고 강바닥에서 자갈을 긁어내는 공사를 하면서 서식지 여러 곳이 사라졌다. 2005년부터 환경부에서 '멸종위기야생동식물 1급'으로 지정했고, 문화재청에서 '천연기념물 제455호'로 지정하여 보호하고 있다.

알 낳기와 성장 5~7월에 알을 낳는다. 암컷은 알을 200~250개 가지고 한 번에 모두 낳는다. 알은 지름이 2mm쯤이고, 2일이 지나면 새끼가 깨어나는데 6mm이다. 새끼는 수염에 아주 작은 돌기가 많아서 물풀에 잘 붙어 있다. 8일이 지나면 8mm로 자라 먹이를 찾는다. 1개월을 자라면 2cm가 되고, 겉모습이 어미를 닮는다. 1년 자라면 6cm가 되고, 2년이면 8cm로 크며 알을 낳을 수 있다.

냇물, 산골짜기

8~10cm

5~7월

고유종, 보호종

멸종위기야생동식물 1급

천연기념물 제455호

분포 우리나라(낙동강 수계)

북녘 이름 어리종개

다른 이름 빠가새끼, 띵가리, 땅사리, 때구살이, 짜구사리, 차가살이

2006년 12월 경남 함안 가야읍

몸길이는 8~10cm이다. 몸은 굵고 짤막하다. 몸에 비늘이 없다. 머리는 넓적하다. 주둥이는 짧고 끝이 뭉툭하다. 아래턱은 위턱보다 조금 짧다. 입수염이 4쌍 있는데 모두 길다. 몸은 짙은 갈색인데 등지느러미 앞뒤와 기름지느러미 뒤, 꼬리지느러미에 굵은 노란색 띠무늬가 있다. 배는 샛노랗다. 꼬리지느러미 맨 앞에는 반달처럼 생긴 노란 무늬가 큼직하다. 꼬리지느러미는 가운데가 조금 파였다. 가슴지느러미 안쪽에 거치가 8~10개 있고 바깥에도 있다. 등지느러미와 가슴지느러미에 억센 가시가 있다. 옆줄은 잘 보인다. 등지느러미 연조 7개, 뒷지느러미 연조 15~20개, 새파 10~13개, 척추골 35~39개이다.

대농갱이

Leiocassis ussuriensis

대농갱이는 동자개 무리 가운데 몸집이 가장 크다. 눈동자개와 많이 닮았는데 대농갱이는 입수염이 짧고 몸에 무늬가 거의 없다. 눈동자개는 가슴지느러미에 톱니처럼 생긴 거치가 안쪽과 바깥쪽에 모두 있지만, 대농갱이는 안쪽에만 거치가 있다. 가슴지느러미에 있는 가시를 세우고 비벼서 '꾸꾸'하는 소리를 낸다.

큰 강에서 산다. 물살이 느리고 바닥에 모래와 진흙이 깔린 곳에서 활동하며 몸을 숨길 만한 바위가 있는 곳을 좋아한다. 작은 물고기와 물벌레, 새우나 실지렁이를 잡아먹고, 물고기 알도 먹는다. 알은 5~7월 사이에 낳는다. 이때가 되면 떼로 강바닥에 모여 든다. 수컷이 진흙 바닥을 파면 암컷이 알을 낳고 수컷은 알을 돌본다. 알은 4~5일이 지나면 깨어난다. 새끼는 1년 자라면 8~10cm가 된다. 3년이면 20cm로 자라고 알을 낳을 수 있다.

우리나라 서해로 흐르는 강과 냇물에서 산다. 금강, 임진강, 한강, 대동강, 예성강, 압록강에 서식한다. 사람들이 일부러 풀어 놓아서 낙동강에도 살고 있다. 중국, 러시아 시베리아에도 분포한다. 임진강에 사는 어부들은 대농갱이를 '그렁치'라고 한다. 맛이 좋아서 국을 끓여 먹는다.

대농갱이와 눈동자개 두 종은 몸집이 비슷하고 생김새가 구분이 어려울 만큼 많이 닮았다. 대농갱이가 몸집이 좀 더 크고, 몸에 무늬가 거의 없으며 눈동자개에 비해 수염이 짧다. 눈동자개는 무늬가 있고 조금 통통하다.

동자개과와 거치 동자개과는 5종 모두 가슴지느러미와 등지느러미에 뾰족한 가시가 있다. 이 가시에 톱니 같은 잘디잔 '거치'가 삐죽삐죽 나 있다. 동자개, 눈동자개, 꼬치동자개는 가슴지느러미 가시 안쪽과 바깥쪽에 모두 거치가 있고, 대농갱이와 밀자개는 안쪽에만 거치가 있다.

강, 냇물	**분포** 우리나라, 북한, 중국, 러시아	
30~40cm	**북녘 이름** 농갱이, 방치농갱이, 우쑤리종어	
5~7월	**다른 이름** 그렁치, 그렁채, 술농갱이, 메기사촌, 갈자개미, 쇠칠지리	

2005년 4월 경기도 연천 임진강

몸길이는 30~40cm이다. 몸이 원통형이고 꼬리로
갈수록 길어진다. 비늘이 없어서 살갗이 미끈하다.
몸은 짙은 밤색인데 등이 배보다 진하다.
몸통에 비해서 지느러미 색깔이 더 옅다.
입이 아래를 보고 벌어진다. 아래턱은 위턱보다

짧다. 입수염이 4쌍 있는데 모두 짧다.
등지느러미 뒤에 기름지느러미가 있다.
등지느러미와 가슴지느러미에 딱딱한 가시가 있다.
가슴지느러미 안쪽에는 톱니처럼 생긴 거치가
15개쯤 있고 바깥쪽에는 없다. 등지느러미,

뒷지느러미, 꼬리지느러미 가장자리는 밝다.
옆줄은 등 쪽으로 조금 올라와서
꼬리자루까지 이어진다.
등지느러미 연조 7개, 뒷지느러미 연조 20~24개,
새파 11~15개, 척추골 46~48개이다.

밀자개

Leiocassis nitidus

밀자개는 몸이 희끗희끗하다고 '백자개'라고도 한다. 몸이 조금 누런데 몸통에 거무스름한 무늬가 큼직큼직하게 있다. 몸통에 난 옆줄이 무늬를 가르며 쭉 지나간다. 입수염은 네 쌍이 있다. 주둥이 끝에 난 한 쌍만 길고 나머지는 짧다.

밀자개는 큰 강에서 사는데, 바닷물이 들락날락하는 강어귀에서 산다. 바닷물 물때에 맞춰 강 줄기를 타고 오르락내리락 한다. 밀물 때 바닷물이 강으로 올라오면 강 위쪽으로 거슬러 올라가고, 썰물로 바닷물이 빠져나가면 내려온다. 진흙이 많이 깔려 있는 강바닥에서 새우나 작은 물고기, 물벌레를 잡아먹고 산다. 알은 5~6월 사이에 낳는다. 이때는 강 중류까지 올라와 떼를 지어 알을 낳는다. 알을 낳은 뒤에는 다시 강어귀로 내려간다. 임진강에 사는 어부들은 '밀빠가'라고 한다. 강어귀에서 잡히고, 날씨가 추워지는 10~11월 사이에 많이 잡힌다고 한다.

연구 중국에만 사는 것으로 알려졌는데, 1981년 우리나라 금강에서 발견되었다. 그 뒤 임진강과 영산강에서도 발견되었다. '동자개속(*Pseudobagrus*)'으로 보고되었지만, 골격 연구를 바탕으로 1989년에 새로 '종어속(*Leiocassis*)'으로 분류하였다.

동자개 무리 우리나라에는 동자개과가 5종 산다. 동자개, 눈동자개, 꼬치동자개는 '동자개속'이고 대농갱이와 밀자개는 '종어속'이다. 눈동자개와 꼬치동자개는 우리나라에만 사는 고유종이다. 꼬치동자개가 가장 작고 대농갱이가 가장 크다. 예전에는 '종어'라는 종도 있었으나 사라져 버렸다. 북한에는 아직도 서식한다고 알려졌다.

강, 강어귀

10~15cm

5~6월

분포 우리나라, 북한, 중국, 러시아

북녘 이름 소꼬리, 쇠꼬리, 긴자개, 소출농갱이

다른 이름 백자개, 밀빠가, 밀자가, 밀자개, 밀빠가사리

2006년 11월 경기도 파주 파주어촌계

몸길이는 10~15cm이다. 몸이 조금 납작하지만 전체적으로 둥그스름하다. 동자개에 견주어 배가 홀쭉하다. 머리가 가로로 조금 납작하고 주둥이 끝이 둥글다. 입은 주둥이 아래쪽에 있고, 위턱이 아래턱보다 조금 길다.

입수염이 4쌍 있다. 눈 앞에 있는 1쌍은 아주 짧다. 몸 색깔이 조금 누런데 몸통에 거무스름한 무늬가 얼룩덜룩 큼직큼직하게 나 있다. 옆줄이 무늬를 끊고 쭉 지나간다. 지느러미는 조금 검다. 꼬리지느러미는

제비꼬리처럼 가운데가 깊게 갈라져 있다. 기름지느러미가 있다. 가슴지느러미 가시에는 안쪽에만 거치가 있다. 등지느러미 연조 7개, 뒷지느러미 연조 24~28개, 새파 9~14개, 척추골 40~43개이다.

메기

Silurus asotus

메기는 강이나 냇물에 살고 저수지와 늪에서도 산다. 물살이 느리고 바닥에 진흙이 깔린 곳을 좋아한다. 입이 아주 크고 입가에 긴 수염이 두 쌍 있다. 덩치가 큰 데, 몸통이 둥글고 길쭉하다. 몸에 비늘이 없어 매끈하다. 온몸에 얼룩덜룩한 풀색 무늬가 있어서 바닥에 배를 깔고 납작하게 숨으면 감쪽같다. 낮에는 물풀 속이나 바위 밑에 숨어 있다가 밤에 나와서 어슬렁대며 헤엄쳐 다닌다. 긴 수염으로 이리저리 더듬어 먹이를 찾는다. 물고기, 새우, 거머리, 물벌레와 지렁이를 잡아먹고 큰 입으로 개구리를 한입에 삼키기도 한다. 먹성이 좋아서 이것저것 가리지 않고 닥치는 대로 잡아먹는다. 입속에는 작지만 뾰족한 이가 촘촘히 나 있다.

메기는 5~7월에 알을 낳는다. 수컷이 암컷 배를 칭칭 휘감아서 알을 낳게 도와준다. 알은 물풀이나 자갈에 붙는다. 돌 밑이나 모래 위에도 낳는다. 어린 새끼들은 먹이가 부족하면 서로 잡아

강, 냇물, 저수지, 늪

30~50cm

5~7월

분포 우리나라, 북한, 중국, 일본, 대만

북녘 이름 메기, 메사구, 며우개

다른 이름 미기, 며기, 미거지, 참메기, 들메기, 논메기, 물텀뱅이, 찰메기, 불메기

먹기도 한다.

메기는 우리나라 어디에나 흔하다. 힘이 세고 생명력이 강하다. 한여름에 날이 가물고 물이 마르면 진흙 속으로 들어가 지내기도 한다. 오래 살아서 40년을 사는 것도 있다. 맛이 좋아서 국을 끓여 먹는데, 요즘에는 양식을 많이 한다.

알 낳기와 성장 알은 5~7월에 물가에 낳는다. 암컷은 누런 풀색 알을 2만~3만 개 낳는다. 알은 수온 17~24℃에서 8~10일이 지나면 깨어난다. 새끼는 3.5~4.3mm이다. 처음에는 입수염이 3쌍인데, 3~4개월이 지나면 턱 밑에 있는 1쌍이 없어진다. 새끼는 물풀이 많은 얕은 물가에 흩어져서 산다. 1년이면 10~12cm가 되고, 2년에 20~30cm로 자란다. 3년 자라면 알을 낳는다.

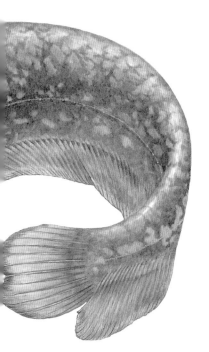

몸길이는 30~50cm이다. 몸집이 아주 크다. 몸통에 얼룩덜룩한 풀색 무늬가 있다. 배는 누렇거나 흰색이 도는 잿빛이다. 몸에 비늘이 없고 미끌미끌하다. 머리는 가로로 납작하고 몸통은 세로로 납작하다. 눈은 작고 입은 아주 크다. 아래턱이 위턱보다 길어서 입이 위를 보고 열린다. 입수염 2쌍 중에서 1쌍은 눈 앞에 있으며 가늘고 길다.

다른 1쌍은 아래턱 밑에 있고 짧다. 지느러미는 가장자리가 검다. 등지느러미는 아주 작고 뒷지느러미는 길어서 끝이 꼬리지느러미까지 이어진다. 가슴지느러미 가시에는 거치가 있다. 옆줄은 몸통 가운데로 쭉 나 있다. 등지느러미 연조 4~5개, 뒷지느러미 연조 70~85개, 새파 10~12개, 척추골 60~63개이다.

2005년 3월 경기도 김포 하성 전류리 포구(한강)

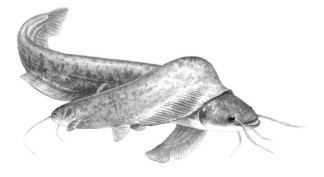

짝짓기를 하는 메기 암컷과 수컷

미유기

Silurus microdorsalis

미유기는 산골짜기에서 사는 메기라고 '산메기'라고도 하고, 작아서 '올챙이메기'라고도 한다. 메기랑 아주 많이 닮았는데 몸집이 훨씬 작다. 메기는 몸이 통통하지만 미유기는 가늘고 길다. 몸 색깔이 거무스름한데 사는 곳에 따라서 짙거나 옅다. 우리나라에만 사는 고유종으로 한반도 전역에 걸쳐 서식한다. 북한에도 분포한다.

미유기는 산골짜기와 냇물, 맑고 차가운 물이 흐르는 곳에서 산다. 바위와 돌이 많은 곳을 좋아한다. 낮에는 바위 밑에 숨어 있다가 밤에 나와서 돌아다닌다. 머리가 작고 납작해서 돌 틈을 잘 비집고 들어간다. 좁은 바위 밑을 들락날락하면서 작은 물고기나 새우, 날도래 애벌레 같은 물벌레를 잘 잡아먹는다. 알은 4~6월 사이에 낳는다. 메기처럼 수컷이 암컷 몸을 휘감고 배를 눌러서 알을 낳는다.

미유기와 메기 두 종은 생김새가 조금 다르고 사는 곳도 다르다. 미유기는 산골짜기와 냇물에 살고, 메기는 강에 많다. 때로는 두 종이 같은 곳에 살기도 하는데, 미유기를 새끼 메기로 잘못 보기도 한다. 미유기는 메기와 견주어 등지느러미가 아주 짧고 작다. 등지느러미에 있는 지느러미살이 메기는 4~5개이고, 미유기는 3개뿐이다.

산골짜기, 냇물	**분포** 우리나라, 북한	
15~25cm	**북녘 이름** 는메기, 산메기, 늣메기, 긴메기	
4~6월	**다른 이름** 산메기, 산골메기, 돌메기, 올챙이메기,	
고유종	깔딱메기, 노랑메기, 꼬랑메기, 애기미역이	

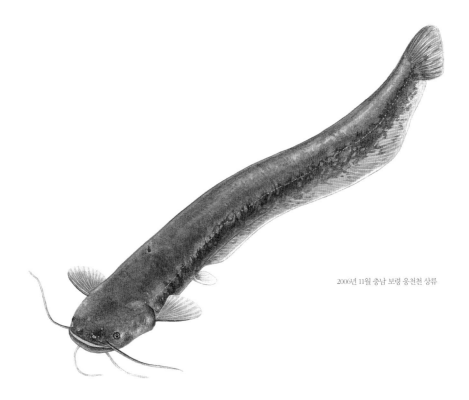

2006년 11월 충남 보령 웅천천 상류

몸길이는 15~25cm이다. 몸이 가늘고 긴데 꼬리로 갈수록 세로로 납작하다. 몸 색깔은 거무스름한 밤색이다. 배는 하얗거나 노르스름하다. 몸통에 작고 연한 무늬가 있다. 비늘이 없고 미끌미끌하다. 머리가 아주 납작하다.

입은 크다. 위턱보다 아래턱이 길게 튀어나왔고 입이 위를 보고 열린다. 입속에 작은 이가 나 있다. 입수염이 2쌍 있다. 눈 밑에 있는 1쌍은 길고 턱 밑에 있는 1쌍은 짧다. 눈은 작고 두 눈 사이가 넓다. 등지느러미는 아주 작다. 뒷지느러미는 길어서 배지느러미 바로

뒤에서부터 꼬리지느러미까지 이어진다. 뒷지느러미 가장자리는 얇아서 밝은 테가 있다. 가슴지느러미에 있는 가시에 거치가 있다. 옆줄은 몸통 가운데로 쭉 나 있다. 등지느러미 연조 3개, 뒷지느러미 연조 67~73개, 새파 7~9개, 척추골 54~56개이다.

자가사리

Liobagrus mediadiposalis

자가사리는 온몸이 누런 밤색이다. 몸에 비늘이 없어 살갗이 매끈하고 미끌미끌하다. 머리가 납작한데 한가운데 골이 깊게 파였다. 눈이 아주 작은데 툭 튀어나왔고 아가미도 불룩 솟아있다. 산골짜기나 냇물에 산다. 맑은 물이 흐르고 바닥에 자갈과 큰 돌이 깔린 여울에서 날도래 애벌레와 작은 물벌레를 잡아먹는다. 긴 수염과 넙적한 주둥이로 돌을 헤집고 다니면서 먹이를 찾는다.

알은 4~6월에 돌 틈이나 돌 밑에 낳는다. 암컷이 물살이 약한 곳에서 넓고 평평한 돌 밑을 골라 자리를 잡고 수컷을 유인하여 알을 낳는다. 새끼가 깨어날 때까지 수컷과 암컷이 함께 알을 지킨다. 가슴지느러미와 꼬리지느러미로 물살을 일으켜 신선한 물이 알에 닿게 하고 수정되지 않은 알과 죽은 알은 없앤다.

자가사리는 우리나라 고유종으로 남부 지방에만 산다. 금강, 낙동강, 영산강, 탐진강, 섬진강 상류와 중류에 살고 동해로 흐르는 하천에도 서식한다. 경상남도 남해에 있는 남해도와 거제도에도 분포한다. 섬진강 상류에 사는 자가사리는 꼬리지느러미에 샛노란 초승달 무늬가 있다. 지느러미도 낙동강에 사는 것보다 훨씬 더 까맣다. 낙동강 상류에 사는 것은 지느러미 가장자리에 노란 테두리가 굵다.

알 낳기와 성장 4~6월에 알을 낳는다. 암컷이 수컷 등에 올라타서 제 배를 누르며 알을 낳고 그와 동시에 수컷은 정액을 뿌려 알을 수정시킨다. 암컷은 알을 120~150개 낳는데 한 번에 모두 낳는다. 알은 지름이 3.2mm쯤이고, 수온 22℃에서 8일이 지나면 새끼가 깨어난다. 새끼는 7.3mm이고, 35일이 지나면 16.3mm가 된다. 2cm로 자라면 어미와 생김새가 거의 같아진다. 1년이면 4~6cm가 되고, 2년 지나면 7~10cm, 3년 자라면 12cm가 된다.

🌊 산골짜기, 냇물	**분포** 우리나라(남부 지방)	
➡ 6~12cm	**북녘 이름** 남방쏠자개	
❀ 4~6월	**다른 이름** 자가미, 자개미, 물쐬기, 쏠종개,	
🌐 고유종	짜가사리, 독빠가, 쏜테기, 물쐐기, 쐐기메기,	
	불메기, 불빠가사리	

자가사리는 입수염이 4쌍 있다.

낙동강 자가사리 2007년 2월 경남 밀양

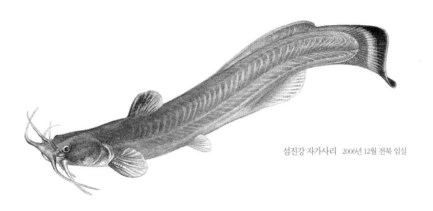

섬진강 자가사리 2006년 12월 전북 임실

몸길이는 6~12cm이다. 몸통은 조금 둥글다.
머리는 가로로 납작하고 한가운데 골이 파였다.
아가미가 불룩 튀어나왔다. 입은 윗턱이 아래턱보다
나와서 아래를 보고 열린다. 입수염은 4쌍인데,
2쌍은 길고 2쌍은 짧다. 눈은 아주 작고

튀어나왔는데 피막에 싸여 있다. 몸에 비늘이 없고
살갗이 미끄러운 물로 덮여 있다. 가슴지느러미
가시 안쪽에 거치가 4~6개 있다. 꼬리지느러미는
세로로 납작하다. 옆줄은 흔적만 보이거나 없는
개체도 있다. 기름지느러미는 낮고 길며,

꼬리지느러미와 이어진다.
등지느러미 연조 6개, 뒷지느러미 연조 15~19개,
가슴지느러미 연조 7개, 새파 7~11개, 척추골
40~44개이다.

퉁가리 🐟

Liobagrus andersoni

퉁가리는 자가사리와 닮아서 머리가 아주 납작하다. 돌로 머리를 눌러 놓은 것처럼 납작하다고 강원도에서는 '누름바우'라고도 한다. 몸집이 작아 어른 손가락을 조금 넘을 뿐이다. 가슴지느러미에 가시가 있어 찔리면 아주 쓰리다. 퉁퉁 부어오르기도 한다. 그래서 '퉁수'나 '퉁쇠'라고도 부른다. 강원도에서는 '퉁가리 보쌈'으로 퉁가리와 물고기를 잡는다. 크고 둥근 그릇 테두리를 보자기로 막고 위쪽에 구멍을 조금 뚫어 그 속에 된장이나 날도래 애벌레를 찧어 넣는다. 여울진 곳에 자갈을 파고 묻어 두면 퉁가리와 쉬리 같은 물고기가 들어가서 잡힌다.

퉁가리는 산골짜기와 냇물에서 산다. 맑은 물이 흐르고 바닥에 돌과 자갈이 깔린 여울에서 살며 돌 틈을 잘 비집고 들어간다. 낮에는 숨어 있고 밤에 나와서 먹이를 잡아먹는다. 주로 수서 곤충을 먹잇감으로 삼는데, 날도래 애벌레나 강도래 애벌레를 아주 좋아한다. 날도래 애벌레 집을 통째로 입에 넣고 오물오물 거리면서 애벌레만 빼먹는다. 집은 안 삼키고 도로 뱉어 낸다. 우리나라에만 사는 고유종으로 중부 지방과 그 위 북쪽 지역에서 흐르는 하천에 서식한다. 주로 임진강, 한강, 안성천, 무안천, 삽교천 상류에 분포한다.

알 낳기와 성장 5~6월에 여울진 곳 돌 틈에 알을 뭉치로 낳는다. 한 뭉치에 알이 100개쯤 된다. 암컷은 알자리에 남아서 새끼가 깨어날 때까지 지킨다. 알은 지름이 3mm쯤이고, 8일이 지나면 새끼가 깨어난다. 새끼는 몸길이가 6.8mm이고, 1.5~1.6cm로 자라면 어미와 모습이 거의 같아진다.

퉁가리와 자가사리 분포 퉁가리는 자가사리와 생김새가 거의 같아서 구분하기 어렵다. 하지만 두 종의 서식 분포를 알면 도움이 된다. 퉁가리는 중부 지방에, 자가사리는 남부 지방에 분포하니 채집한 곳이 어디인지를 정확히 알면 어떤 종인지 쉽게 파악할 수 있다.

🌊 산골짜기, 냇물	**분포** 우리나라(중부 지방), 북한
↔ 10cm	**북녘 이름** 쏠자개, 황충이, 조선쏠자개
❋ 5~6월	**다른 이름** 누름바우, 탱바리, 탱가리, 퉁수, 쐐기,
🌐 고유종	사발탱수, 퉁쇠, 퉁자가

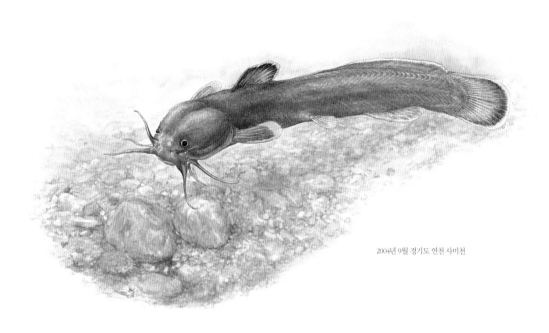

2004년 9월 경기도 연천 사미천

돌 밑에 숨어 있는 퉁가리

몸길이는 10cm쯤이다. 몸은 누런 갈색인데 등은 진하고 배는 옅다. 몸에 비늘이 없고 살갗이 미끄러운 물로 덮여 있다. 머리는 아주 납작하고 한 가운데 골이 깊게 파였다. 눈은 아주 작고 툭 튀어나와 있으며 얇고 투명한 막으로 싸여 있다.

입수염이 4쌍 있다. 2쌍은 길고 2쌍은 짧다. 지느러미는 까만데 가장자리에 밝은 테두리가 있다. 등에 있는 기름지느러미는 꼬리지느러미로 이어진다. 등지느러미와 가슴지느러미에 끝이 뾰족한 가시가 있다. 안쪽에 거치가 1~3개 있다.

자라면서 거치 수는 줄어든다. 옆줄은 흔적만 조금 보이고 잘 안 보이는 것도 있다. 등지느러미 연조 6개, 뒷지느러미 연조 16~19개, 새파 7~8개, 척추골 38~40개이다.

퉁사리 🔊

Liobagrus obesus

퉁사리는 졸졸졸 흐르는 여울과 깊은 소가 번갈아 나타나는 곳에서 산다. 하천 중류에서도 잔자갈이 깔리고 물살이 완만한 여울에 산다. 산골짜기나 냇물에서도 물살이 빠른 여울에 사는 자가사리와는 서식지가 조금 다르다. 자가사리, 퉁가리와 생김새가 매우 닮았지만 몸통이 더 퉁퉁하다.

퉁사리는 낮에 돌 밑에서 지내다가 밤에 나와 작은 수서 곤충을 잡아먹는다. 알은 5~7월에 낳는데, 6~7월에 많이 낳는다. 깊이가 어른 허벅지쯤 오고 모래와 자갈이 깔린 여울에서 수컷이 납작한 돌 아래에 구덩이를 파고 돌 밑을 깨끗이 청소하며 알자리를 만든다. 알자리에서 암수가 어울려 알을 낳는다. 암컷은 몸집에 따라 알을 80~120개 낳는데, 한 번에 모두 낳는다. 수컷은 알자리를 만들면서 몸에 상처가 생기고 알과 새끼를 지키는 동안 먹지 못해서 몸이 야윈다.

우리나라에만 분포하는 고유종으로 체세포의 염색체 수가 20개여서 학술적으로 매우 중요하다. 퉁사리는 자가사리와 분포가 겹치지만, 중부 이북 지역에 서식하는 퉁가리와는 겹치지 않는다. 퉁사리는 중부 이남 지역에서도 금강의 중류와 지류, 웅천천, 만경강과 영산강의 상류 일부 지역에만 분포한다. 요즘에 강물이 오염되고 하천 공사로 퉁사리 서식지가 파괴되고 있다. 퉁사리는 숫자가 매우 적어 환경부에서 '멸종위기야생동식물 1급'으로 지정하여 보호하고 있다.

알 낳기와 성장 알은 5~7월에 낳는다. 수컷이 돌 밑에 미리 알자리를 만들고, 암컷이 와서 알을 낳으면 수컷이 지킨다. 수컷은 알자리 한 곳에서 암컷 2~3마리와 짝짓기를 하기도 한다. 알은 둥글며 색깔이 노랗고, 지름이 3.2~3.5mm이다. 수온 23℃에서 10일이 지나면 새끼가 깨어난다. 새끼는 7.6mm이고, 1년 자라면 4~6cm가 된다. 2년이면 7~10cm, 3년 자라면 11cm가 된다.

퉁사리, 퉁가리, 자가사리 구분 이 세 종은 쉽게 구분하기 어렵다. 퉁사리와 퉁가리 입은 아래턱과 위턱 길이가 거의 같지만, 자가사리는 위턱이 아래턱보다 나와 있어서 입을 벌리면 바닥을 보고 열린다. 가슴지느러미 가시에 난 거치가 퉁사리는 3~5개인데, 자랄수록 늘어난다. 자가사리는 4~6개이고, 퉁가리는 자라면서 거치가 줄어들어 1~3개다.

〰️ 산골짜기, 냇물

↔️ 8~10cm

❇️ 5~7월

🌐 고유종, 보호종

멸종위기야생동식물 1급

분포 우리나라(금강·만경강 수계, 영산강 수계)

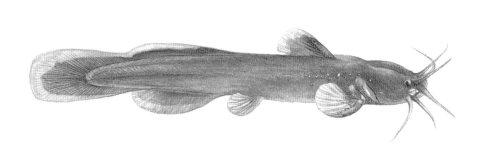

2006년 10월 전북 완주 만경강 중류

퉁사리는 바위와 돌이 많이 깔린 여울에서 산다.

몸길이는 8~10cm이다. 몸은 길며 몸통 앞쪽은 둥글다. 머리는 납작하고 한가운데 골이 파였다. 몸 색깔은 누런 갈색인데 등은 진하고 배는 옅다. 몸에 비늘이 없고 살갗이 미끄러운 물로 덮여 있다. 눈은 아주 작고 툭 튀어나와 있으며

얇고 투명한 막으로 싸여 있다. 입수염이 4쌍 있다. 2쌍은 길고 2쌍은 짧다. 지느러미는 까만데 가장자리에 밝은 테두리가 있다. 등에 있는 기름지느러미가 꼬리지느러미로 이어진다. 등지느러미와 가슴지느러미에는 끝이

뾰족한 가시가 있다. 가슴지느러미 가시 안쪽에 거치가 3~5개 있는데 자라면서 수가 늘어난다. 옆줄은 흔적만 조금 보인다. 등지느러미 연조 6개, 뒷지느러미 연조 15~19개, 새파 5~8개, 척추골 38~40개이다.

빙어

Hypomesus nipponensis

빙어는 이름이 한자말인데 '얼음 물고기'라는 뜻이다. 너른 저수지와 댐에서 산다. 찬물을 좋아해서 여름에는 깊은 곳에 살고 겨울에 수면 가까이 올라온다. 다른 물고기는 물이 차가워지면 깊이 들어가지만, 빙어는 겨울에 더 활발하여 얼음장 밑에서 수십 마리가 떼를 지어 헤엄쳐 다닌다. 사람들은 저수지가 두껍게 얼면 빙어 낚시를 한다. 꽝꽝 언 얼음장 위에서 동그랗게 구멍을 내고 낚싯대를 드리워 빙어를 잡는다. 어부들이 그물로도 많이 잡는다. 빙어는 살아 있는 채로도 먹고 튀김이나 조림으로도 요리한다.

빙어는 봄에 알을 낳는다. 저수지로 흘러드는 개울을 떼 지어 거슬러 오른다. 물이 얕고 모래와 자갈이 깔린 곳에 알을 낳는다. 새끼는 저수지로 내려가서 동물성 플랑크톤이나 깔따구 애벌레, 물벼룩 같은 작은 먹이를 먹는다. 아주 깊은 곳에서 여름을 지내고 물이 차가워지는 겨울에 올라온다. 이듬해 봄이 되면 여울을 거슬러 올라와 알을 낳는다. 빙어는 1년밖에 못 살아서 알을 낳고 죽는다.

빙어는 본디 바다와 강을 오가는 물고기다. 바다에서 살다가 알을 낳으러 강을 거슬러 올라온다. 새끼는 바다로 내려가서 살고 이듬해 봄에 강을 거슬러 올라와 알을 낳고는 죽는다. 한반도 동해 북부 지역 강어귀에 자연적으로 분포하는데, 사람들이 일부러 풀어놓아 우리나라 곳곳에 있는 커다란 저수지와 댐에 살게 되었다. 1926년 국립수산과학원은 함경남도 용흥강에서 빙어 알을 채집하여 주요 저수지에 나누어 부화시켰고, 이후 전국적으로 퍼지게 되었다.

알 낳기와 성장 2~4월에 알을 낳는다. 수컷은 머리와 비늘, 지느러미에 작은 돌기가 생기고 배지느러미는 길어져 총배설강에 닿는다. 암컷은 알을 4000~5000개 낳는다. 알은 투명하며 지름이 0.85~1.05mm이다. 알은 수온 16.5℃에서 7일이 지나면 새끼가 깨어난다. 새끼는 25일이 지나면 9.15~9.75mm로 자라고 지느러미가 생기기 시작한다. 1년이면 다 자라서 이듬해 봄에 알을 낳은 뒤에 죽는다.

저수지, 댐, 강

10~14cm

2~4월

분포 우리나라, 북한, 일본, 러시아, 알래스카

북녘 이름 빙어, 나루매, 기름고기, 동어

다른 이름 빙애, 공어, 방아, 뱅어, 돌꼬리

2006년 1월 강원도 춘천 춘천댐

몸길이는 10~14cm이다. 몸은 가늘고 긴데
세로로 납작하다. 온몸에 은빛이 돌고 몸속이
비친다. 등은 거무스름하고 배는 하얗다. 주둥이는
뾰족하고 입이 크다. 아래턱이 위턱보다
조금 앞으로 나와 있다. 눈이 크다.

등지느러미 뒤에 얇고 작은 기름지느러미가 있다.
몸통 아가미뚜껑 아래에서 꼬리자루까지
굵고 검은색 가로무늬가 있다. 등지느러미,
꼬리지느러미와 가슴지느러미에는 작고 까만 점이
있다. 비늘은 작고 얇으며 약해서 잘 벗겨진다.

옆줄은 배지느러미 앞까지 있다.
등지느러미 연조 8~10개, 뒷지느러미 연조 12~18개,
종렬 비늘 56~64개, 새파 28~36개, 척추골
55~59개이다.

은어

plecoglossus altivelis

온몸에 은빛이 돌아서 '은어'라고 한다. 몸이 길쭉하고 입이 아주 크다. 돌에 낀 돌말을 먹는데 헤엄을 치다가 몸을 뉘여 넓적한 입으로 훑어 먹는다. 은어는 아주 맑은 물이 흐르고 바닥에 돌이 깔린 강에서 산다. 가을에 강어귀에서 태어나 바다에서 겨울을 나고 조금 자란 후, 봄에 강을 거슬러 오르며 빠르게 자란다. 바다에서는 동물성 플랑크톤을 먹는다. 이듬해 3~4월이 되면 손가락만큼 자라 떼를 지어 강을 오른다. 상류에 다다르면 20cm까지 큰다. 전라도에서는 이때 대나무 잎사귀만 하다고 '댓잎은어'라고 한다. 강여울에 다다르면 큼지막한 바윗돌 밑에 먹자리를 잡는다. 먹이 욕심이 많아서 자기 먹자리 둘레에 다른 은어가 들어오면 돌 밑에서 뛰쳐나와 얼씬도 못하게 쫓아낸다. 1년을 사는데, 가을에 강어귀로 내려가 알을 낳고 죽는다.

은어는 몸에서 비린내가 안 나고 알싸한 오이 냄새가 난다고 '향어'라고도 한다. 아주 맛있어서 사람들이 '은어낚시'로 잡는다. 텃세 부리는 성질을 이용하는데, 살아 있는 '씨은어'를 코와 배를 꿰어 던지면 먹자리를 지키려는 은어가 씨은어를 쫓아내다가 낚싯바늘에 걸릴 때 낚아챈다. 회를 쳐서 먹고 구이나 찜으로 요리해 먹기도 한다. 지금은 강어귀에 보와 댐이 생겨서 물길이 막히고 물이 더러워지자 은어가 점점 줄어들고 있다.

알 낳기와 성장 9~10월에 강어귀로 내려가 알을 낳는다. 이때 수컷은 몸빛이 검어지고 몸 아래쪽에 붉은색 띠가 또렷해지며 지느러미는 굴색을 띤다. 비늘에 돌기가 나고 배지느러미와 뒷지느러미에도 돌기가 생긴다. 암컷은 뒷지느러미 앞부분이 나와 있어 구부러짐이 심하다. 암컷 한 마리에 수컷 여러 마리가 붙어 물살이 센 여울에서 자갈이 깔린 모래 바닥을 파며 알을 낳는다. 여기저기에 알을 여러 번 낳는다. 암컷은 알을 1만~7만 개 낳는다. 알은 지름이 1mm이고, 수온 12~20℃에서 10~24일이 지나면 새끼가 깨어난다. 새끼는 4.8~6.2mm이다.

봄에 은어 떼가 강을 거슬러 오른다.

 강, 냇물, 댐

20~30cm

9~10월

분포 우리나라, 북한, 중국, 일본, 대만

북녘 이름 은어

다른 이름 곤쟁이, 언어, 은피리, 어애, 은구어,
연광어, 은어무지, 향어

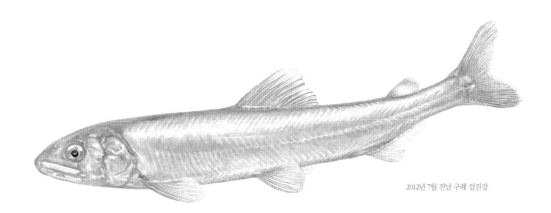

2012년 7월 전남 구례 섬진강

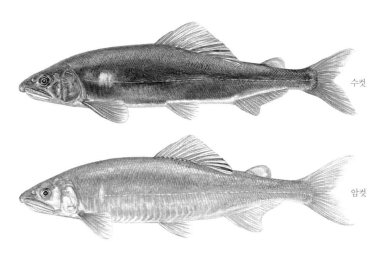

수컷

암컷

2006년 9월 전북 정읍 산내(육봉형)

몸길이는 20~30cm이다. 몸이 길고 세로로 조금 납작하다. 등은 잿빛 밤색이고 배는 은백색이다. 비늘은 아주 잘다. 머리는 크고 주둥이 끝이 뾰족하다. 입은 주둥이 끝에서 눈 아래까지 온다. 지느러미에는 무늬가 없고 투명하다.

등지느러미 뒤에 기름지느러미가 있다. 꼬리지느러미는 제비 꼬리처럼 갈라졌다. 등지느러미는 몸 가운데에 있고 뒷지느러미는 앞쪽 지느러미살이 길어 가장자리가 오목하게 파여 있다. 옆줄은 곧게 쭉 이어진다.

등지느러미 연조 11~12개, 뒷지느러미 연조 15~17개, 옆줄 비늘 67-72개, 척추골 61~65개이다.

연어목
연어과

열목어
Brachymystax lenok tsinlingensis

열목어는 아주 맑고 차가운 물이 흐르는 깊은 산골짜기에서 산다. 곳곳에 깊은 소가 있고 큰 바위가 많은 곳을 좋아한다. 여러 마리가 떼로 헤엄치는데 놀라면 흩어져 바위 밑으로 숨는다. 힘이 세서 물살이 거친 여울도 잘 타고 오른다. 열목어가 사는 곳에는 금강모치도 사는데, 열목어가 아주 좋아하는 먹잇감이다. 육식성으로 어린 물고기, 날도래 애벌레 같은 물벌레와 새우 따위도 먹는다. 돌 틈을 이리저리 헤엄치면서 먹이를 잡아먹는다. 겨울에는 깊은 곳 바위 밑으로 들어가서 지낸다.

봄이 와서 날이 풀리고, 깊은 산골짜기에서 비와 함께 눈과 얼음이 녹아 흐르면 열목어는 알을 낳으러 여울을 거슬러 올라간다. 물이 무릎까지 오고 모래와 자갈이 깔린 곳에서 밤에 바닥을 15cm 깊이로 우묵하게 판다. 암컷과 수컷은 알을 낳고 알자리를 모래와 자갈로 덮는다. 알자리 지름은 30cm, 높이가 5cm쯤이다. 새끼는 물살이 잔잔한 곳에서 돌 틈을 여기저기 다니면서 작은 물벌레를 잡아먹는다.

우리나라 강원도 설악산에 흔하다. 충청북도와 경상북도 깊은 산골짜기에도 서식한다. 북한에는 압록강, 대동강, 두만강 상류에 살며 중국 만주와 러시아 시베리아 지역에도 분포한다. 환경부에서 '멸종위기야생동식물 2급'으로 지정했고, 문화재청에서 1962년에 열목어 서식지 두 곳을 '천연기념물'로 지정해서 보호하고 있다.

알 낳기와 성장 4~5월에 알을 낳는다. 알은 지름이 3.5~4mm이고, 28~30일이 지나면 새끼가 깨어난다. 새끼는 10~15일 노른자위를 달고 사는데 3분의 2를 흡수하면 알자리를 떠난다. 그해 6월까지 2.5~2.7mm로 자라고 9월이면 8.5~9.5mm가 된다. 3~4년 자라면 25~45cm로 크고 알을 낳을 수 있다.

서식지와 보호 열목어는 한반도가 빙하기 이후 북만주와 함께 냉수대에 들어 있었음을 알려 주는 지표 생물로 학술적으로 중요하다. 열목어 서식지인 한강 최상류 강원도 정선군 정암사 계곡과 낙동강 최상류 경상북도 봉화군 석포면 계곡, 이 두 곳은 각각 '천연기념물 제73호'와 '제74호'로 지정하여 보호하고 있다.

산골짜기

30~70cm

4~5월

보호종
멸종위기야생동식물 2급
천연기념물 제73호, 제74호
(정선, 봉화 열목어 서식지)

분포 우리나라, 북한, 중국, 러시아

북녘 이름 열목어, 열무기, 세지, 산치, 참고기

다른 이름 연매기, 댓잎이, 김일성고기

2007년 3월 강원도 삼척 내수면연구소

몸길이는 30~70cm이다. 몸이 길고 몸통이 통통하다.
몸 색깔이 누런 밤색인데, 등은 푸르며 진하고
배는 은빛으로 하얗다. 주둥이는 뾰족하고 입은 크다.
턱과 입천장에 날카로운 이가 1~2줄로 나 있다.
입은 위를 보고 벌어진다. 위턱이 길어서

눈 밑까지 온다. 눈은 크다. 몸통에 세로로
9~10개 짙은 밤색 줄무늬가 있는데 자라면서
옅어진다. 등에 작은 기름지느러미가 있다.
옆줄은 아가미뚜껑 뒤에서 꼬리지느러미까지
거의 곧게 이어진다.

옆줄 둘레에 작고 까만 점이 흩어져 있다.
등지느러미를 뺀 나머지 지느러미가 주황색이다.
비늘이 아주 잘다.
등지느러미 연조 12~14개, 뒷지느러미 연조 12~16개,
옆줄 비늘 123~124개, 척추골 62~63개이다.

연어

Onchorhynchus keta

연어는 강에서 태어나 바다에서 살다가 다시 강으로 돌아와 알을 낳는다. 연어처럼 고향으로 돌아오는 물고기를 '회귀성 어류'라고 한다. 바다에서 3~5년을 사는데, 후각을 이용해서 태어난 강으로 온다. 가을에 강으로 떼를 지어 오르며 암수가 각각 한 마리씩 짝을 짓는다. 깊이가 10~25cm인 얕고 자갈과 모래가 깔린 곳에서 주로 수컷이 꼬리지느러미와 뒷지느러미로 지름 40~90cm, 깊이 40cm로 구덩이를 파서 알자리를 만든다. 수컷이 암컷에게 나란히 몸을 붙이고 부비면서 암수 모두 입을 한껏 크게 벌리고 알을 낳는다. 암컷은 알을 낳은 뒤에 꼬리지느러미를 써서 자갈과 모래로 알자리를 두텁게 덮어 알을 보호한다. 암컷과 짝을 이루지 못한 수컷은 다른 짝이 알을 낳을 때 제 정액을 뿌려 수정시키기도 한다. 암컷은 곧 죽고 수컷은 며칠 안에 죽는다. 새끼는 봄까지 강에서 자라고 5~7cm가 되면 바다로 내려가 산다. 강에서는 입 크기에 맞는 깔따구나 하루살이 애벌레 같은 수서 곤충을 먹고, 바다에서는 게와 새우 같은 갑각류, 물고기 알과 새끼, 작은 물고기를 먹고 산다. 강으로 올라와서는 아무것도 안 먹는다.

연어는 전 세계 사람들이 즐겨 먹는다. 바다와 강에서 잡아 가공하여 냉동이나 훈제, 통조림으로 만든다. 구워 먹고 샐러드를 할 때 넣기도 한다. 연어 알도 귀한 식품이다. 우리나라 북부 동해안으로 흐르는 하천에 오는 연어 무리는 연어와 시마연어 2종이다. 옛날에는 낙동강으로도 연어가 왔다고 하지만 요즘에는 발견되지 않고 있다. 북한 동해안에는 연어와 시마연어가 오고 곱사연어, 왕연어, 은연어도 분포하는 것으로 알려져 있다.

알 낳기와 성장 9~11월에 알을 낳는다. 이때 연어 암컷과 수컷 몸통에 새빨간 무늬가 나타난다. 각 지느러미 끝은 까맣게 변한다. 수컷은 위턱과 아래턱이 길어져서 주둥이가 꼬부라지고 그 끝에 붙은 이도 강해지며 등이 불룩 솟는다. 암컷은 알을 2000~6000개 낳는다. 알은 지름이 7.2mm이고 주황색이거나 빨갛다. 알은 각각 떨어지고 바닥으로 가라앉는다. 알은 2개월이 지나면 깨어나는데, 새끼는 1.8~2.5cm이다. 이듬해 3~5월이면 5~7cm로 자라서 무리를 지어 바다로 간다. 만 1년이면 25cm, 2년이면 45cm, 3년이면 57cm, 5년 자라면 80cm까지 큰다.

강, 바다

60~100cm

9~11월

분포 우리나라, 북한, 일본, 러시아, 북아메리카 서부

북녘 이름 연어, 연에, 년어, 연어사리

2013년 10월 강원도 양양 양양연어사업소(사진 자료)

몸길이는 60~80cm이고, 큰 것은 1m에 이른다.
몸은 길고 세로로 납작하다. 머리가 크고 입이 크다.
이마는 평평하고 넓다. 턱에 크고 뾰족한 이가 있다.
수컷이 암컷보다 턱이 크고 심하게 구부러진다.
비늘은 잘다. 옆줄은 몸통 가운데를 지나

꼬리지느러미 앞까지 곧게 나 있다.
꼬리자루에 작은 기름지느러미가 있다.
꼬리지느러미는 조금 갈라지고 끝이 뾰족하다.
몸 색깔은 바다에 살 때 등은 청색이고 배는 은빛이
도는 하얀색이다. 몸통에 조금 짙은 푸른색

가로무늬가 5~8개 있다. 강으로 오면
몸 빛깔이 바뀐다. 등은 거무스름한 청색이고
다른 부분은 연한 청색이다.
등지느러미 연조 11~12개, 뒷지느러미 연조 15~16개,
옆줄 비늘 125~149개, 척추골 61~73개이다.

산천어

Onchorhynchus masou

산천어는 송어가 민물에 적응한 '육봉형'이다. 송어는 산골짜기에서 태어나 강줄기를 타고 바다로 나가서 살다가 알을 낳으러 다시 민물로 올라온다. 송어가 바다로 가지 않고 민물에 적응하여 사는 것이 산천어다. 산골짜기에 눌러 살아서 송어보다 몸집이 훨씬 작다. 산천어는 아주 맑고 차가워 산소가 많이 녹아 있는 물에서만 산다. 물이 콸콸 쏟아지는 폭포 아래 바위틈으로 잘 숨는다. 수서 곤충이나 작은 물고기를 잡아먹는다.

산천어는 4~5월에 등이 황금색으로 바뀐다. 배는 은빛이 도는 흰색이 된다. 가을이 되면 등이 검은빛을 띤다. 알은 9~10월에 낳는다. 자갈이 깔려 있는 여울에 수컷이 웅덩이를 파서 알자리를 만들면 암컷이 알을 낳는다. 알을 낳은 뒤에 자갈과 모래로 덮는다. 수컷은 성장하여 1년 만에 짝짓기를 하지만 암컷은 3년을 자라야 알을 낳는다.

우리나라에서는 경상북도 울진보다 북쪽에 분포하는데, 동해로 흐르는 하천 상류에 서식한다. 북한, 일본, 러시아 연해주, 알래스카에도 분포한다. 송어는 일부러 양식을 한다. 맛이 좋아 사람들이 회로 먹거나 요리를 해서 먹는다.

알 낳기와 성장 9~10월에 자갈이 깔린 여울에 알을 낳는다. 수컷이 웅덩이를 파서 알자리를 만든다. 암컷은 알을 2000~3000개 낳는다. 알은 30~35일이 지나면 새끼가 깨어난다. 수컷은 1년이면 성숙한 개체도 있지만 암컷은 3년이 지나야 알을 낳을 수 있다. 송어와 달리 짝짓기 뒤에도 살아남는 어미가 있다.

송어의 육봉형 산천어는 송어의 '육봉형'이다. 육봉형은 본디 바다에 사는 물고기가 민물에 적응하여 사는 것을 말한다. 그래서 산천어와 송어를 같은 종으로 본다. 이 두 종은 서로 교잡이 가능하다. 산천어는 20cm로, 몸길이가 60cm에 이르는 송어보다 훨씬 작다.

산골짜기

20cm

4~5월

분포 우리나라, 북한, 일본, 러시아, 알래스카

북녘 이름 산천어, 산이면수

다른 이름 조골래, 쪼고리북

2007년 2월 충남 보령 보령민물생태관

몸길이는 20cm이다. 몸이 누르스름한 녹색이다. 등에 눈동자만 한 진한 밤색 반점이 여기저기에 흩어져 있다. 옆줄을 따라서 거무스름한 반점이 10개 있다. 배에도 작은 반점이 있다. 등에 작은 기름지느러미가 있다. 입이 크고

입속에 작고 뾰족한 이가 나 있다. 위턱이 아래턱보다 길어서 앞으로 조금 나와 있다. 턱과 입천장, 혀에 작지만 날카로운 이가 1~2줄로 나 있다. 옆줄은 몸 가운데를 직선으로 지나고 꼬리지느러미까지 뚜렷하다.

새끼는 꼬리지느러미 아래쪽이 붉다. 등지느러미 연조 10~16개, 뒷지느러미 연조 14~15개, 옆줄 비늘 112~140개, 새파 16~22개, 척추골 63~65개이다.

가숭어

Chelon haematocheilus

가숭어는 몸집이 아주 크다. 맛이 좋다고 '참숭어'라고 한다. 숭어보다 바닷물과 민물이 만나는 기수 지역을 더 좋아한다. 숭어와 다르게 눈에 노란 테가 있고, 꼬리지느러미가 제비 꼬리처럼 갈라지지 않았다. 주로 바닷가와 강어귀에서 사는데, 바닷가에서는 갯벌이 있는 곳을 좋아한다. 무엇에 놀라면 물 위로 잘 뛰어오른다. 몇 마리가 무리를 지어 헤엄 치다가 떼로 튀어 오르기도 한다. 바닥에서 식물성 플랑크톤을 먹고 펄에 섞여 있는 유기물도 먹는다.

알은 5~6월에 낳는다. 가을에 강어귀로 떼 지어 많이 몰려가서 지내고, 이듬해 봄에 알을 낳는다. 겨울에는 아무것도 먹지 않는다. 봄에 얼음이 풀리기 시작하면 연안으로 나갔다가 다시 먹이를 찾아 강어귀로 온다.

한강에서 물고기를 잡는 어부들은 가숭어가 봄에 많이 잡히는데 눈에 기름이 끼어 있다고 한다. 그물이나 낚시로 잡는다. 생선회로 먹거나 국을 끓이고 구워서도 먹는다. 한겨울이나 이른 봄이 제철이고 다른 계절은 맛이 없다고 한다. 우리나라 서해, 남해, 동해 전 연안에 산다. 바닷물과 민물이 만나는 곳과 강 하류에 서식한다. 중국과 일본의 연안에도 분포한다.

알 낳기와 성장 3~6월에 알을 낳는다. 알은 동그랗고 지름이 1mm쯤이며 한 개씩 물에 뜬다. 수온 21~22℃에서 40시간이 지나면 새끼가 깨어나기 시작한다. 새끼는 2.4mm로 입은 닫혀 있고 총배설강은 열려 있다. 3일째 입이 열리고 노른자위가 다 흡수된다. 12일이 지나면 6.8mm가 되고, 더 자라 8.5mm가 되면 지느러미가 다 생긴다.

숭어 무리 우리나라에 사는 숭어 무리에는 숭어, 알숭어, 등줄숭어, 가숭어 이렇게 4종이 있다. 숭어와 가숭어가 가장 흔하고, 이 두 종은 닮아서 혼동하기 쉽다. 가숭어는 맛이 좋다고 '참숭어'라고도 하고, 숭어는 맛이 없다고 '개숭어'라고도 한다. 가숭어는 작은 놈을 '모쟁이'나 '모치', '눈부럽떼기'라고도 한다.

강어귀, 바다	**분포** 우리나라, 북한, 중국, 일본	
100cm	**북녘 이름** 숭어, 황숭어, 가숭어, 물숭어, 언디	
3~6월	**다른 이름** 참숭어, 개숭어, 눈거무리, 먹숭어, 칙숭어,	
	눈거머리, 눈금숭어, 보리숭어, 누룽태, 모치, 모쟁이,	
	몽어, 밀치, 순어, 실치, 눈부럽떼기	

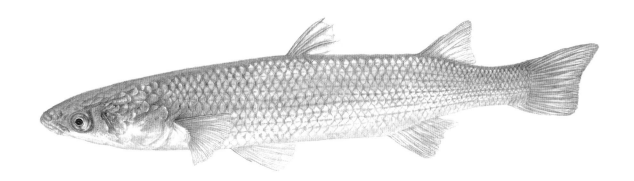

2013년 5월 충남 보령 대천천

몸길이는 100cm이다. 몸통은 원통형이지만 세로로 조금 납작하다. 머리는 작은데 가로로 아주 납작하다. 이마는 평평하다. 입은 앞에서 보면 'ㅅ'자 모양이고 윗입술이 크다. 위턱과 아래턱에 돌기 같은 이가 있다. 눈은 큰데 머리 앞쪽에 있고, 투명한 기름 눈꺼풀이 가장자리만 감싼다. 눈에 노란색 테가 있다. 등지느러미는 2개인데, 제1등지느러미와 제2등지느러미는 멀리 떨어져 있다. 꼬리지느러미가 조금 파였다. 몸 색깔은 등이 잿빛이 도는 갈색이고 배는 은백색이다. 비늘 끝에 있는 거무스름한 점이 2~3개 있는데, 몸통에 가로 줄무늬 7~9개를 이룬다. 제2등지느러미 연조 9개, 뒷지느러미 연조 8~9개, 종렬 비늘 37~42개, 척추골 24~26개이다.

송사리

Oryzias latipes

송사리는 우리나라에 사는 민물고기 가운데 가장 작다. 어린이 새끼손가락보다도 작다. 눈이 크고 툭 불거져 나와서 전라도에서는 '눈쟁이'라고도 하고 '눈보'나 '눈깔망탱이'라고도 한다. 논이나 논도랑, 둠벙 같은 작은 웅덩이에 산다. 연못과 저수지, 늪이나 냇물에도 산다. 물살이 느린 곳에서 마름처럼 잎이 물에 떠 있는 물풀 곁에 잘 모여든다. 여러 마리가 떼를 지어 헤엄치다가 위협을 느끼면 잽싸게 흩어져 숨는다. 여름에 큰 비가 오면 물살에 떠밀려 강어귀까지 가기도 한다. 소금기가 있는 짠물도 잘 견디고 물살이 느려지면 강을 거슬러 오르기도 한다. 겨울이 되면 물속에 가라앉은 가랑잎이나 물풀 더미 밑에서 지낸다.

송사리가 살면 모기가 많이 안 생긴다. 송사리는 입이 눈보다 위에 있고, 위를 보고 벌어져서 물에 둥둥 떠서 사는 장구벌레를 아주 잘 잡아먹는다. 물벼룩이나 실지렁이, 작은 물벌레, 해캄 같은 물풀도 먹는다. 작은 것이면 이것저것 안 가린다. 어항에서 잘 적응하고 기르기가 쉬워서 사람들이 집에서 키우기도 한다. 우리나라 남부 지방에만 서식하는데 낙동강과 탐진강, 동해로 흐르는 하천에도 산다. 서해와 남해 섬에도 살고 일본에도 분포한다. 송사리는 물이 조금 더러워도 잘 견디는데, 요즘에는 논에 농약을 많이 치면서 드물어졌다.

알 낳기와 성장 5~7월에 알을 낳는다. 수컷은 뒷지느러미와 꼬리지느러미가 까매지고 검은 줄이 1~2개 생긴다. 암컷은 알을 배서 배가 불룩해진다. 수컷은 알자리를 미리 찾아 지키면서 텃세를 부린다. 다른 송사리가 다가오면 사납게 입을 부딪쳐 쫓아낸다. 송사리는 수컷보다 암컷이 많다. 수컷 한 마리가 암컷 여러 마리를 데리고 다니면서 알을 낳는다. 수컷이 암컷 둘레를 뱅뱅 돌면서 암컷을 꼬인다. 암수가 어울려 몸을 딱 붙이고 바닥으로 내려가 몸을 흔들며 알을 낳는다. 갓 낳은 알은 20~30개인데 암컷 배에 포도송이처럼 붙는다. 알은 끈적끈적하고 가는 알끈으로 서로 이어져 있다. 암컷은 알을 배에 7~8시간 달고 있다가 몸을 물풀에 비벼서 하나씩 붙인다. 알에 아주 작은 털이 잔뜩 있고 끈적끈적하다. 알은 15일이 지나면 새끼가 깨어난다. 다른 송사리가 알을 주워 먹기 때문에 깨어나는 새끼는 얼마 안 된다. 송사리는 대개 1년 정도 사는데, 2년을 사는 것도 있다.

둠벙, 논도랑, 논, 늪, 저수지, 냇물, 강어귀

4cm

5~7월

분포 우리나라, 일본

북녘 이름 송사리

다른 이름 눈쟁이, 눈굼쟁이, 눈깔망탱이, 눈발때기, 송아리, 눈깔이, 눈보, 꼽슬이

송사리 암컷이 알을 낳아 배에 매달고 있다.

수컷

암컷

2007년 4월 전남 목포 대양동 논도랑

송사리는 수면에서 여러 마리가 모여 헤엄친다.

몸길이는 4cm쯤이다. 암컷이 수컷보다 크다. 몸집이 아주 작고 배가 통통하다. 머리는 작고 눈은 크다. 머리에 두 눈이 옆으로 툭 튀어나왔다. 주둥이도 뻬죽 나왔으며 입이 위를 보고 있다. 아래턱이 위턱보다 길고

입을 벌릴 때 아래턱이 열린다. 등지느러미는 짧은데 꼬리자루에 붙어 있다. 몸 색깔이 연한 밤색이고 배는 하얗다. 몸속이 훤히 비칠 정도로 투명하다. 꼬리자루 쪽에 작고 까만 점이 많다.

뒷지느러미는 폭이 넓다. 비늘에 검은 점이 있다. 수컷 뒷지느러미 바깥은 톱니 모양이어서 암컷과 다르다. 등지느러미 연조 6~7개, 뒷지느러미 연조 18~21개, 종렬 비늘 29~33개, 척추골 31~34개이다.

대륙송사리

Oryzias sinensis

　우리나라에서 흔히 보이는 송사리는 거의 '대륙송사리'이다. 땅이 너른 중국에도 살아서 이름에 '대륙'이라는 말이 붙었다. 동해로 흐르는 하천을 빼고 우리나라 전국에 분포한다. 송사리는 일본과 우리나라 남부 지방에만 서식한다. 남부 지방에서는 대륙송사리와 송사리가 같은 곳에서 살기도 한다.

　대륙송사리는 송사리와 거의 똑같이 생겨서 두 종을 구분하기는 어렵다. 송사리는 몸통과 꼬리자루 쪽에 검은 반점이 있다. 대륙송사리는 송사리보다 몸집이 조금 작고, 몸에 검은 반점이 없으며, 배지느러미와 뒷지느러미에 검은 띠가 있다. 송사리는 먹이와 산란 습성 등 생태도 거의 비슷하다.

　송사리처럼 물이 조금 더러워도 잘 견디며 살지만 요즘에는 환경 오염으로 점점 사라지고 있다. 대륙송사리도 사람들이 많이 기르는데 어항을 잘 갖추면 알 낳는 모습을 쉽게 볼 수 있다. 옛날에는 대륙송사리와 송사리를 한 종으로 여겼다. 1992년에 서해로 흐르는 하천과 섬진강 수계 지역에 분포하는 송사리를 조사한 결과 차이가 드러나 두 종으로 분류하였다.

입과 먹이 대륙송사리는 송사리처럼 입이 눈보다 위에 있고, 입이 위를 보고 벌어진다. 그래서 물에 떠 있는 먹이를 잘 먹는다. 모기 애벌레인 장구벌레나 작은 벌레를 잡아먹고 물 위에 떨어진 작은 식물 씨앗을 먹는다. 물풀 가운데서 해감도 잘 먹는다. 바닥을 뒤져서 먹이를 찾기도 하지만 바닥보다 주로 수면 주위에서 헤엄친다.

둠벙, 논도랑, 논, 늪,　　**분포** 우리나라, 북한, 중국

저수지, 냇물, 강어귀　　**북녘 이름** 송사리

3~4cm　　**다른 이름** 눈쟁이, 눈굼쟁이, 눈깔망탱이,

5~7월　　눈발때기, 송아리, 눈깔이, 눈보, 꼽슬이

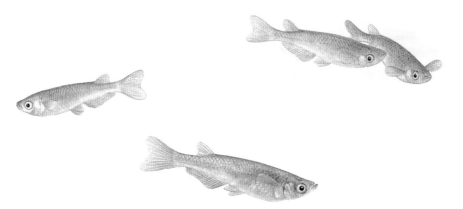

2005년 3월 경기도 김포 하성면 논도랑

마름 둘레에서 헤엄치는 대륙송사리

몸길이는 3~4cm이다. 송사리와 생김새가
거의 같은데 몸집이 조금 작고 몸에 검은 반점도
없다. 송사리와 달리 배지느러미와 뒷지느러미에
검은 띠가 있다. 몸집이 작고 배가 통통하다.
몸 색깔이 연한 밤색이고 배는 하얗다.

몸속이 훤히 비칠 만큼 투명하다.
산란기에 수컷은 배지느러미와 뒷지느러미가
까맣게 변하고, 가슴은 누렇게 되지만
송사리보다는 덜하다.

등지느러미 연조 8~9개, 뒷지느러미 연조 17~19개,
종렬 비늘 27~31개, 척추골 29~31개이다.

큰가시고기

Gasterosteus aculeatus

몸에 큰 가시가 있어서 '큰가시고기'라고 한다. 등에 뾰족하고 날카로운 가시가 3개 있고, 배지느러미에 한 쌍 있으며, 뒷지느러미 앞쪽에 한 개 있다. 가시는 접었다 폈다 한다. 가시가 여섯 개라고 '육침고기'라고도 하며, 혼인색을 띠어 몸이 빨개진 수컷을 보고 '붉은가시고기'라고도 부른다.

알은 3~5월에 낳는다. 수컷은 새처럼 알 낳을 둥지를 짓고 암컷을 기다린다. 암컷이 둥지로 다가오면 수컷은 몸을 'S'자 모양으로 휘며 헤엄쳐 유인한다. 이때 암컷은 둥지가 마음에 들면 들어가서 알을 낳고 나오고, 곧이어 수컷이 따라 들어가서 정액을 뿌리고 나온다. 암컷은 알을 낳은 뒤 몇 시간 만에 죽지만, 수컷은 아무것도 먹지 않고 알과 새끼를 지킨다. 둥지 입구에서 깨끗하고 산소가 풍부한 물이 들어가도록 가슴지느러미로 부채질을 하며 수시로 알을 꺼내 위치를 바꾸어 준다. 수컷은 바짝 여위고 몸빛이 바랜 채로 새끼들이 부화하는 1~2일 뒤까지 지키고, 새끼들이 떠나면 둥지 근처에서 죽는다.

큰가시고기 새끼는 봄철 비가 많이 올 때면 냇물을 타고 가까운 바다로 가서 무리를 지어 산다. 1~2년이 지나면 알을 낳기 위해 떼로 강과 냇물을 거슬러 오른다. 우리나라 남해, 동해로 흐르는 하천 하류와 연안에 서식하고 특히 동해 남부 지역에 흔하다. 수서 곤충, 작은 물고기, 물고기 알, 동물성 플랑크톤을 먹는다.

알 낳기와 성장 3~5월에 수컷이 둥지를 짓고 알을 낳는다. 수컷은 온몸이 파래지고, 옆구리와 배는 밝은 붉은색을 띤다. 암컷은 몸통과 배가 밝은 은색이나 황금색을 띤다. 암컷은 알을 250~600개 가지고, 한 번에 50~150개씩 여러 번에 걸쳐 낳는다. 알은 지름이 1.4~1.7mm이고, 수온 15~19℃에서 7일이 지나면 새끼가 깨어나기 시작한다. 새끼는 5~6mm이다. 둥지 하나에 알이 평균 2600개쯤 들어 있어 수컷 한 마리가 여러 암컷과 짝짓기를 한다는 것을 알 수 있다.

둥지 짓기 수컷은 모래와 진흙으로 된 바닥을 3~5cm 깊이로 파고, 입과 가슴지느러미로 깨끗이 청소한다. 근처에 다른 수컷이 오면 가시를 세우고 사납게 몰아 쫓아낸다. 특히 배지느러미에 있는 가시를 세워 공격한다. 주변에 있는 나뭇잎과 물풀을 모아 몸에서 나오는 끈끈한 물로 붙인다. 둥지는 입구와 출구를 뚫어 놓는다.

강, 냇물, 바다

13cm

3~5월

분포 우리나라, 북한, 일본, 러시아, 북아메리카, 유럽

북녘 이름 참채, 큰가시고기, 삼극가시고기

다른 이름 붉은가시고기, 까시붕어, 쐐미, 매가리, 침쟁이, 쥐고기, 까치고기, 육침이, 육침고기, 송곳치, 치고기

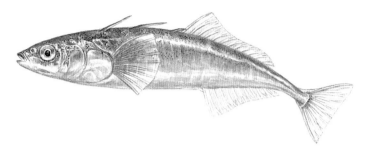

2007년 2월 강원도 강릉 연곡천

혼인색을 띤 수컷

큰가시고기의 산란

1. 수컷이 바닥에 물풀 조각을 모아서 둥지를 짓는다.

2. 둥지 근처에 암컷이 오면 수컷이 마중한다.

3. 암컷이 둥지에 알을 낳으면 수컷이 따라 들어가서 수정시킨다.

몸길이는 13cm쯤이다. 몸 색깔은 연한 갈색이고, 배 쪽은 은색과 황금색을 띤다. 몸은 둥글고 세로로 납작하다. 머리는 크고 눈도 크다. 주둥이는 뾰족하다. 입은 작고 뾰족한 이가 나 있다. 아래턱이 위턱보다 조금 길다. 몸통은 크지만

꼬리 쪽은 잘록하다. 등지느러미 앞에 가시가 3개 있다. 앞쪽 2개는 아주 크고 맨 뒤에 1개는 작다. 배지느러미에도 큰 가시가 각각 1개 있고, 뒷지느러미에도 작은 가시가 1개 있다. 옆줄은 뚜렷한데 옆줄을 따라 인판이 아가미 뒤부터

꼬리지느러미 앞까지 차례대로 있다. 꼬리자루에 뼈로 된 돌기가 있다. 등지느러미 연조 12~14개, 뒷지느러미 연조 9~11개, 몸통 인판 32~35개, 새파 23~26개, 척추골 31~33개이다.

가시고기

Pungitius sinensis

가시고기는 등에 작고 뾰족한 가시가 8~9개 줄지어 나 있다. 가시들은 아주 얇은 막으로 서로 이어져 있다. 배지느러미에 가시가 한 쌍 있고, 뒷지느러미 앞에도 한 개 있다. 맑은 물이 흐르는 냇물이나 강에만 산다. 물풀이 수북한 곳에서 깔따구 애벌레나 실지렁이, 물벼룩과 새우를 잡아 먹는다. 가슴지느러미를 쉼 없이 앞뒤로 휘저으며 제자리에 있다가 갑자기 빠르게 앞으로 갔다가 멈춰 서고 다시 앞으로 나아가며 헤엄친다.

5~6월에 알을 낳는다. 수컷은 몸이 검푸르게 바뀌면서 몸통에 난 무늬가 짙어지고 등지느러미에 검고 작은 점이 생긴다. 수컷은 갈대 뿌리 근처나 물풀에 자잘한 검불 따위를 모아 입구와 출구가 있는 동그란 둥지를 짓는다. 암컷을 둥지로 데려와 함께 알을 낳은 뒤, 수컷은 둥지를 틀어 막는다. 암컷은 알을 100~200개 낳은 뒤에 죽는다. 수컷은 둥지 곁에서 가슴지느러미로 부채질을 하여 산소가 많고 깨끗한 물이 알에 닿도록 보살핀다. 수컷은 새끼가 깨어날 때까지 둥지를 지키며 점점 죽어 간다.

우리나라 동해로 흐르는 하천 중류와 하류에 산다. 예전에는 흔했는데, 요즘에는 강물이 더러워져서 눈에 띄게 숫자가 줄어들고 있다. 환경부에서 '멸종위기야생동식물 2급'으로 지정해서 보호하고 있다.

분포 우리나라 동해로 흐르는 하천에 사는데, 서해로 흐르는 하천과 연결된 제천 의림지 같은 저수지에 사는 것은 빙어를 이식하면서 퍼진 것이다. 강원도 동해시 옥계 주수천, 강릉시 남대천과 연곡천, 속초시 쌍천에 산다. 북한에는 서해로 흐르는 하천에도 산다. 중국 동부, 일본, 러시아 연해주에도 분포한다.

강, 냇물

5cm

5~6월

보호종

멸종위기야생동식물 2급

분포 우리나라, 북한, 일본, 중국, 러시아

북녘 이름 가시고기, 달기사리, 부어

다른 이름 까시고기, 칼치, 까치고기, 침고기

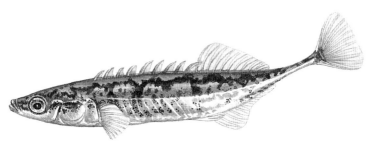

2007년 2월 강원도 강릉 연곡천

물풀 줄기에 둥지를 짓는 가시고기 수컷

몸길이는 5cm이다. 몸은 세로로 납작하다. 몸은 연한 갈색인데 배는 노랗다. 몸통에 얼룩덜룩한 밤색 무늬가 있고, 작은 점이 아주 많다. 주둥이는 뾰족하다. 머리도 크고 눈도 크다. 입술이 두툼하다. 아래턱이 위턱보다 길어서 입이 위를 보고 벌어진다. 아가미 뒤부터 꼬리지느러미 앞까지 작은 비늘로 된 인판이 쭉 이어져 있다. 지느러미는 투명하다. 등에 짧지만 날카로운 가시가 8~9개 있다. 가시는 아주 얇은 막으로 이어져 있다.

가시가 배지느러미에 1쌍, 뒷지느러미 앞에 1개 있다. 꼬리자루는 아주 잘록하다. 제2등지느러미 연조 10~12개, 뒷지느러미 연조 9~11개, 몸통 인판 32~35개, 새파 10~14개, 척추골 34~35개이다.

잔가시고기

Pungitius kaibarae

몸집이 작고 등에 가시가 있어 '잔가시고기'라는 이름이 붙었다. 가시고기와 닮았는데 잔가시고기는 몸 색깔이 까맣고 짙다. 등에 난 가시는 더 굵다. 가시고기와 달리 잔가시고기는 지느러미가 짙은 검은색을 띤다. 등에 뾰족한 가시가 8~10개 있다. 가시가 배지느러미에 한 쌍, 뒷지느러미 앞에도 하나 있다.

잔가시고기는 맑은 물이 흐르는 냇물과 강에 산다. 주로 큰 바위와 자갈, 물풀이 많은 곳에서 무리를 지어 산다. 큰가시고기와 다르게 바다로 가지 않고 민물에서만 지낸다. 물벼룩과 깔따구 애벌레, 실지렁이 따위를 잡아먹는다. 알은 5~8월에 낳는다. 수컷은 혼인색을 띠는데, 몸이 까맣게 변하고 가시에 있는 막이 검푸르게 바뀐다. 수컷은 물풀 줄기에 둥지를 만든다. 둥지 근처에 암컷이 다가오면 빙글빙글 헤엄치며 암컷 둘레를 맴돈다. 암컷은 둥지가 마음에 들면 들어가서 알을 낳고 나온다. 뒤이어 수컷이 들어가서 알을 수정시킨다.

잔가시고기는 우리나라 동해안으로 흐르는 하천 중류에 산다. 일본 교토와 효고 지역에도 분포했는데, 지금은 모두 사라졌다고 한다. 우리나라도 강물이 오염되면서 잔가시고기 수가 빠르게 줄고 있다. 환경부에서 '멸종위기야생동식물 2급'으로 지정하여 보호하고 있다.

둥지 짓기 수컷은 번식기가 되면 무리에서 따로 떨어져 나온다. 튼튼한 물풀 줄기에 알 낳을 동그란 둥지를 짓는다. 물풀 뿌리와 줄기 부스러기를 입으로 뜯고 물어 와서 물풀 줄기에 촘촘히 박아 끼운다. 검불이 모이면 둥지를 돌며 온몸을 이용해서 다듬는다. 몸에서 나오는 끈끈한 물로 검불들을 붙여 튼튼하게 만든다. 둥지가 커지면 양쪽에 입구와 출구를 만들어 완성한다.

큰가시고기과 우리나라에 큰가시고기 무리는 큰가시고기, 가시고기, 잔가시고기 모두 3종이 산다. 이 중에서 잔가시고기는 가장 몸이 작고 색깔이 짙다. 큰가시고기는 이름처럼 가시가 가장 크고, 가시고기와 잔가시고기는 가시가 작고 많다. 큰가시고기는 등에 가시가 3개, 가시고기 8~9개, 잔가시고기 8~10개 있다.

강, 냇물	**분포** 우리나라, 북한, 일본	
6~7cm	**북녘 이름** 가시고기	
5~8월	**다른 이름** 까시고기, 침고기, 침쟁이,	
보호종	쥐고기	

멸종위기야생동식물 2급

2007년 3월 경북 경주 안강 형산강

몸길이는 6~7cm이다. 가시고기와 아주 많이 닮았다. 가시고기보다 몸집이 조금 작은데 몸 색깔은 진하다. 몸통에 가무잡잡한 얼룩무늬가 나 있다. 주둥이는 뾰족하다. 머리도 크고 눈도 크다. 입술이 두툼하다. 아래턱이 위턱보다 길다.

등에 짧지만 날카로운 가시가 8~10개 있다. 가시는 아주 얇은 막으로 이어져 있다. 가시가 배지느러미에 1쌍, 뒷지느러미 앞에도 1개 있다. 꼬리자루는 아주 잘록하다. 꼬리지느러미는 투명한데 다른 지느러미들은

거무스름하다.
제2등지느러미 연조 10~12개, 뒷지느러미 연조 8~11개, 인판 31~34개, 새파 10~13개, 척추골 31~33개이다.

드렁허리

Monopterus albus

논두렁에 구멍을 뚫어 허물어트린다고 '드렁허리'라고 한다. 사람들이 언뜻 보면 뱀인 줄 알고 깜짝 놀란다. 몸이 뱀처럼 가늘고 길쭉하다. 꼬리로 갈수록 더 가늘어지고 끝이 아주 뾰족하다. 몸에 비늘이 없어 살갗이 미끌미끌하다. 지느러미는 하나도 없다. 몸을 구불거리면서 기어 다니듯이 헤엄친다. 주로 논이나 논도랑, 늪과 저수지, 냇물에서 볼 수 있다. 우리나라 서해와 남해로 흐르는 냇물에 산다. 중국, 일본, 인도네시아에도 분포하고 동남 아시아 여러 나라에도 서식한다.

드렁허리는 논바닥에서 진흙을 쑤셔 지렁이를 잡아먹는다. 송사리 같은 작은 물고기도 잡아먹고 물벌레 따위도 먹는다. 올챙이와 개구리도 먹잇감이다. 봄에 쟁기로 논을 갈 때 많이 나온다. 모내기를 할 때 진흙 속으로 숨거나 논두렁을 넘어 옆 논으로 가기도 한다. 드렁허리는 아가미와 코뿐만 아니라 살갗으로도 숨을 쉰다. 몸을 꼿꼿이 세우고 물 밖에 코만 내놓는다. 공기를 한껏 마시면 턱 밑이 잔뜩 부풀어 오른다. 여름에 가물어 물이 마르면 진흙을 파고 들어가서 지낸다. 미꾸라지를 잡으려고 가을에 축축한 논을 파면 나오기도 한다.

농부들은 드렁허리를 보면 잡아서 멀리 던져 버린다. 논두렁을 파고 들어가서 구멍을 내면 논물이 새서 손봐야 하기 때문이다. 하지만 논에서 해충을 잡아먹고 진흙을 파고 다녀서 벼 뿌리가 숨 쉬게 하기도 한다. 요즘에는 논에 비료와 농약을 해서 드렁허리가 많이 줄어들었다. 옛날 사람들은 약으로 썼고 중국에서는 요리를 해서 먹는다.

알 낳기 알은 6~7월에 낳는다. 진흙을 파고 그 속에 알을 낳으면 수컷이 남아서 지킨다. 암컷은 알을 500개쯤 낳는다.

성전환 드렁허리는 어릴 때 모두 암컷이었다가 자라면서 수컷이 된다. 30cm가 넘게 자라면 성이 바뀐다. 이때부터 암수의 크기가 달라지는데 암컷은 40cm로 자라고, 수컷은 45cm도 넘게 자란다. 우리나라 민물고기 가운데 유일하게 성전환을 하는 종이다.

논, 논도랑, 둠벙, 늪, 저수지, 연못, 냇물

30~60cm

6-7월

분포 우리나라, 북한, 중국, 일본, 베트남, 인도네시아

북녘 이름 두렁허리

다른 이름 드렝이, 드래, 거시랭이, 땅바라지, 물구레기, 땅패기, 논두렁이, 음지, 뚜리, 우리, 선어

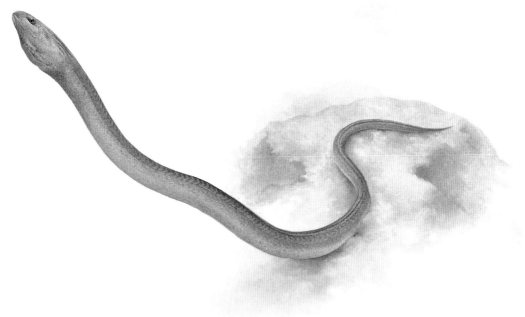

2004년 5월 전북 부안 변산면 논도랑

진흙 속에서 나오는 드렁허리

몸길이는 30~60cm이다. 몸이 가늘고 길다.
뱀장어처럼 몸통이 둥글다. 등은 푸른빛이 도는
밤색이고 배는 샛노랗다. 온몸에 짙은 밤색 점이
많다. 등에는 얼룩무늬가 있다. 주둥이는 뾰족하다.
눈은 아주 작은데 얇은 막으로 덮여 있다.

아가미구멍은 머리 아래쪽에 있다.
입이 크고 입술이 두툼하다. 입속에 작고 날카로운
이가 있는데, 아래턱과 입천장에 여러 줄로
나 있다. 위턱에는 이가 없거나 돌기처럼 되어 있다.
아래턱이 위턱보다 짧다. 턱 밑이 불룩하다.

꼬리지느러미는 흔적만 조금 보일 뿐이고
다른 지느러미는 없거나 퇴화해서 거의 안 보인다.
총배설강은 몸 뒤쪽에 있다. 옆줄은 없고
아가미 뒤부터 꼬리까지 작고 긴 홈이 파였다.
꼬리는 뾰족하다. 척추골 154~161개이다.

둑중개

Cottus koreanus

둑중개는 아주 맑고 차가운 물이 흐르는 산골짜기나 냇물에 산다. 물이 콸콸 흐르고 모래와 자갈이 깔린 여울을 좋아한다. 혼자서 살며 돌 밑에 잘 숨는다. 몸이 거무죽죽하고 돌 색깔이랑 비슷해서 숨으면 감쪽같다. 먹성이 아주 좋다. 하루살이 애벌레나 날도래 애벌레 같은 물벌레를 먹고 새끼 버들치 같은 작은 물고기도 잘 잡아먹는다.

알은 3~4월에 낳는다. 수컷은 여울에서 알 낳기 좋은 돌을 미리 고른다. 돌은 겉이 반반하고 바닥에 떠 있으며 안이 널찍하다. 수컷은 돌 밑에서 자리를 지키며 다른 수컷이 오면 쫓아낸다. 다른 물고기가 와도 입을 한껏 벌리고 쫓아가서 물어뜯는다. 암컷이 다가오면 수컷이 마중을 나가 데려온다. 암컷과 수컷은 돌 밑에 거꾸로 매달려 알을 낳으며 두툼하게 붙인다. 수컷은 암컷 여러 마리와 알을 낳는다. 수컷은 알자리에 혼자 남아서 새끼가 깨어날 때까지 알을 돌본다. 먹이가 부족하면 제 알을 먹기도 한다. 늦가을이 되면 깊은 곳으로 가서 큰 바위 밑에서 꼼짝 않고 겨울을 난다.

둑중개는 아주 드물고 귀한 물고기다. 우리나라 한강 최상류 지역, 경기도와 강원도 산골짜기에 산다. 충청도와 전라도를 흐르는 금강 상류에도 살았고, 만경강과 섬진강 상류에도 살았는데 요즘에는 거의 사라졌다. 북한에 있는 압록강, 청천강, 두만강 상류에 살고 북한과 접경 지역인 중국의 길림성 일부 지역과 러시아 연해주 아무르강에도 분포한다.

알 낳기와 성장 알은 3~4월에 낳는데 이때 수온이 10℃쯤이다. 암컷은 알을 650~900개 낳는다. 새끼는 1년 자라면 4~5.5cm가 되고, 3년이면 7~9cm로 큰다. 암컷은 7cm, 수컷은 8cm가 넘게 자라야 알을 낳을 수 있다.

연구와 보호 2006년에 우리나라 고유종이자 새로운 종으로 기록되었고 학명이 '*Cottus poecilopus*' 에서 '*Cottus koreanus*' 로 바뀌었다. 2005년에 환경부에서 '멸종위기야생동식물 2급' 으로 지정해 보호하다가 지금은 해제되었다.

산골짜기, 냇물

10~15cm

3~4월

고유종

분포 우리나라, 북한, 중국, 러시아 연해주

북녘 이름 뚝중개, 강횟대, 뚝중이

다른 이름 뚝거리, 뚝바우, 참뚝거리, 산골뚜구리, 산골뚝지, 뿌구리, 여울뿌거리

2007년 3월 경기도 양평 흑천

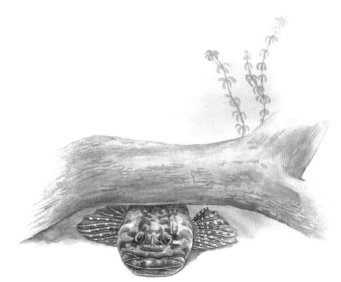

물속 나무 둥치 밑에 숨어 있는 둑중개

몸길이는 10~15cm이다. 몸이 방망이처럼 뭉툭하게 생겼다. 앞쪽이 통통한데 꼬리로 갈수록 세로로 납작하고 잘록하다. 머리가 크고 가로로 납작하다. 입도 큰데 입술이 두툼하다. 턱에 이가 나 있다. 눈은 머리 위쪽에 붙어 있고, 볼록 솟았다. 몸 색깔은 푸르스름한 밤색인데 회색빛이 돈다. 등은 짙고 배는 아주 옅다. 몸통에 자잘한 점이 얼룩덜룩 많이 있다. 줄무늬가 5개쯤 몸통에 세로로 나 있다. 등지느러미는 2개다. 가슴지느러미는 아주 넓다. 배지느러미에 흰 점이 흩어져 있다. 등지느러미에 검은 점이 줄지어 있고 가장자리에 노란색 테가 있다. 꼬리지느러미는 노랗고 끝이 둥글다. 제2등지느러미 연조 17~21개, 뒷지느러미 연조 14~17개, 옆줄 비늘 39~52개, 새파 8~9개, 척추골 34~38개이다.

한둑중개

Cottus hangiongensis

한둑중개는 둑중개와 아주 많이 닮았는데 몸 색깔이 더 진하다. 한둑중개는 하천 중류와 하류에 살고, 둑중개는 그보다 더 깊은 산골짜기에 산다. 강원도 양양에서는 '뚝거리'라고 한다. 물이 아주 맑고 물살이 빠른 여울에서 산다. 바닥에 돌이 많고 물풀이 수북한 곳을 좋아한다. 돌 밑에 잘 숨는데 몸이 거무죽죽하고 돌 색깔이랑 비슷하다. 수서 곤충과 작은 물고기를 잡아 먹는다. 알은 3~6월에 낳는다. 암컷과 수컷이 깊이가 20~40cm 되는 냇가 큰 돌 밑에 알을 붙인다. 수컷은 알에서 새끼가 깨어날 때까지 보살핀다.

한둑중개는 북한에 있는 두만강에서 처음 발견했다. 우리나라 강원도에서도 주로 태백산맥 동쪽인 영동 지방 동해안으로 흐르는 하천에 분포한다. 강원도 양양 남대천과 연곡천, 강릉 남대천, 삼척 오십천과 궁촌천, 영덕 오십천과 왕피천 등에 서식한다. 북한에 있는 두만강에도 살고 일본 북해도 지역과 러시아 연해주에도 분포한다. 우리나라에서는 요즘에 물이 오염되고 서식지가 파괴되어 수가 빠르게 줄고 있다. 환경부에서 '멸종위기야생동식물 2급'으로 지정하여 보호하고 있다.

알 낳기와 성장 3~6월에 알을 낳는다. 알은 수온 6℃에서 25~30일이 지나면 새끼가 깨어난다. 새끼는 8.7mm이다. 새끼는 2일이 지나면 입이 열린다. 18일이 지나면 13.4mm가 되고 지느러미살이 다 생긴다.

둑중개와 한둑중개 두 종은 모두 둑중개과로 몸집과 색깔이 많이 닮았다. 둑중개는 제2등지느러미 연조 17~21개, 뒷지느러미 연조 14~17개이다. 한둑중개는 제2등지느러미 연조 20~22개, 뒷지느러미 연조 15~18개이다. 한둑중개는 동해로 흐르는 하천에서 살고, 둑중개는 영서 지방의 한강 최상류 산골짜기에 산다.

냇물
10~15cm
3~6월
보호종
멸종위기야생동식물 2급

분포 우리나라, 북한, 일본, 러시아 연해주

북녘 이름 함경뚝중개, 뚝지, 뚝쟁이

다른 이름 뚝거리, 뚝바우, 뚜구리, 둑중이, 참뚜거리

2007년 3월 강원도 삼척 오십천

한둑중개가 돌에 몸을 붙이고 가만히 쉬고 있다.

몸길이는 10~15cm이다. 몸 앞쪽은 가로로, 뒤쪽은 세로로 조금 납작하다. 꼬리자루는 잘록하다. 머리가 크고 검으며, 입이 크고 입술이 두툼하다. 턱에 이가 나 있다. 위턱과 아래턱 길이가 거의 같다. 눈은 머리 위쪽에 붙어 있는데 볼록 솟았다.

몸 색깔은 짙은 밤색이고 배는 연한 황록색이다. 온몸에 검은색과 밤색 반점이 아주 많다. 등에서 내려오는 검은 얼룩무늬가 많다. 가슴지느러미에 흰색과 검은색 줄무늬가 여러 개 있다. 등지느러미가 2개인데 점으로 이어진 노란

줄무늬가 여러 개 있다. 꼬리지느러미는 노란데 갈색 줄무늬가 4개 있다. 뒷지느러미는 흰색 바탕에 검은 점이 있다. 제2등지느러미 연조 20~22개, 뒷지느러미 연조 15~18개, 새파 8~10개, 척추골 33~35개이다.

꺽정이

Trachidermus fasciatus

꺽정이는 강이나 강어귀에서 산다. 바다와 가까운 냇물에서도 살고, 연안과 하천을 오르내리며 지낸다. 모래가 깔리고 돌이 많은 곳을 좋아한다. 혼자서 사는데 낮에는 돌 밑에 숨어 있다가 밤에 나와서 돌아다닌다. 바닥에 납작 엎드렸다가 먹잇감이 지나가면 날쌔게 덮쳐서 잡아먹는다. 먹성이 좋아서 게나 새우, 작은 물고기를 닥치는 대로 잡아먹는다. 10~11월에 날이 추워지면 강어귀 깊은 곳으로 내려간다. 바다 가까이에서 겨울을 나고 이듬해 봄에 알을 낳는다. 암컷은 갯벌에 있는 조개껍데기나 굴 껍질 안쪽에 알을 낳아 붙인다. 암컷은 죽고 수컷이 알을 지킨다. 새끼가 조금 자랄 때까지 알자리를 안 떠나고 돌보다가 천천히 죽는다.

둑중개와 많이 닮았다. 꺽정이는 머리가 돌처럼 울퉁불퉁한데 둑중개는 반반하다. 산골짜기에 사는 둑중개와 달리 꺽정이는 강에서 산다. 꺽정이는 온몸이 잿빛이고 몸통에 검은 띠무늬가 여러 개 있다. 충청남도 보령에서는 가시로 쏜다고 꺽정이를 '쐐기'라고 한다. 아가미와 지느러미에는 가시가 있어서 잘못 만지면 찔린다. 성질이 나면 지느러미를 꼿꼿이 세우고 입을 한껏 벌린다. 맛이 좋아 국을 끓여 먹는다. 요즘에는 바닷물이 올라오는 강어귀에 둑을 쌓으면서 물길이 막혀 많이 사라졌다.

알 낳기와 성장 2~4월에 알을 낳는다. 수컷은 지느러미와 아가미가 노래진다. 암컷은 알을 2000~5000개 낳는다. 알은 지름이 2mm쯤이다. 새끼는 13.5mm가 되면 노른자위를 흡수하고, 18mm가 되면 등지느러미가 2개로 갈라진다. 27mm가 되면 어미와 같은 모습을 띤다. 강어귀에서 동물성 플랑크톤을 먹고 자라다가 4~5월이 되면 먹이를 찾아 강으로 올라온다. 여름까지 강과 강어귀를 오고가며 자란다. 새끼는 2년 자라면 17cm가 되고 알을 낳는다.

분포 우리나라에 서해와 남해로 흐르는 하천 중류와 하류에서 산다. 한강과 임진강에 살고 북한에 있는 압록강, 청천강, 대동강, 예성강에도 분포한다. 중국과 일본 규슈 지방에도 분포한다.

강, 강어귀, 냇물 **분포** 우리나라, 북한, 중국, 일본

10~17cm **북녘 이름** 거슬횟대어

2~4월 **다른 이름** 꺽쟁이, 꺽중이, 쐐기

보호종(서울시 지정)

2004년 9월 경기도 파주 파주어촌계

꺽정이 몸 색깔이 '보호색'을 띠어 밑바다
색깔과 비슷하다.

몸길이는 10~17cm이다. 온몸이 잿빛이다. 배는 색이
연하다. 몸통이 방망이처럼 생겼고 꼬리자루로 갈수록
가늘어 진다. 몸통에 검은 띠무늬가 3~4개 있다.
몸에 군데군데 얼룩무늬가 나 있다. 눈두덩에도
검은 줄이 2개 있다. 머리가 아주 크고 가로로
납작하며 울퉁불퉁하다. 뺨에 돌기가 올라와 있다.

입이 크고 입술이 두툼한데 아래턱이 위턱보다
조금 짧다. 눈은 작은데 두 눈 사이가 넓고 오목하다.
아가미에 가시가 4개 있다. 지느러미에 검은 점으로
된 줄무늬가 여러 개 있는데 끝에 가시가 있다.
꼬리지느러미는 끝이 조금 둥글다.
가슴지느러미가 아주 넓은데 부챗살처럼 쫙 펴진다.

등지느러미는 2개다. 제1등지느러미 앞쪽에는
등에 있는 검은 무늬가 이어져 있지만,
제2등지느러미는 무늬가 작거나 없다.
등지느러미 연조 17~18개, 뒷지느러미 연조 15~16개,
옆줄 비늘 37~40개, 척추골 35~37개이다.

쏘가리

Siniperca scherzeri

쏘가리는 등지느러미와 아가미뚜껑에 뾰족한 가시가 있다. 가시로 쏜다고 이름이 '쏘가리'다. 쏘이면 통통 붓고 몹시 쓰라리다. 몸집이 크고 사납게 생겼다. 표범처럼 온몸에 얼룩덜룩한 검은 무늬가 있다. 옛날 사람들은 용맹스러운 물고기로 여겨 쏘가리를 주제로 그림을 그리고 시를 짓기도 했다. 혼자 사는데, 텃세를 잘 부려 다른 쏘가리가 가까이 오면 달려들어서 쫓아낸다. 먹잇감이 많은 사냥터를 두고 쏘가리끼리 싸우기도 한다. 누치나 잉어 같이 덩치가 큰 물고기가 와도 아랑곳하지 않고 덤빈다. 등지느러미에 난 가시를 뻣뻣이 세우고 사납게 달려든다.

쏘가리는 물이 맑고 바위가 많은 큰 강이나 냇물에서 산다. 커다란 댐에도 사는데 물이 더러워지면 못 산다. 물살이 빠른 곳을 좋아한다. 낮에는 잘 안 돌아다니고 깜깜한 밤에 나온다. 먹잇감으로 물고기와 새우를 잡아먹는다. 피라미와 징거미새우를 잘 먹는다. 바위 밑이나 큰 돌 틈에 숨어 있다가 물고기가 지나가면 쏜살같이 뛰쳐나와서 입으로 물어 낚아챈다. 입을 벌리면 쭉 늘어나는데, 뾰족한 이가 입 안쪽으로 휘어져 있어서 콱 물면 꼼짝없이 잡히고 만다.

어부들이 강에서 그물로 잡고, 낚시꾼들은 낚시로 잡는다. 쏘가리는 맛이 아주 좋다고 한다. 사람들이 회로도 먹고 국을 끓여서 먹는다. 요즘에는 강에 댐을 많이 쌓고 물이 더러워지면서 점점 숫자가 줄어들고 있다. 문화재청은 1967년에 '한강의 황쏘가리'를 '천연기념물 제190호'로 지정했고, 2011년에 강원도 화천읍 동촌리 일원 황쏘가리 서식지를 '천연기념물 제532호'로 지정해서 보호하고 있다.

알 낳기와 성장 알은 5~7월에 낳는다. 밤에 암컷과 수컷이 모여 자갈이 많이 깔린 바닥에서 낳는다. 암컷은 알을 24000개쯤 낳는데 지름이 2~2.4mm이고, 수온 19~24℃에서 6~8일이 지나면 새끼가 깨어난다. 새끼는 5~6mm이고, 10일이 지나면 노른자위가 다 흡수되고 머리가 발달하며 이가 난다. 새끼는 물벼룩 같은 작은 먹이를 먹다가 붕어와 잉어의 갓 깨어난 새끼를 잡아먹는다. 새끼들은 먹이가 부족하면 서로 잡아먹기도 한다. 55일이 지나면 7cm까지 자라고 어미와 생김새가 거의 비슷해진다. 1년 자라면 13cm, 2년 자라면 18~21cm, 3년이면 25cm까지 자란다.

분포 우리나라 서해와 남해로 흐르는 맑고 깊은 강에서 산다. 북한에도 서식하는데 압록강, 청천강, 대동강에 많다. 중국에도 분포한다.

🌊 강, 냇물, 댐	**분포** 우리나라, 북한, 중국
↔ 20~60cm	**북녘 이름** 쏘가리
✳ 5~7월	**다른 이름** 참쏘가리, 강쏘가리, 새가리,
🌐 보호종	소가리, 쏙가리, 쇠가리, 흑쏘가리
천연기념물 제190호	
(한강의 황쏘가리)	
천연기념물 제532호	
(화천의 황쏘가리 서식지)	

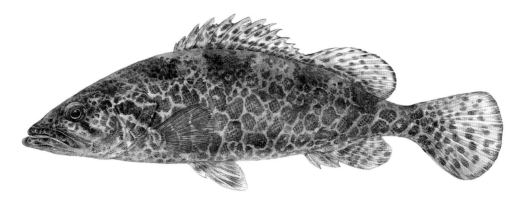

2004년 9월 경기도 연천 임진강

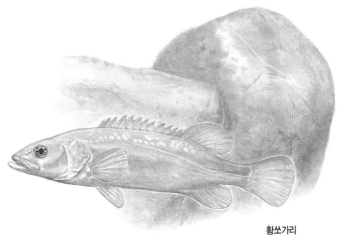

황쏘가리
유전 현상으로 노랗게 변이한 것이다.
한강의 쏘가리만 이런 현상을 나타낸다.
2006년 7월 경기도 청평 중앙내수면연구소

몸길이는 20~60cm이다. 몸이 세로로 납작하다. 아주 작은 비늘이 몸을 뒤덮고 있다. 온몸이 황갈색 바탕에 검고 둥근 점이 얼룩덜룩 박혀 있다. 주둥이는 위쪽이 둥글며 끝은 뾰족하다. 입이 크고 비스듬히 찢어져 있다. 아래턱이 위턱보다 길다. 입을 벌리면 쭉 늘어난다.

위턱 주둥이 쪽에 송곳니가 1쌍 있고 그 옆으로 작은 이가 몇 줄 있다. 아래턱에는 큰 이가 한 줄로 늘어서 있다. 등지느러미에 가시가 12개쯤 있는데 6~8번 가시가 가장 길다. 뒷지느러미에도 가시가 3개 있다. 아가미뚜껑에도 날카로운 가시가 있다. 가슴지느러미를 뺀 나머지 지느러미에 검은

점이 박혀 있는데 작다. 꼬리지느러미는 끝이 둥글다. 옆줄은 등 위쪽으로 부드럽게 구부러져 있다. 제2등지느러미 연조 13~14개, 뒷지느러미 연조 8~10개, 새파 6개, 척추골 26~29개이다.

꺽저기

Coreoperca kawamebari

꺽저기는 꺽지와 많이 닮았는데 몸집이 훨씬 작다. 꺽지처럼 아가미뚜껑에 손톱만한 파란 점이 있다. 하지만 꺽지와 달리 주둥이에서 등지느러미까지 등을 타고 굵고 노란 줄이 쭉 나 있다. 몸통이 더 둥글고 얼룩덜룩한 무늬가 더 진하며 꼬리자루가 잘록하다. 냇물이나 강에서 산다. 바닥에 모래가 깔리고 물풀이 많은 곳을 좋아한다. 물고기와 물벌레, 작은 새우를 잡아먹는다. 물풀 속에 숨어 있다가 잽싸게 나와서 물고기를 사냥한다.

알은 5~6월에 낳는다. 몸이 거무스름해진 수컷이 물가 물풀 덤불에 알자리를 찾아 놓고 암컷을 데려온다. 암컷은 2~3번에 걸쳐서 알을 물풀 줄기에 붙이며 낳는다. 수컷은 알자리를 지키며 알이 신선한 물에 닿아 잘 깨어나도록 지느러미를 흔든다. 알을 보살피다가 죽은 알은 떼어내 버린다. 다른 물고기가 알을 먹으려고 오면 사납게 쫓아낸다. 새끼가 깨어날 때는 더욱 경계하고 새끼가 다 깨어나도 안 떠나고 돌본다. 어린 새끼는 물풀 둘레에서 지낸다.

꺽저기는 우리나라와 일본에만 분포한다. 전라남도 장흥에 있는 탐진강과 낙동강, 거제도에 산다. 요즘 거제도에서는 찾아볼 수 없다고 한다. 환경부에서는 2012년에 '멸종위기야생동식물 2급'으로 지정해 보호하고 있다. 일본에서도 아주 드물어 보호종으로 정했다.

북녘 이름 꺽저기는 북한에는 살지 않지만 남쪽에 사는 꺽지라고 '남꺽지'라는 이름을 붙였고, 진주에서 발견했다고 '진주꺽지'라고도 한다.

꺽저기를 앞에서 보면 주둥이에서 등으로
이어지는 굵은 노란 줄을 볼 수 있다.

냇물, 강
12~15cm
5-6월
보호종
멸종위기야생동식물 2급

분포 우리나라, 일본

북녘 이름 남꺽지, 진주꺽지

다른 이름 꺽쇠, 꺽재, 꺽따귀, 꺽저구, 깔짜구

2006년 11월 전남 장흥 탐진강

몸길이는 12~15cm이다. 몸이 둥글납작하다. 꺽지와 닮았지만 몸집이 작고 무늬가 다르다. 머리가 크고 눈도 크다. 입도 큰데 아래턱이 위턱보다 길고 날카로운 이가 있다. 몸빛이 누런 밤색이다. 주둥이 끝에서 등을 지나 등지느러미 앞까지 이어지는 굵은 줄이 있다.

등에서 배로 내려오는 굵고 짙은 밤색 줄무늬가 8~10개 나 있다. 몸통에는 가로로 붉은 줄무늬가 3~4개 있다. 아가미덮개에 뾰족한 가시가 2개 있다. 등지느러미는 크고, 삐죽삐죽 가시가 있는 부분과 가시가 없고 끝이 둥근 부분으로 나뉜다. 꼬리지느러미 끝은 둥글다. 옆줄은 잘 보이는데

앞쪽과 가운데는 둥글게 위로 올랐다가 뒤쪽으로 가면서 내려온다. 지느러미에도 점이 많다. 제2등지느러미 연조 11~12개, 뒷지느러미 연조 9개, 옆줄 비늘 33~40개, 새파 18~19개, 척추골 27~30개이다.

꺽지

Coreoperca herzi

꺽지는 쏘가리와 닮고 돌 밑에 잘 숨는다고 '돌쏘가리'라고도 한다. 쏘가리보다 몸집이 작고 몸통이 뭉툭하며 아가미뚜껑 옆에 새끼손톱만한 파란 점이 있다. 눈가에 밤색 줄무늬가 여러 개 있다. 쏘가리와 꺽저기처럼 등지느러미에 억센 가시가 있다. 손으로 잡으면 '꾸룩깨락' 하는 소리를 내기도 한다. 뾰족한 가시에 찔리지 않게 조심해야 한다.

꺽지는 바위가 많은 산골짜기에 산다. 맑은 물이 흐르고 돌이 많이 깔린 냇물에서도 볼 수 있다. 폭포 아래 깊은 소나 물살이 느린 곳을 좋아한다. 낮에도 나와서 돌아다니지만 밤에 더 잘 돌아다닌다. 큰 바위 밑이나 돌 틈에 꼼짝 않고 숨어 있다가 물고기가 지나가면 쏜살같이 낚아챈다. 물고기를 뒤쫓아 가서 잡아먹기도 한다. 날도래 애벌레 같은 물벌레부터 작은 새우, 물고기까지 살아 움직이는 먹이만 잡아먹는다.

알은 4~7월에 낳는다. 수컷이 입으로 돌 밑을 깨끗이 청소해 놓으면 암컷이 다가와 몸을 눕혀 알을 대롱대롱 달아 놓는다. 알은 한 겹으로 하나씩 낳아 따로따로 빼곡히 붙인다. 수컷은 곧바로 알을 수정시키고 암컷을 쫓아낸 뒤 혼자 알자리에 남아 알을 돌본다. 다른 물고기가 가까이 다가오면 사납게 쫓아낸다. 알이 잘 깨어나도록 부채질하듯 지느러미를 쉼 없이 흔들어 알자리에 있던 물을 밖으로 내보내고 새 물을 알자리에 넣는다. 새끼가 깨어나 어느 정도 자랄 때까지 곁에서 돌본다.

알 낳기와 성장 4~7월에 수온이 18~25℃가 되면 알을 낳는다. 암컷은 알을 400~500개 낳는데 지름이 2.6~2.9mm이고, 수온 20℃에서 2주일이 지나면 새끼가 깨어난다. 새끼는 1년 자라면 6~8cm가 되고, 2년이면 10~14cm로 자란다.

감돌고기의 탁란 꺽지가 지키는 알자리에 감돌고기가 떼 지어 들어와서 알을 낳기도 한다. 꺽지가 위협하며 돌 밑에서 쫓아내지만 감돌고기는 아랑곳하지 않고 제 알을 꺽지 알 사이에 낳고는 달아난다. 꺽지는 할 수 없이 제 알과 감돌고기 알을 함께 보살핀다. 이렇게 감돌고기처럼 남의 둥지나 알자리에 알을 낳는 것을 '탁란'이라고 한다.

산골짜기, 냇물, 강 **분포** 우리나라, 북한

15~30cm **북녘 이름** 꺽지, 꺽제기

4~7월 **다른 이름** 돌쏘가리, 꺽저구, 꺽쟁이,

고유종 돌깍장이, 침고기

2004년 6월 강원도 양양 송천 산골짜기

몸길이는 15~30cm이다. 몸이 세로로 납작하고
날렵하게 생겼다. 몸 색깔은 푸른빛이 도는 밤색이다.
등은 진하고 배는 연하다.
주변 환경에 어울리게 몸 색깔을 잘 바꾼다.
등에서 배로 이어지는 검은 얼룩무늬가 7~8개 있다.
온몸에 하얀 점이 나 있다. 지느러미에도

하얗거나 푸른 점이 있다.
아가미뚜껑 옆에는 눈동자만한 파란 점이 있다.
머리가 크고 주둥이는 뾰족하다. 입이 큰데
아래턱이 위턱보다 길고 뾰족한 이가 나 있다.
눈도 크고 눈가에 누런 줄무늬가 여러 개 있다.
아가미와 등지느러미, 뒷지느러미에 억센 가시가 있다.

꼬리지느러미는 끝이 둥글다.
제2등지느러미 연조 11~13개, 뒷지느러미 연조 8개,
옆줄 비늘 52~66개, 새파 16~19개,
척추골 30~34개이다.

블루길

Lepomis macrochirus

블루길은 영어 이름인데 '파란 아가미'라는 뜻이다. 아가미뚜껑 끝에 크고 짙은 푸른색 점이 하나 있다. 우리말로 '파랑볼우럭'이라는 이름을 붙였는데, 블루길이라는 이름이 더 널리 쓰이고 있다. 댐이나 커다란 저수지에 산다. 냇물이나 강에도 사는데, 물살이 느리거나 흐름이 거의 없고 물풀이 수북한 곳을 좋아한다. 물벌레와 새우, 징거미새우, 물풀을 먹는다. 여름에는 물고기 알도 먹고, 어린 물고기를 즐겨 잡아먹는다. 겨울에는 물풀 더미 틈새에서 수십 마리가 함께 숨어 지낸다.

알은 4~6월에 낳는다. 수컷은 몸의 세로띠가 푸르게 바뀌고 온몸이 노래지거나 주황색으로 바뀐다. 깊이가 30~60cm인 곳에서 50여 마리가 무리를 이룬다. 수컷은 자갈이나 모래가 깔린 바닥에 알자리를 만들고 암컷을 데려와 알을 낳는다. 수컷은 알자리 둘레를 헤엄쳐 다니면서 알을 지킨다. 새끼가 깨어나 조금 자랄 때까지 돌본다. 새끼는 얕은 곳에서 떼를 지어 살며 동물성 플랑크톤을 먹는다. 몸집이 커지면서 깊은 곳으로 옮겨 간다.

블루길은 캐나다와 미국 동부, 멕시코 북동부 등 북아메리카 동부 지방이 원산지이다. 지금은 전 세계에 널리 퍼져서 분포한다. 1969년에 수산청(지금의 해양수산부)에서 시험 양식을 위해 일본으로부터 치어 510마리를 들여왔다. 한강 팔당댐 근처에 풀어 놓았는데 지금은 전국에 퍼졌다. 먹성이 좋고 번식력이 뛰어난데, 천적이 없어 더욱 빠르게 늘어나고 있다. 토종 물고기가 사는데 위협이 되고 생태계의 균형을 해친다. 블루길은 생물 실험을 할 때 자주 쓰고 낚시로 잡아 요리해 먹기도 한다. 환경부에서 '생태계교란야생동식물'로 지정하였다.

알 낳기와 성장 4~6월 수온이 약 21℃일 때 알을 낳는다. 알은 지름이 1.18~1.30mm이며 둥글고 투명한데 제각각 어디든 잘 붙는다. 수온 24℃에서 40시간이 지나면 새끼가 깨어난다. 새끼는 3.75~4.05mm이다. 1년에 5cm, 2년에 8cm까지 자란다. 3년에 13cm, 4년이면 16cm로 큰다. 2~3년을 자라면 알을 낳을 수 있다.

댐, 저수지, 강, 냇물

15~25cm

4~6월

외래종, 위해종
생태계교란야생동식물

분포 전 세계

다른 이름 파랑볼우럭, 월남붕어

2006년 5월 광주 광산구 오운천

몸길이는 15~25cm이다. 몸은 둥글고 등이 높고 세로로 납작하다. 꼬리자루는 아주 잘록하다. 머리가 작고 주둥이는 짧다. 눈이 크다. 입이 크고 날카로운 이가 있다. 아래턱이 위턱보다 조금 나왔다. 등이 짙은 푸른색이고 배는 노랗다.

환경에 따라 몸 색깔이 변한다. 몸통에는 밤색 띠가 8~9줄 세로로 나 있다. 몸 색깔이 짙은 회갈색에서 자라면서 암갈색으로 검어지고 세로띠는 점점 사라진다. 등지느러미에 가시가 10개쯤 있다. 옆줄은 꼬리자루까지 이어지는데 아가미 뒤쪽에서

둥그스름하게 위로 솟았다가 내려온다. 제2등지느러미 연조 10~12개, 뒷지느러미 연조 10~12개, 옆줄 비늘 38~54개이다.

배스

Micropterus salmoides

배스는 입이 크다고 '큰입배스'라고도 한다. 물이 고여 있는 저수지나 댐에 산다. 물이 깊고 천천히 흐르는 큰 강에도 있다. 큰 돌이나 가라앉아 있는 나무 밑, 물풀이 수북한 곳에 숨어 있다가 먹이를 보면 튀어나온다. 배스는 먹성이 사나워서 작은 것이든 큰 것이든 닥치는 대로 잡아먹는다. 이리저리 헤엄쳐 다니면서 물벌레나 새우, 물고기를 먹는다. 다른 물고기가 낳은 알도 주워 삼키고, 거머리와 지렁이도 먹는다. 개구리와 자라를 먹기도 하고, 심지어 물가로 나온 들쥐나 새를 잡아먹기도 한다.

배스는 멕시코 북동 지역과 미국 남동부가 원산지인데, 지금은 전 세계에 널리 퍼져 분포한다. 사람들이 양식용과 낚시용으로 여기저기 퍼뜨리고 있다. 1973년 우리나라에 처음 들여와 경기도 가평 조종천을 비롯한 여러 하천에 풀어 놓았다. 이후 한강, 섬진강, 낙동강의 댐에서 매우 많이 번식하여 생태계 균형을 해치고 심각한 변화를 일으켜 문제가 되고 있다. 토종 물고기와 새우 종류가 줄어들고 배스만 늘어났다. 다른 나라에서도 배스는 강 생태계에 나쁜 영향을 미치고 있다. 우리나라 환경부에서 '생태계교란야생동식물'로 지정하여 관리하고 있다. 사람들이 일부러 잡아 없애려고 '배스 낚시 대회'를 열기도 한다.

알 낳기와 새끼 보호 알은 5~6월에 수온이 16~22℃일 때 낳는다. 수컷은 물풀이 있는 바닥을 청소하고 지름 50cm, 깊이 15cm로 알자리를 만든다. 수컷 한 마리가 암컷 여러 마리를 알자리로 데려와 알을 낳는다. 알자리에는 적게는 수백에서 많게는 만 개까지 알이 있다. 수컷은 알자리 근처에 남아 알을 지키고, 새끼가 다 깨어나도 조금 자랄 때까지 돌본다.

댐, 저수지, 강, 냇물 **분포** 전 세계

25~60cm **다른 이름** 큰입배스, 큰입우럭

5~6월

외래종, 위해종

생태계교란야생동식물

2006년 9월 충남 부여 금강

몸길이는 25~50cm이다. 60cm까지 크는 것도 있다. 머리와 몸통이 세로로 납작하고 몸이 길다. 주둥이는 길고 끝이 뾰족하다. 머리가 크고 입도 크며 날카로운 이가 있다. 아래턱이 위턱보다 길어서 앞으로 조금 튀어나왔다. 눈은 작다.

등은 짙은 푸른색이고 배는 노르스름한데 색깔이 연하다. 몸통에 푸른 갈색 줄무늬가 굵게 쭉 나 있다. 제1등지느러미 살은 가시로 되어 있고, 제2등지느러미 살은 부드러운 연조로 되어 있다. 꼬리지느러미는 가운데가 오목하게 파였다.

제2등지느러미 연조 12~13개, 뒷지느러미 연조 10~12개, 옆줄 비늘 58~68개, 새파 8개이다.

강주걱양태

Repomucenus olidus

강에 살고 주걱처럼 납작하다고 '강주걱양태'라는 이름이 붙었다. '돛양태과'에 속하는데, 작고 까만 첫 번째 등지느러미를 세우면 돛단배가 돛을 편 것처럼 생겼다. 돛양태과의 물고기들은 대개 바다에서 사는데, 강주걱양태는 강어귀에서 강과 바다를 오가며 산다. 소금기가 없는 하천 중류까지 올라오기도 하며 아주 가는 모래가 깔린 바닥에서 지낸다.

강주걱양태는 몸이 가로로 아주 납작하고 꼬리 쪽은 가늘고 길다. 눈이 머리 위쪽에 붙어 있는데 툭 튀어나와 있다. 등에 점이 많고 색깔이 얼룩덜룩하다. 모래 위에서 가만히 있으면 감쪽같다. 쉴 때나 위험을 느끼면 모래를 파고 들어가 잘 숨는다. 눈만 내놓고 데굴데굴 굴리며 밖을 살핀다. 아가미뚜껑이 등 쪽으로 나 있어서, 숨을 쉬려고 입으로 마신 물을 등 위로 뿜어낸다. 주로 강바닥에 사는 작은 동물을 먹는다. 갯지렁이나 작은 새우 종류를 잡아먹고 산다. 산란기가 언제인지는 아직 밝혀지지 않았는데, 암컷과 수컷이 바닥에서 위쪽으로 올라오며 알을 낳고 수컷이 정액을 뿌린다.

분포와 보호 우리나라 한강(서울 밤섬과 근처, 고양), 임진강(파주), 금강(강경), 동진강 하류(부안) 강어귀에 사는데 아주 드물다. 중국 남부에 있는 양자강 하구에도 분포한다. 황복, 됭경모치, 꺽정이와 함께 서울시 보호종으로 지정되어 있다.

 강어귀, 강

 7cm

🌐 보호종(서울시 지정)

분포 우리나라, 중국 남부

모래 속에 숨어 눈만 내놓은 강주걱양태

2007년 10월 서울 한강

강주걱양태는 모래 바닥에서 헤엄치거나 숨고 먹이도 찾는다.

몸길이는 7cm이다. 머리와 가슴이 가로로 납작하고 꼬리자루로 갈수록 가늘어진다. 몸 색깔은 연한 갈색인데, 몸 전체에 작은 하얀 점, 검은 점, 짙은 밤색 점이 섞여서 박혀 있다. 배 쪽은 하얗고 투명하다. 주둥이는 뾰족하고 입이 작다. 위턱이 길다. 눈은 크고 머리 위쪽으로 튀어나왔다. 아가미뚜껑에 끝이 3-5개로 갈라진 가시가 있다. 가슴지느러미는 아주 큰데 마지막 연조와 배지느러미가 붙어 있고, 배를 감싸며 뒷지느러미 앞까지 이른다. 제1등지느러미는 아가미뚜껑 바로 뒤에 붙어 있고 까맣다. 뒷지느러미는 투명하고 다른 지느러미들에는 하얀 점과 검은 점이 줄무늬처럼 박혀 있다. 옆줄은 아가미뚜껑 바로 뒤에서 시작해 꼬리자루에 이른다. 제2등지느러미 연조 9개, 뒷지느러미 연조 9개, 새파 9개, 척추골 22개이다.

동사리

Odontobutis platycephala

동사리는 우리나라 고유종으로 냇물과 강에 살고 저수지에도 산다. 바닥에 큰 바위와 돌이 깔린 곳을 좋아하며 물풀이 수북한 곳에 흔하다. 주로 혼자서 사는데 텃세를 잘 부려 다른 동사리가 가까이 오면 사납게 쫓아낸다. 낮에는 돌 밑이나 물풀 사이에 숨고 밤에 나와서 어슬렁 헤엄치며 돌아다닌다. 먹잇감으로 작은 물고기, 물벌레, 새우를 잡아먹는다.

동사리는 우락부락하게 생겼다. 몸이 거무튀튀하고, 온통 얼룩덜룩하다. 몸 색깔이 돌이랑 닮아서 돌 틈에 가만히 있으면 눈에 띄지 않는다. 먹성이 좋아 움직이기만 하면 아무거나 닥치는 대로 잡아먹는다. 가만히 숨어 있다가 물고기가 지나가면 재빨리 덥석 삼킨다. 먹잇감에게 살살 다가가서 입을 크게 벌리고 확 삼키기도 한다. 입속에 작고 뾰족한 이가 나 있는데 안쪽으로 휘어져 있다. 한번 깨물면 먹이가 빠져나가지 못한다.

알은 4~7월에 낳는다. 돌 밑에 알을 붙이고 수컷이 알자리에 남아 지킨다. 수컷은 가슴지느러미로 부채질을 해서 알이 잘 깨어나게 돕는다. 알을 지킬 때 "구구, 구구"하는 소리를 낸다. 그래서 동사리를 '구구리'라고도 부른다. 어린 새끼는 물가에 많고 큰 놈일수록 물살이 약하고 깊은 곳에 산다. 겨울에는 큰 돌 밑으로 들어가는데, 꺽지 같은 다른 물고기와 함께 있으며 그곳에서 겨울을 난다.

알 낳기와 성장 4~7월에 깊이가 10~40cm 되는 얕은 물가 돌 밑에 알을 낳는다. 이때 수컷 지느러미 색깔이 암컷보다 진해진다. 암컷과 수컷이 거꾸로 매달려 돌 밑에 1~2겹으로 알을 붙인다. 수컷 한 마리가 암컷 여러 마리와 알을 낳는다. 알은 타원형으로 지름이 긴 쪽은 3.4mm, 짧은 쪽은 2mm이다. 수온 20~23℃에서 14일이 지나면 새끼가 깨어난다. 새끼는 4.5mm이고 15~20일이 지나면 11mm가 되며 노른자위를 다 흡수한다. 암컷은 11cm가 넘게 자라야 알을 낳을 수 있다.

산골짜기, 냇물, 강, 저수지

10~13cm

4~7월

고유종

분포 우리나라, 북한

북녘 이름 뚝지, 개뚝중이, 껄껄이, 못뚝지

다른 이름 구구리, 뚜구리, 구구락지, 불무탱이, 멍텅구리, 바보고기, 붕퉁이, 누름쟁이

2004년 7월 경기도 연천 동막계곡

몸길이는 10~13cm이다. 머리가 크고 가로로 납작하다. 배가 통통하고 꼬리는 잘록하다. 눈은 작은데 머리 위쪽에 있고 툭 튀어나왔다. 입이 크고 입술이 두툼하다. 아래턱이 위턱보다 나와 있다. 입속에 작고 뾰족한 이가 잔뜩 나 있다.

몸 색깔이 누런 밤색인데 거무스름한 점이 온몸에 박혀 있다. 지느러미에도 검은 점이 아주 많은데 줄무늬처럼 보인다. 몸통에 굵고 진한 검은 세로줄이 3개 있다. 가슴지느러미는 아주 크고 넓다. 배지느러미는 가슴지느러미 아래쪽에 있다.

등지느러미는 2개다. 꼬리지느러미는 끝이 둥글다. 제2등지느러미 연조 7~8개, 뒷지느러미 연조 6~7개, 옆줄 비늘 45~50개, 새파 8~9개, 척추골 30~32개이다.

얼록동사리

Odontobutis interrupta

　　얼록동사리는 동사리와 아주 많이 닮아서 언뜻 보면 구분하기 어렵다. 몸통에 난 검은 띠가 끊겨 있고, 배에도 검은 무늬가 많아서 동사리보다 더 얼룩덜룩하다. 그래서 '얼록동사리' 라고 한다. 동사리보다 머리가 더 납작하고 몸집이 조금 더 크게 자란다. 우리나라 고유종으로 전라남도 영산강 이북에서 서해로 흐르는 하천에 분포한다. 중부 지방에 흔하고 남부 지방에는 드물다. 얼록동사리가 사는 곳에 동사리도 함께 서식하기도 한다.

　　얼록동사리는 냇물이나 강에도 살고 늪이나 저수지 같은 흐린 물에서도 산다. 냇물과 강, 중류와 하류 물풀이 많은 곳을 좋아한다. 낮에는 돌 밑이나 물풀에 숨어 있다가 밤에 나와서 돌아다닌다. 작은 물고기와 새우 종류, 물벌레를 잡아먹는다. 먹이를 먹으면 목이나 배가 까매진다.

　　알은 5~7월에 낳는다. 이때 수컷은 몸 색깔이 더 짙어진다. 수컷은 물살이 느리고 얕은 물가에서 돌을 찾는다. 암컷과 수컷이 돌 밑에 알을 한 겹이나 두 겹으로 붙인다. 힘센 수컷은 암컷 여러 마리와 짝짓기를 한다. 수컷은 알을 지키고 가슴지느러미를 흔들어 알에 산소가 잘 닿게 하여 새끼가 잘 깨어나게 한다. 새끼는 얕은 물가에서 자라다가 크면 점점 깊은 곳으로 간다.

동사리 무리의 연구와 분포　우리나라에는 동사리과가 동사리, 얼록동사리, 남방동사리 3종이 산다. 동사리와 얼록동사리는 우리나라 고유종이다. 남방동사리는 우리나라 거제도에만 살고 일본에도 서식한다. 예전에는 동사리와 얼록동사리를 한 종으로 여겼다. 1993년부터 두 종으로 분류했다. 생김새가 조금 다르며 생태와 분포에 차이가 있다. 동사리는 우리나라 전국에 서식하지만, 얼록동사리는 영산강 이북에만 분포한다.

　늪, 저수지, 냇물, 강　　　**분포** 우리나라(영산강 이북)

　15~20cm　　　　　　　**다른 이름** 곰보, 곰보딱지, 멍텅구리,

　5~7월　　　　　　　　　바보고기

　고유종

2004년 11월 경기도 양평 시우천

얼룩동사리는 머리가 크고 꼬리로 갈수록 잘록하다.
크고 작은 검은 무늬가 많아 등이 얼룩덜룩하다.

몸길이는 15~20cm이다. 동사리와 많이 닮았다.
머리가 크고 가로로 납작하다. 배가 통통하고
꼬리는 잘록하다. 눈은 작은데 머리 위쪽에
있고 툭 튀어나왔다. 입이 아주 크다.
입속에 작고 뾰족한 이가 잔뜩 나 있다.

비늘이 거칠거칠하고 억세다.
몸 색깔은 누런 밤색이다. 몸통에 짙고 검은 점이
큼직하게 여러 개 있다. 지느러미에는 검은 점이
줄무늬처럼 나 있다. 가슴지느러미는
아주 크고 넓다. 등지느러미는 2개다.

꼬리지느러미는 끝이 둥글다.
제2등지느러미 연조 8~9개, 뒷지느러미 연조 6~8개,
옆줄 비늘 38~41개, 척추골 29~31개이다.

좀구굴치

Micropercops swinhonis

좀구굴치는 몸집이 작아서 다 커도 손가락만 하다. 몸통에 굵고 진한 밤색 줄이 세로로 나란히 나 있다. 아가미뚜껑에도 비늘이 있는데 금빛으로 반짝반짝 거린다. 주로 저수지에 살고 논도랑이나 냇물에서는 물살이 느린 곳에 산다. 물풀이 수북한 곳을 좋아하고 떼를 지어 헤엄쳐 다닌다. 바닥에 가만히 있거나 물풀에 올라가 잘 붙어 있다. 깔따구 애벌레 같은 물벌레를 잡아먹고 물벼룩이나 실지렁이 같은 작은 동물을 먹는다.

알은 4~5월에 낳는다. 수컷은 알자리로 쓸 돌을 골라 깨끗이 청소하고 돌 밑에서 지킨다. 암컷이 근처에 나타나면 다가가 몸을 나란히 붙이고 흔들며 알자리로 데려간다. 수컷은 돌 밑에 배를 대고 매달려 알 낳을 곳을 일러 준다. 암컷이 돌 밑에 거꾸로 매달려 입을 벌리고 몸을 부르르 떨면서 알을 하나하나 붙이며 낳는다. 한 겹으로 붙이며 10~20개 낳으면, 수컷은 곧바로 배를 알에 비비면서 수정시킨다. 암컷은 알을 다 낳은 뒤에 죽는다. 수컷은 알자리에 남아 가슴지느러미를 휘저으며 알을 돌보고 새끼가 다 깨어날 때까지 지킨다. 가슴지느러미가 떨어져 나가거나 닳을 정도로 열심히 물결을 일으킨다. 그러다 다른 암컷이 다가오면 먼저 낳은 알 옆에 또 알을 낳는다. 이렇게 수컷은 암컷 여러 마리와 짝짓기를 한다. 수컷은 죽은 알은 없애 버리기도 하고, 알자리에 다른 물고기가 오거나 알이 깨어나기 어려워지면 알을 다 떼어 먹어 버리기도 한다.

알 낳기와 성장 4~5월에 수컷은 몸이 까매진다. 첫 번째 등지느러미가 길어지고 알록달록해진다. 암컷은 배가 샛노래지고 뒷지느러미와 꼬리지느러미가 노랗게 바뀐다. 암컷은 알을 300~900개 낳는다. 알은 수온 16~20℃에서 10일이 지나면 새끼가 깨어난다. 새끼는 23일이 지나면 모든 지느러미가 생긴다. 56일이 지나면 생김새가 어미와 거의 같아진다.

연구와 분포 우리나라에서는 좀구굴치를 1984년에 처음 발견했다. 전라북도 부안, 고창, 진안, 전주 만경강에만 분포하는 것으로 알려졌다. 요즘에는 충청남도와 경기도에서도 서식이 확인되었다. 중국 동부 지역에도 분포한다.

늪, 저수지, 냇물, 강 **분포** 우리나라, 중국

4~5cm **다른 이름** 기름치

4~5월

2006년 12월 충남 서천 길산천

물풀 사이에서 헤엄치고 줄기에서 쉬는 좀구굴치

몸길이는 4~5cm이다. 몸은 세로로 납작하다.
몸 색깔은 수컷이 노란 갈색이고, 암컷은 잿빛이 도는
갈색이다. 주둥이는 끝이 위를 보고 있다. 아래턱이
위턱보다 길다. 턱에 이빨이 있다. 눈이 작은데 조금
튀어나왔다. 눈 밑에 검고 굵은 줄이 하나
아래로 나 있다.

아가미뚜껑에 붙은 비늘은 연한 금빛으로 반짝인다.
몸통에는 등에서 배까지 내려오는 진하고 굵은 밤색
줄이 세로로 9~10개 나 있다. 줄은 띄엄띄엄 사이를
두고 나란히 있다. 암컷은 무늬가 희미하다.
배지느러미는 2개가 가까이 붙어 있다. 등지느러미가
2개다. 제2등지느러미와 꼬리지느러미에 하얀 점이

있어 줄무늬를 이룬다. 꼬리지느러미는 끝이 둥글다.
제2등지느러미 연조 9~11개, 뒷지느러미 연조 6~8개,
종렬 비늘 33~37개, 새파 11~14개, 척추골 32~35개이다.

날망둑
Chaenogobius castaneus

날망둑은 너른 강과 강어귀에 산다. 우리나라 동해와 남해로 흐르는 하천과 전라도에 있는 서해로 흐르는 하천에도 분포한다. 1993년에는 철원에 있는 저수지에서도 발견되었다. 일본에서는 전국에 걸쳐 서식하고 중국 동부 지역에도 분포한다. 강 하류에서 사는데 모래 바닥에서 동물성 플랑크톤과 바닥에 사는 작은 동물을 먹는다. 망둑어과 물고기들이 배지느러미가 붙어서 된 빨판으로 돌 사이를 옮겨 다니거나 바닥에 붙어 있는 것과는 달리, 날망둑은 물에서 헤엄을 치며 돌아다닌다.

알은 1~4월에 낳는다. 이때 암컷은 등지느러미와 배지느러미, 뒷지느러미가 까맣게 변한다. 모래 바닥에 있는 작은 돌 밑에 알을 낳는다. 수컷은 알자리에서 알과 깨어난 새끼를 보살핀다. 알은 수온 10~15℃에서 한 달이 지나면 새끼가 깨어난다.

망둑어과의 흡반 망둑어과는 배지느러미가 맞붙어 된 동그란 흡반이 있다. 이것은 '빨판' 또는 '흡착기'라고 한다. 흡반을 이용해 바닥에 붙어 물살에 쓸려 가지 않을 수 있다. 또한 돌이나 물체에 몸을 붙이며 쉴 수 있다.

날망둑과 꾹저구 몸 크기와 색깔이 꾹저구와 많이 닮았다. 날망둑은 꾹저구보다 머리가 덜 납작하고 두 눈 사이도 더 가깝다. 날망둑은 꼬리자루와 첫 번째 등지느러미 끝에 검은 점이 없는데, 꾹저구는 있다. 날망둑과 다르게 꾹저구는 제2등지느러미가 크다.

강하구, 강, 냇물, 저수지　**분포** 우리나라, 북한, 일본, 중국

8~9cm　**북녘 이름** 날살망둑어

1~4월　**다른 이름** 덤범치, 덤부치, 덤불치, 뚜구리

수컷

암컷

2007년 2월 강원도 강릉 연곡천

몸길이는 8~9cm이다. 머리가 가로로 납작하다. 몸통은 둥근데 꼬리로 갈수록 세로로 납작해진다. 입이 크고 입술이 두툼다. 눈은 작고 머리 위쪽에 있으며 조금 튀어나왔다. 입에 돌기 같은 작은 이가 있다.

몸이 누런 밤색인데, 환경에 따라 색깔이 변한다. 배는 하얗다. 몸통에 아주 작고 검은 점이 모여 무늬를 이룬다. 무늬가 여기저기 많다. 등지느러미가 2개다. 등지느러미와 꼬리지느러미에는 검붉고 옅은 점이 모여

띠무늬를 5줄 이룬다. 배지느러미가 붙은 빨판은 투명하다. 꼬리지느러미 가장자리는 둥글다. 제2등지느러미 연조 9~10개, 뒷지느러미 연조 8개, 종렬 비늘 65~73개, 새파 11~23개이다.

꾹저구

Chaenogobius urotaenia

꾹저구는 냇물이나 강에서 살고 커다란 댐에도 산다. 강물이 바다와 만나는 강어귀에 많다. 동해로 흐르는 하천에 특히 흔하다. 북한에도 사는데 대동강, 청진과 원산에도 분포한다. 북녘에 서는 머리가 크다고 이름을 '큰머리매지'라고 한다. 일본과 러시아 연해주 지방에도 분포한다. 우리나라에 사는 망둑어 무리 가운데서 가장 흔하다.

강어귀 자갈이 깔리고 물살이 센 곳을 좋아한다. 배에 빨판이 있어서 돌 위에 곧잘 올라 가만히 있는다. 빨판은 배지느러미가 서로 맞붙어서 된 것이다. 이 돌에서 저 돌로 옮겨 다니면서 물벌레나 실지렁이, 작은 물고기를 잡아먹는다.

꾹저구는 5~7월에 알을 낳는다. 수컷은 몸에 까만 점이 많이 생겨서 검어진다. 지느러미에도 까만 점이 생기고 배에 있는 빨판도 새까매진다. 첫 번째 등지느러미 끝에는 샛노란 점이 생긴다. 암컷과 수컷이 어울려 돌 밑에 알을 낳는다. 수컷은 알에서 새끼가 깨어날 때까지 알자리에서 지킨다. 새끼는 바다로 내려갔다가 두세 달이 지나면 민물로 올라온다. 물살이 느린 곳이나 웅덩이에서 떠다니며 자란다.

강, 강어귀, 냇물, 댐, 저수지

10cm

5~7월

분포 우리나라, 북한, 일본, 러시아

북녘 이름 대머리매지, 큰머리매지

다른 이름 뚝저구, 뚜거리, 뚝빼리, 밀뿌구리, 꾸거리, 뽀드래, 껙때구, 뚝거리

꾹저구는 머리가 가로로 납작하고, 눈이 크며, 두 눈 사이가 넓다.

2006년 12월 경남 함안 가야읍

몸길이는 10cm 안팎이다. 14cm까지 자라는 것도 있다. 몸통은 꼬리로 갈수록 세로로 납작해진다. 입이 크고 입술이 두툼다. 입에 돌기 같은 작은 이가 있다. 몸이 누런 밤색이다. 몸통에 세로로 굵은 줄무늬가 7개쯤 나란히 줄지어 나 있다. 등에도 넓은 반점이 3~4개 박혀 있다. 배가 조금 노랗거나 하얗다. 배지느러미가 맞붙은 빨판이 있다. 제1등지느러미 끝에 검고 굵은 점이 있다. 제2등지느러미와 꼬리지느러미, 뒷지느러미에는 깨알만 한 점들이 줄지어 있다. 줄 사이사이에 노란 점이 박혀 있어서 노란 점선 무늬가 3~4줄 이룬다. 꼬리자루에 크고 까만 점이 1개 있다. 꼬리지느러미 끝이 둥글다. 제2등지느러미 연조 9~12개, 뒷지느러미 연조 10~11개, 종렬 비늘 69~77개, 새파 8~11개, 척추골 34~35개이다.

갈문망둑

Rhinogobius giurinus

갈문망둑은 강이나 강어귀, 바다와 가까운 하천과 저수지에 산다. 봄에서 여름 사이에는 흰발망둑이나 문절망둑 새끼들과 무리를 지어 지내기도 한다. 바닥에 자갈이 깔린 곳에서 돌말과 작은 동물을 먹는다. 밀어와 닮았는데 몸통이 더 통통하다. 콧잔등에 'ㅅ'자 꼴로 생긴 빨간 줄무늬가 없고 찌글찌글한 무늬가 있다. 눈 바로 밑, 뺨에는 비스듬하게 짙은 밤색 줄이 여러 개 있다. 밀어와 같은 곳에서 살기도 하는데, 배에 있는 빨판 힘이 약해서 물살이 거의 없는 곳에 많다.

알은 7~10월에 낳는다. 이때 수컷은 몸 색깔이 화려해진다. 등지느러미와 꼬리지느러미 위쪽 끝이 노랗게 변한다. 바닥에 반쯤 묻힌 돌 밑에 알을 한 겹으로 빽빽이 붙인다. 수컷은 알에서 새끼가 깨어날 때까지 보살핀다. 갓 깨어난 새끼는 바다로 내려가서 2~3cm 정도 자란 뒤에 강을 거슬러 올라오고, 또 자라면서 강어귀에서 민물로 점점 올라온다. 새끼는 소금기가 적은 곳에 더 흔하다. 갈문망둑은 사람들이 어항에 넣어 집에서 기르기도 한다. 우리나라 전국의 하천에 살고, 제주도 천지연 폭포에도 서식한다. 중국, 일본, 러시아 연해주에도 분포한다.

알 낳기와 성장 7~10월에 알을 낳는데, 깊이가 50cm가 안 되는 곳 돌 밑에 낳는다. 알은 길쭉한데 지름이 긴 쪽은 2.4mm, 짧은 쪽은 0.5mm이다. 수온 25℃에서 4일이면 새끼가 깨어난다. 새끼는 2.5~2.7mm이고 11.3mm가 되면 지느러미살을 거의 갖춘다. 14~19mm가 되면 비늘이 생기고, 어미와 같은 모습이 된다. 1년이면 3cm가 넘게 자라고 알을 낳을 수도 있지만, 성장이 늦으면 2년 정도 자라야 알을 낳는다.

냇물, 강, 강어귀, 논도랑, 댐, 저수지

7~9cm

7~10월

분포 우리나라, 북한, 중국, 일본, 러시아 연해주

북녘 이름 경기매지

다른 이름 까불이, 돌고기, 하늘고기, 돌팍고기, 팔구구리, 빠구마치, 참빠구마치, 뿍구미, 골때기, 바꾸마치, 뺑구리, 참묵지, 비단꾸부리, 돌팍재갱이

2007년 3월 전북 군산 개사동 농수로

몸길이는 7~9cm이다. 몸이 통통하다. 머리는 가로로 조금 납작하다. 몸통 앞쪽은 둥글고 꼬리로 갈수록 세로로 납작하면서 잘록해진다. 주둥이는 뾰족하고 입술이 두껍다. 입에 돌기처럼 생긴 작은 이가 있다. 위턱이 길다. 눈은 머리 위로 튀어나왔다.
몸은 옅은 갈색이다. 온몸에 하얀 점과 짙은 밤색 점이 빼곡히 섞여 있다. 등과 몸통에 굵은 반점이 7~8개 있다. 콧잔등과 등에 흐릿하고 구불구불한 줄무늬가 있다. 아가미뚜껑에도 비스듬하게 짙은 줄이 3~4개 있다. 아가미 뒤쪽에 눈동자만한 까만 점이 하나 있다. 꼬리지느러미에 점으로 이루어진 짙은 밤색 줄무늬가 7~8개 있고 등지느러미에도 3~4줄 있다. 배지느러미가 맞붙은 빨판이 있고, 등지느러미는 2개다. 꼬리지느러미는 끝이 둥글다.
제2등지느러미 연조 7~8개, 뒷지느러미 연조 8개, 종렬 비늘 29~30개, 새파 9개, 척추골 26~27개이다.

밀어

Rhinogobius brunneus

밀어는 논도랑과 냇물, 강, 바다와 만나는 강어귀에 산다. 작은 밀어 떼가 헤엄치는 것이 밀이삭에 알곡이 빽빽하게 붙은 것처럼 보인다고 '밀어'라는 이름이 붙었다. 몸 색깔이 누런 밤색이나 잿빛 밤색을 띤다. 환경에 따라서 색깔이 달라지고 물고기마다 몸빛이 제각각이다. 콧잔등에 'ㅅ'자 꼴로 생긴 빨간 줄무늬가 또렷하다. 배에 있는 동그란 빨판으로 어디에나 찰싹 달라붙는다. 돌 위에 가만히 붙어 있다가 재빨리 다른 돌 위로 옮겨 간다. 또 돌 밑으로 들어가서 잘 숨는다. 돌말도 먹고 물벼룩이나 작은 물벌레도 잡아먹는다.

알은 5~7월에 낳는다. 수컷은 알 낳을 큰 돌을 미리 찾는다. 큰 돌 밑에 있는 잔돌을 입으로 물어 옮기고 속을 파헤치며 알자리를 넓게 마련한다. 머리만 내놓고 지키다가 다른 수컷이 오면 입을 크게 벌려 위협하며 쫓아낸다. 암컷이 오면 함께 돌 밑에 거꾸로 매달려 알을 빽빽이 붙인다. 암컷은 떠나고 수컷이 남아서 알을 돌본다. 새끼는 강어귀로 내려가서 겨울을 나고 이듬해 봄에 떼를 지어 냇물까지 올라온다.

옛날에는 먹으려고 잡았는데 요즘에는 집에서 기른다. 먹성이 좋고 잘 자라서 기르기가 쉽다. 우리나라 전국 어느 곳에나 아주 흔하다. 울릉도에 자연적으로 서식하는 민물고기는 밀어뿐이다. 북한과 중국, 일본과 대만에도 분포한다.

알 낳기와 성장 5~7월에 알을 돌 밑에 붙이며 낳는다. 수컷은 첫 번째 등지느러미 살이 길어지고, 몸에 난 붉은 반점이 짙어진다. 알은 타원 모양으로 지름이 긴 쪽은 1.56mm, 짧은 쪽은 0.67mm이다. 수온 20~22℃에서 3~4일이면 새끼가 깨어나는데, 몸길이가 3.2mm이다. 낮에는 바닥에 있다가 밤에 헤엄치면서 플랑크톤을 먹는다. 20~22일이 지나면 6mm로 자란다. 강 하류에서 태어난 새끼는 1cm가 되면 상류로 거슬러 올라온다. 7~8월에 2cm가 되면 비늘이 다 생기고 모양을 갖춘다. 1년이면 3~4cm가 되고, 2년 자라면 알을 낳는다.

 냇물, 강, 강어귀, 논도랑, 댐, 저수지

6~8cm

5~7월

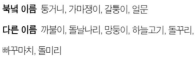
분포 우리나라, 북한, 중국, 일본, 대만

북녘 이름 둥거니, 가마쟁이, 갈통이, 일문

다른 이름 까불이, 돌날나리, 망둥이, 하늘고기, 돌꾸리, 빠꾸마치, 돌미리

밀어는 망둑어과이므로 배지느러미가 붙어서 생긴 빨판이 있다.

2004년 4월 경기도 수원 연무동

몸길이는 6~8cm이다. 10cm가 넘는 큰 것도 있다. 머리가 크고 납작하며 뺨이 툭 튀어나왔다. 입이 크고 입술이 두툼하며 돌기처럼 생긴 이가 있다. 눈이 볼록 솟아 있고 두 눈 사이가 좁다. 눈 아래에 빨간 줄이 있다. 머리 위쪽에서 등으로 이어지는 찌글찌글한 줄무늬가 있다. 몸 색깔은 보통 밝은 갈색이거나 연한 보라색이다. 몸통에 크고 짙은 반점이 7개 있으며 옆구리에는 검은 밤빛의 구름무늬가 있다. 배지느러미가 붙어서 생긴 빨판이 있다.

등지느러미는 2개다. 꼬리지느러미는 끝이 둥글다. 등지느러미와 뒷지느러미, 꼬리지느러미에는 붉은 줄무늬가 여러 개 있다. 제2등지느러미 연조 8~9개, 뒷지느러미 연조 7~9개, 종렬 비늘 30~35개, 새파 11~13개이다.

민물두줄망둑

Tridentiger bifasciatus

등과 옆구리에 까맣고 굵은 줄이 하나씩 있어서 '민물두줄망둑'이라고 한다. 주변 환경이 변하면 줄이 짙어지거나 흐려지고, 사라지기도 한다. 바다와 잇닿은 강어귀에 살며, 강과 냇물에도 살고 갯벌에 흔하다. 바닥에 진흙이랑 돌이 깔린 곳을 좋아한다. 썰물 때 물이 빠지고 생긴 작은 웅덩이에서도 볼 수 있다. 주로 돌 밑에 숨어 지낸다. 새우나 작은 게, 따개비, 갯지렁이, 물벌레, 작은 물고기를 먹는다.

알은 4~8월에 돌 밑에서 낳는데, 조개껍데기나 굴 껍데기에 낳기도 한다. 수컷은 알자리를 미리 찾아서 지키는데, 다른 수컷이 오면 텃세를 부리며 쫓아낸다. 암컷이 근처에 오면 알자리로 데려온다. 암컷은 알을 한 개씩 붙이며 낳는다. 수컷은 꼬리지느러미를 흔들면서 정액을 뿌려 알을 수정시킨다. 수컷은 알자리에 남아서 알을 돌본다. 다른 물고기가 다가오면 입을 벌리고 사납게 쫓아낸다. 가슴지느러미와 꼬리지느러미를 흔들어서 알이 잘 깨어나게 돕는다.

우리나라 동해, 서해, 남해로 흐르는 하천에 산다. 북한에 있는 대동강에도 사는데, 북녘에서는 '줄무늬매지'라고 한다. 중국 남부 지방과 일본에도 분포한다.

알 낳기와 성장 4~8월에 돌 밑이나 조개껍데기에 알을 낳는다. 이때 수컷은 온몸이 까매진다. 주둥이와 아가미뚜껑이 커지고 불룩해진다. 알은 길쭉한데 지름이 긴 쪽은 1.4~1.6mm, 짧은 쪽은 0.5~0.65mm이다. 수온 22.5℃에서 6~7일이면 새끼가 깨어나는데, 3mm이며 입과 총배설강이 있다. 10일 지나면 5.2mm가 되고, 20일 지나면 7~8mm로 자라며 제2등지느러미와 뒷지느러미, 배지느러미가 생긴다. 새끼는 바닥에서 헤엄치며 작은 갑각류와 따개비류, 갯지렁이를 먹는다.

강, 강어귀, 냇물, 댐, 저수지

10cm

4~8월

분포 우리나라, 북한, 일본

북녘 이름 줄무늬매지, 점망둥어

다른 이름 돌망둑, 돌망둥어, 덤바구, 돔보치, 민물덤벙구, 골때기

2005년 6월 경기도 파주 파주출판도시 늪

몸길이는 10cm쯤이다. 몸이 연한 밤색이며
짧고 뭉툭하다. 몸통은 앞쪽은 둥글고
꼬리자루로 갈수록 잘록해진다.
등과 몸통에 굵고 까만 줄이 2개 있다.
줄은 주둥이 끝에서 꼬리자루까지 길게 쭉 나 있다.

머리는 가로로 납작하다. 주둥이는 끝이 둥글다.
아가미뚜껑과 턱 밑에 작고 검은 점이 많이 있다.
배지느러미가 맞붙은 흡반이 있다.
등지느러미는 2개이다. 제2등지느러미와
뒷지느러미 테두리에 노란색 띠가 있다.

제2등지느러미와 꼬리지느러미, 뒷지느러미에
밤색 점으로 된 줄이 여러 개 있다.
꼬리지느러미 끝은 둥글다.
제2등지느러미 연조 12개, 뒷지느러미 연조 10~11개,
종렬 비늘 50~60개, 새파 10~11개이다.

민물검정망둑

Tridentiger brevispinis

민물에 살고 몸이 검다고 '민물검정망둑' 이라는 이름이 붙었다. 몸이 거무스름한 자주색이다. 망둑어 무리는 '뚝저구' 라고도 하는데, 민물검정망둑을 '먹뚝저구' 라고도 한다. 돌이 많이 깔린 곳에서 살면 자줏빛이 훨씬 진하고, 진흙이 많은 곳에 살면 흐리다. 기분에 따라 몸 색깔이 자주 바뀌는데 진했다가 연했다가 한다. 강이나 냇물에서 살고 저수지에서도 산다. 진흙이 많은 곳에서도 살지만 자갈이나 돌이 깔린 곳에서 더 흔하다. 빨판으로 쉽게 돌에 몸을 붙여 올라가 있다가 느릿느릿 다른 돌 위로 헤엄쳐 간다. 작은 물고기나 물벌레, 게나 새우를 잡아먹고, 돌말도 먹는다.

알은 5~7월에 낳는다. 이때 수컷은 몸이 까맣게 바뀌고 첫 번째 등지느러미가 길어진다. 수컷은 돌 틈 사이를 돌아다니면서 알자리를 미리 마련한다. 암컷과 수컷은 돌 밑에 거꾸로 매달려 알을 낳아 붙인다. 암컷은 알을 낳으면 죽고, 수컷은 새끼가 깨어날 때까지 알을 돌본다. 다른 물고기가 다가오면 알자리에서 뛰쳐나가서 사납게 쫓아 낸다.

민물검정망둑은 하천 중류와 하류에 살고 저수지와 큰 댐에서도 산다. 충청도에 있는 논산천과 웅천, 강원도 삼척 마읍천, 전라도 부안 백천과 청호저수지, 진도에서 채집된 기록이 있다. 요즘에 내륙에 있는 큰 하천, 소양강댐, 대청댐, 팔당댐 같은 호수와 저수지에서도 많이 발견되고 있다. 우리나라 전국에 걸쳐 서식하고, 북한과 일본에도 분포한다.

알 낳기와 성장 5~7월에 알을 낳는다. 수컷은 암컷이 있으면 머리를 흔들면서 소리를 내고 지느러미를 펴고서는 춤을 추듯이 옆으로 몸을 흔든다. 이때 암컷은 몸 색깔이 밝아진다. 수컷이 미리 마련한 돌 틈이나 물에 가라앉은 나무에 암컷이 거꾸로 매달려 알을 한 겹으로 빽빽이 붙이며 낳는다. 알자리 한 곳에 암컷 여러 마리가 알을 낳는데, 암컷 두 마리가 함께 알을 낳기도 한다. 알은 조롱박처럼 생겼고, 지름이 긴 쪽은 1.4mm, 짧은 쪽은 0.8mm이다. 수온 18~22℃에서 10일이 지나면 새끼가 깨어난다. 새끼는 3.5mm이고, 3일이 지나면 노른자위가 다 흡수되고 먹이를 먹는다. 물에 떠다니는 동물성 플랑크톤이나 식물성 플랑크톤을 먹는다. 1년을 자라면 알을 낳는다.

강, 강어귀, 냇물, 댐, 저수지

10cm

5~7월

분포 우리나라, 북한, 일본

북녘 이름 매지, 뚝지, 졸망둥어

다른 이름 먹뚝저구, 흑뿌구리, 검정꾸부리, 먹뚜구리, 배꼽뚜구리, 지름망둑어, 깨망둑, 곱수리, 골때기, 참묵지

2005년 9월 인천 강화도 장흥저수지

몸길이는 10cm쯤이다. 조금 더 큰 개체도 있다. 몸이 통통하다. 몸 색깔이 거무스름한 자주색이다. 환경에 따라 조금씩 다르고 물고기에 따라서도 연하거나 짙다. 몸통과 머리에 자잘한 파란색 점이 퍼져 있다. 가슴지느러미에 굵은 주황색 줄무늬가 있다. 머리가 크고 뺨이 불룩하다.

몸통은 꼬리로 갈수록 세로로 납작하다. 주둥이는 조금 뾰죽하고 끝이 뭉툭하다. 입이 크고 입술이 두툼하다. 턱에 작은 이가 줄지어 나 있다. 눈은 조금 튀어나왔다. 등지느러미가 2개이고, 제1등지느러미는 끝이 길다. 지느러미들은 거무스름한데 제2등지느러미와

뒷지느러미는 테두리가 하얗다. 꼬리지느러미 끝이 둥글다. 제2등지느러미 연조 10~12개, 뒷지느러미 연조 9~10개, 종렬 비늘 31~36개, 새파 8~11개이다.

모치망둑

Mugilogobius abei

모치망둑은 바다와 잇닿은 강어귀에 산다. 강과 냇물 하류로 올라오기도 한다. 모래와 진흙이 깔려 있는 바닥을 좋아한다. 동물성 플랑크톤, 작은 새우와 게 같은 갑각류의 유생, 갯뻘에서 유기물을 먹는다. 갯벌에서는 썰물로 물이 빠지면 게 구멍에 들어가 숨기도 한다. 물이 조금 더러워도 잘 이겨 내는데, 요즘에는 강물이 많이 오염되어 점점 사라지고 있다. 우리나라 서해와 남해로 흐르는 하천에 산다. 대만과 중국, 일본 남부 해안에도 분포한다.

알은 6~8월에 낳는다. 수컷은 혼인색을 띠어 몸이 까매지고 등지느러미와 뒷지느러미 테두리가 샛노랗게 변한다. 배 쪽은 새하얗게 바뀐다. 암컷은 색이 옅어지며 수컷과 뚜렷하게 구별된다. 수컷은 알 낳을 조개껍데기를 찾아서 지키고 다른 수컷이 들어오지 못하게 텃세를 부린다. 수컷은 지느러미를 꼿꼿이 세우고 알자리에 온 암컷 근처에서 헤엄친다. 암컷은 여러 차례 알자리를 기웃거리다가 알을 붙이며 낳는다. 수컷이 꼬리지느러미를 좌우로 흔들면서 정액을 내어 알을 수정시킨다. 수컷은 신선한 물이 알에 닿게 가슴지느러미와 꼬리지느러미를 흔들며 보살피고 다른 물고기가 오지 못하게 알자리를 지킨다.

알과 성장 알은 둥글며 길쭉하다. 지름이 긴 쪽은 0.95mm, 짧은 쪽은 0.44mm이다. 수온 24.5~25.5℃에서 4일이 지나면 새끼가 깨어나는데 몸길이가 2mm이다. 12일이 지나면 3.2mm로 자란다. 35일이 지나면 10mm가 조금 넘고 등지느러미와 배지느러미가 완전히 생겨서 바닥 생활을 시작한다. 2개월이면 2cm로 자라 어미와 모습이 닮는다.

연구 1986년에 미기록 종으로 추가되었다. 생김새가 어린 숭어와 닮았다고 '모치망둑'이라는 이름을 붙였다. 어린 숭어를 '모치'라고도 하기 때문이다.

강어귀, 강, 바닷가

4~6cm

6~8월

분포 우리나라, 중국 남부, 일본, 대만

모치망둑은 배지느러미가 붙은 빨판이 있다.

2007년 4월 전북 고창 심원 담암천

몸길이는 4~5cm이다. 큰 것도 6cm를 안 넘는다. 몸은 앞쪽이 원통형이고 꼬리로 갈수록 세로로 납작하다. 머리는 크고 주둥이는 짧으며 둥글다. 입에 이가 나 있다. 두 눈이 떨어져 있고 눈두덩 주위에 진하고 굵은 줄무늬가 퍼져 있다. 몸 색깔은 잿빛이 도는 갈색이다. 등에서 몸 옆으로 굵은 세로줄 무늬처럼 반점이 나 있다. 뺨에 비늘이 없고, 아가미뚜껑은 매우 작은 비늘로 덮여 있으며 굵고 진한 검은 점이 1개 있다. 등지느러미에도 연한 검은 줄무늬가 있다. 제1등지느러미 2~3번째 지느러미살이 실처럼 가늘고 길다. 제1등지느러미 뒤쪽과 꼬리지느러미 위쪽에 검은 점이 1개 있다. 뒷지느러미의 가장자리는 거무스름하다. 꼬리지느러미는 끝이 둥글다. 제2등지느러미 연조 8개, 뒷지느러미 연조 8개, 종렬 비늘 37~40개이다.

미끈망둑

Luciogobius guttatus

몸이 길쭉하고 미끈하게 생겼다고 이름이 '미끈망둑'이다. 몸에 비늘이 없고 머리를 비롯한 몸통과 지느러미에 반점이 빽빽하게 흩어져 있다. 다른 망둑어과처럼 배지느러미가 맞붙어 생긴 빨판이 있다. 바닷물과 민물이 만나는 강어귀와 냇물 하류에 산다. 밀물 때 바닷물에 잠기고 썰물에 바닥이 드러나는 곳에서 지낸다. 돌이나 자갈이 깔린 웅덩이에서 머무는데, 썰물 때면 돌 사이나 돌 밑에 숨어 지낸다. 바닥에 사는 작은 갑각류와 무척추동물을 먹는다. 주로 밤에 나와서 돌아다닌다.

알은 2~5월에 낳는다. 암컷은 알을 650개쯤 갖는다. 수컷은 이때 몸통이 납작해지고 머리가 커지며 뺨이 불룩해진다. 돌 틈 아래쪽이나 돌 밑에 알자리를 만들고 알을 한 겹으로 붙인다. 수컷은 새끼가 깨어날 때까지 알자리를 지킨다. 어린 새끼는 바닷물에 떠서 지내며 동물성 플랑크톤을 먹고 산다.

미끈망둑은 우리나라 전국의 연안, 민물과 바닷물이 만나는 기수 지역에 산다. 제주도를 비롯한 크고 작은 섬에도 산다. 바닷가에 있는 하천 하류에서 썰물에 물이 조금이라도 고여 있는 곳이면 미끈망둑을 볼 수 있다. 섬에서는 냇물이 바다로 빠져 나가는 곳에 서식한다. 중국과 일본에도 분포한다.

알과 성장 알은 길쭉한데 지름이 긴 쪽은 2.7~2.8mm, 짧은 쪽은 0.6~0.7mm이다. 수온 22.7℃에서 4일이 지나면 새끼가 깨어난다. 새끼는 3.9mm로 입과 총배설강이 열려 있다. 48~50일이 지나면 13.4mm으로 자라고 지느러미가 다 생기며 어미와 닮는다. 강에서 깨어난 새끼는 곧 바다로 떠내려간다. 15mm가 넘으면 바닥에 붙어 지내고 강으로도 올라온다. 1년에 3~4.8cm, 2년에 4.8~6.3cm가 되고, 3년에 6.3cm가 넘게 자란다. 1년만에 알을 낳기도 한다.

강어귀, 강, 바닷가　**분포** 우리나라, 북한, 중국, 일본

6~8cm　**북녘 이름** 미끈망둥어, 막대망둥어

2~5월　**다른 이름** 미끈망둥어

2007년 4월 충남 보령 대천 대천천

미끈망둑은 주로 바닥에 살지만 헤엄도 잘 친다.

몸길이는 6~8cm이다. 몸이 길쭉한데, 앞쪽은 원통 모양이고 꼬리자루는 세로로 조금 납작하다. 몸에 비늘이 없어 미끈하다. 머리는 크고 가로로 납작하다. 주둥이는 짧고 뾰족하다. 입이 가로로 길쭉하다. 아래턱이 위턱보다 조금 길다. 턱에 아주 작은 돌기처럼 이가 나 있다.

혀는 넓고 끝이 갈라져 있다. 눈은 머리 위쪽에 붙어 있으며 볼록하다. 몸은 누런데 등 쪽은 짙고 배 쪽은 연하다. 머리와 몸통에 작은 검은색 반점이 빽빽하게 흩어져 있다. 각 지느러미에도 검은 반점이 줄지어 있다. 꼬리지느러미 끝은 둥글다. 배지느러미가 붙어서

생긴 빨판은 작다. 뺨의 근육이 발달하여 부풀어 오르게 할 수 있다. 등지느러미 연조 10~13개, 뒷지느러미 연조 11~13개, 새파 7~8개, 척추골 36~39개이다.

버들붕어

Macropodus ocellatus

몸이 버들잎처럼 납작하다고 이름이 '버들붕어'이다. 아가미덮개에 밥알만한 푸른 점이 하나 있다. 주변 환경에 따라서 몸 색깔이 잘 바뀐다. 수컷이 혼인색을 띠면 몸 색깔이 알록달록 곱다고 '비단붕어'라고도 한다. 북녘에서는 '꽃붕어'라고 한다. 논 가장자리에 있는 도랑에 산다. 연못이나 저수지처럼 물이 고여 있는 곳에서도 지낸다. 냇물에서는 물이 조금 흐리고 물살이 느리며 말즘과 붕어말 같은 물풀이 수북한 곳을 좋아한다. 여러 마리가 떼를 지어 헤엄쳐 다니면서 물벼룩이나 실지렁이, 물벌레를 잡아먹는다. 가끔 주둥이를 물 밖으로 내놓고 공기를 마시면서 숨을 쉬기도 한다.

알은 6~7월에 낳는다. 수컷은 성질이 사나워져 암컷을 차지하려고 서로 싸우기도 한다. 수컷은 수면에 떠 있는 물풀 사이를 맴돌면서 입으로 끈적끈적한 거품을 내어 크기 5~8cm로 거품집을 띄운다. 암컷을 거품집 근처로 데려와 암컷 몸을 둘둘 말아 감싸고 배가 거품집을 향하게 몸을 뒤집는다. 암컷이 거품집 속에 알을 낳아 띄우고 수컷은 정액을 뿌려 알을 수정시킨다. 이런 방법으로 알을 여러 번에 걸쳐서 낳는다. 수컷은 거품집 둘레에서 새끼가 깨어날 때까지 알을 보살핀다.

버들붕어는 어항에 넣어 일부러 기르기도 하는데, 산란기에 알 낳는 모습도 쉽게 관찰할 수 있다. 우리나라 전국에 널리 분포한다. 요즘에 논에 농약과 비료를 많이 치면서 드물어졌다. 중국과 일본에도 분포한다. 1914년에 일본은 우리나라에서 들여가 풀어 놓았다.

알과 성장 알은 둥글고 지름이 1mm이다. 수온 25℃에서 2일이 지나면 새끼가 깨어난다. 수컷은 알을 보호하는데, 알이 거품집 밖으로 나오면 물어서 속에 밀어 넣는다. 새끼가 다 깨어나도 안 떠나고 거품을 계속 만든다. 새끼가 거품집 밖으로 나오면 속으로 밀어 넣는다. 새끼는 4~5일 지나면 흩어진다.

혼인색 수컷은 몸 색깔이 짙어지고 무늬가 선명해진다. 몸통 뒤쪽은 까매지고 앞쪽은 옅어진다. 눈두덩에 난 줄무늬도 짙어진다. 지느러미는 모두 빨개지고 군데군데 작은 파란점이 생겨 무늬를 이루며 테두리에 얇은 파란 줄이 생긴다. 등지느러미와 뒷지느러미는 커지고 길어진다.

논도랑, 늪, 연못, 저수지, 냇물

7cm

6~7월

분포 우리나라, 북한, 중국, 일본

북녘 이름 꽃붕어

다른 이름 줄붕어, 기생붕어, 비단붕어, 돌붕어, 색붕어, 보리붕어, 바디붕어

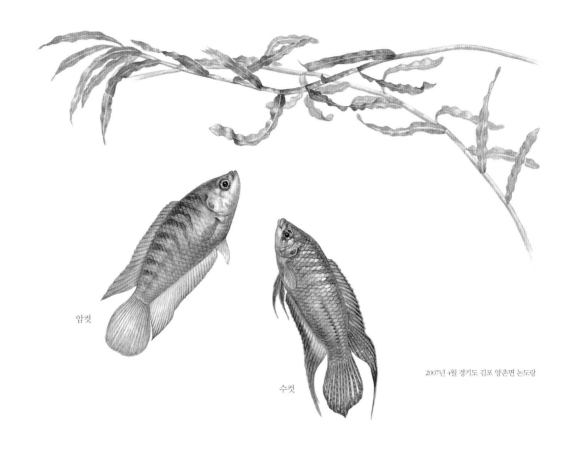

암컷

수컷

2007년 4월 경기도 김포 양촌면 논도랑

버들붕어의 산란

수컷이 입으로 거품을 내어 거품집을 띄운다.

수컷이 암컷 몸을 말고 뒤집어 거품집에 알을 낳는다.

몸길이는 7cm쯤이다. 몸통이 호박씨처럼 둥글고 납작하다. 몸이 누런 밤색이다. 몸통에 붉고 굵은 세로무늬가 10개쯤 있다. 등은 푸르스름하고 배는 색깔이 연하다. 눈가에 굵은 줄이 여러 갈래로 뻗어 있다. 아가미 둘레에도 얼룩덜룩 굵은 줄무늬가 있다. 아가미뚜껑에는 푸른 반점이 하나 있다. 머리는 작고 주둥이가 뾰죽 튀어나왔다. 입은 위를 보고 있다. 아래턱이 위턱보다 튀어나왔다. 눈은 머리 앞쪽에 있고 눈가에 노란 테가 있다. 등지느러미와 뒷지느러미가 아주 길고 생김새도 비슷하다. 수컷은 지느러미가 암컷보다 더 길다. 꼬리지느러미는 둥근데 끝이 뾰죽하다. 옆줄이 없다. 등지느러미 연조 6-8개, 뒷지느러미 연조 10-11개, 종렬 비늘 29~30개, 새파 2개이다.

가물치

Channa argus

가물치는 몸집이 아주 크다. 큰놈은 어른 팔뚝만하다. 온몸이 풀색인데, 옆구리와 등에 크고 검은 점이 얼룩덜룩하게 많이 박혀 있다. 몸이 새까맣다고 전라도에서는 '까마치'라고도 한다. 늪과 저수지에 흔하지만 냇물이나 강에도 산다. 흐르는 물보다 허리까지 오는 고인 물에서 잘 산다. 물풀이 우거지고 바닥에 진흙이 깔린 곳을 좋아한다. 물풀 사이에 가만히 숨어 있다가 물고기를 한입에 삼킨다. 먹성이 좋아서 이것저것 안 가리고 잘 먹는다. 물벌레와 지렁이부터 개구리까지 닥치는 대로 잡아먹는다. 미꾸라지, 붕어, 새끼 잉어를 주로 먹고 굶주리면 큰 가물치가 작은 놈을 잡아먹기도 한다.

가물치는 아가미로 숨을 쉬지만 피부로도 '공기 호흡'을 할 수 있어 물 밖에서도 잘 견딘다. 비가 오면 물에서 나와 진흙 바닥을 기어 다니기도 한다. 여름에 가물면 진흙 속에 들어가 있고, 비가 오면 다시 진흙을 뚫고 나온다. 겨울에는 진흙 속에서 아무것도 안 먹고 잠자듯이 꼼짝 않고 지낸다.

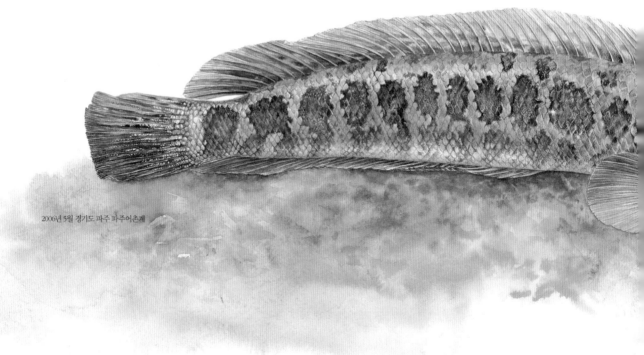

2006년 5월 경기도 파주 파주어촌계

늪, 저수지, 연못, 냇물, 강

30~80cm

5~8월

분포 우리나라, 북한, 중국, 일본

북녘 이름 가물치

다른 이름 까마치, 가무치, 감시, 먹가마치, 칠성가마치, 메물치가물치는 옛날부터 산모나 몸이 약한 사람에게 고아 먹였다. 그물로도 잡지만 낚시꾼들이 낚시로 잡기도 한다. 요리해 먹거나 약으로 쓰려고 일부러 양식하기도 한다. 우리나라 전국에 서식하고 중국과 일본에도 분포한다. 일본은 1916년과 1923~1924년 몇 차례에 걸쳐 우리나라에서 들여가 풀어 놓았다.

알 낳기와 성장 5~8월에 알을 낳는다. 암컷과 수컷이 물풀 줄기와 잎을 모아 둥그렇게 둥지를 만든다. 둥지는 어른 팔 한 아름 정도 크기로 수면에 떠 있다. 맑고 물살이 잔잔한 날에 암컷이 배를 뒤집어 둥지 속에 알을 낳는다. 수컷이 뒤따라 정액을 뿌려 수정시킨다. 암컷은 알을 7300개쯤 낳는데 큰 놈은 15000개를 낳기도 한다. 둥지 아래서 암컷과 수컷이 함께 알을 지키고 새끼가 깨어나도 안 떠나고 보호한다. 위험을 느끼면 둥지를 밀어서 옮기기도 한다. 알은 수온 20℃에서 2일이 지나면 새끼가 깨어난다. 새끼는 4mm이고, 1년 자라면 25cm, 2년이면 35cm로 크며 알을 낳을 수 있다. 3년이면 45cm로 자란다.

몸길이는 30~80cm이다. 1m가 넘는 것도 있다. 온몸이 풀색인데 굵고 검은 점이 얼룩덜룩하게 나 있다. 배는 하얗다. 등, 가슴, 꼬리지느러미에 검은 줄무늬가 있다. 몸이 길쭉하고 몸통이 둥글며 통통하다. 머리가 크고 납작하다. 입도 아주 크다. 위턱보다 아래턱이 길어서 앞으로 나와 있다.

입속에 뾰족하고 날카로운 이가 안으로 휘어져 있다. 혀에 이처럼 생긴 단단한 돌기가 있다. 등지느러미와 뒷지느러미가 아주 길고 가슴지느러미는 넓으며 배지느러미는 작다. 옆줄은 앞쪽이 위로 솟아서 둥글게 굽어 있다. 등지느러미 연조 48~50개, 뒷지느러미 연조 31~35개, 옆줄 비늘 59~69개, 새파 3개, 척추골 56개이다.

부레옥잠 아래에 숨어 가만히 쉬는 가물치

황복

Takifugu obscurus

노란 복어라는 뜻으로 이름이 '황복'이다. 배 옆에 누런 줄이 굵게 있다. 강에 산다고 '강복어'라고도 한다. 위험을 느끼면 풍선처럼 배를 빵빵하게 부풀린다. 물속에서는 물을 들이마시고, 물 밖에서는 아가미구멍으로 공기를 마셔 배를 부풀린다. 황복은 복어 무리 중에서 몸집이 큰 편이다. 바다와 잇닿은 강어귀에 사는데, 짧은 지느러미로 물속에서 천천히 헤엄쳐 다닌다. 주로 게와 새우 같은 갑각류를 먹고, 어린 물고기와 물고기 알도 먹는다. 봄에 강으로 올라와서는 참게를 잡아먹는다. 알은 4~5월에 낳는다. 바닷물이 들어오지 않는 곳까지 강을 거슬러 올라와 자갈이 깔린 여울에 알을 낳는다. 새끼는 바다에 내려가서 자란다. 알을 낳은 어미도 바다로 내려간다.

황복은 사람을 죽게 할 만큼 강한 독을 가졌지만 옛날부터 즐겨 먹었다. 옛사람들이 남긴 글에 황복 맛이 아주 좋다는 내용이 많이 나온다. 요즘에는 강물이 오염되고 강 하구에 둑을 쌓아 막아서 숫자가 줄어들었다. 한강과 임진강 하구에 여전히 서식하는데, 황복이 사라지지 않도록 어린 새끼를 한꺼번에 길러서 강에 풀어 주고 있다. 봄이면 어부들이 강에서 잡는다. 우리나라 서해로 흐르는 강의 하구에 산다. 북한에도 서식하고, 중국에도 동중국해로 흐르는 하천 하류에 분포한다.

알과 성장 알은 지름이 1.42~1.5mm이다. 새끼는 3.1~3.4mm이고, 10일 뒤에 가슴지느러미가 생기고, 18일이 지나면 7~8mm로 자라며 다른 지느러미도 생긴다. 10mm로 자라면 배를 부풀릴 수 있다. 2~3cm로 크면 등이 초록색이 되고, 어미와 생김새가 같아진다.

복어 무리의 독 복어 무리는 모두 몸에 독이 있다. 특히 황복, 자주복, 까치복, 검복은 독성이 강하다. 복어마다 독이 있는 부위가 다른데, 특히 수컷 정소와 암컷 난소에 독이 많다. 간, 내장, 눈알, 피부에도 독이 있다. 복어는 독을 제거하는 기술을 가진 전문 요리사가 다루어야 하고, 복어 요리를 먹을 때는 아주 조심해야 한다.

강어귀, 강

40cm

4~5월

보호종(서울시 지정)

분포 우리나라, 북한, 중국

다른 이름 강복어, 강복, 황복어, 복어, 복, 복쟁이, 복지, 누렁태, 누룽태, 똘짱구

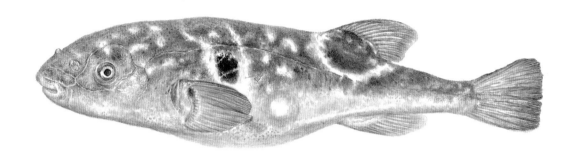

2006년 5월 경기도 연천 장남매운탕

몸길이는 40cm이다. 큰 것은 45cm까지 자란다.
몸은 원통형이고 길다. 머리가 크고 통통하며
둥글고, 꼬리로 갈수록 점점 가늘어진다.
머리 위쪽이 평평하고 넓다. 입은 작고 둥글다.
입술이 두툼하고, 아랫입술이 길다.

위턱과 아래턱에 2개씩, 서로 붙은 이가 있다.
등과 배에 비늘이 변해서 생긴 잔가시가 빽빽이 있다.
몸 색깔은 누렇다. 입 아래에서 꼬리자루까지
샛노란 굵은 줄무늬가 뻗어 있다.
등은 갈색이고 배는 하얗다. 등과 가슴지느러미

양쪽에 흰 테가 있는 검은 반점이 있고, 등지느러미
부분에도 크고 까만 점이 있다. 배지느러미는 없다.
등지느러미 연조 17~19개, 뒷지느러미 연조 15~17개,
가슴지느러미 연조 16~17개, 꼬리지느러미 연조 11개,
척추골 23~24개이다.

3. 민물고기의 진화와 분류

1 생명의 탄생과 진화

모든 생명체는 물이 고향이다. 물은 햇빛과 흙, 공기처럼 식물과 동물이 살아가는데 없어서는 안 될 꼭 필요한 요소 가운데 하나다. 지구에서 최초의 생명체는 물에서 생겨났다. 이후 수십억 년에 걸쳐 진화와 멸종을 거듭하며 다양한 식물과 동물들로 구성된 현재의 자연 생태계가 이루어졌다. 생명체들이 번식하고, 진화를 거듭하며 살아오는 동안 지구 환경은 더욱 풍요롭게 바뀌었다.

지구는 46억 년 전에 탄생했다. 태양이 먼저 생기고 태양계의 다른 별들과 함께 지구도 생겨났다. 35~39억 년 전에 맨 처음 탄생한 생명체는 고박테리아이다. 박테리아들은 아직도 지구에서 살고 있다. 이들은 높은 염도에서 사는 박테리아, 심해의 화산구 아주 높은 온도에서 사는 박테리아, 공기가 잘 통하지 않는 곳에서 사는 박테리아들이다. 최초로 생겨난 박테리아와 원생동물 같은 아주 작은 생명체들은 여러 환경 속에서 진화하여 엽록체를 가지게 된다. 그리고 엽록체를 가진 조류들은 광합성 작용을 하여 대기에 산소를 내어놓았다. 이 조류들이 대기에 산소를 뿜어내기 이전 원시 대기에는 메탄, 암모니아, 수소, 수증기로 이루어져 있었다.

조류가 대기에 쏟아낸 산소는 태양이 내뿜는 자외선을 받아 오존이 되고, 지구 대기 상층으로 올라가서 오존층을 이루었다. 이 오존층이 우주에서 지구로 쏟아져 들어오는 자외선과 방사선을 막아 주면서 생물들이 물을 벗어나 살 수 있게 되었다. 생물들이 물 밖으로 나오기 시작하고 육지로 올라가서 육상 식물과 육상 동물이 된 것이다. 지구에는 점점 광합성을 하는 식물들이 늘어나게 되고 대기에 산소가 풍부해졌다. 5억 년 전부터 다양한 식물이 나타났고 더욱 번성하면서 그때부터 지구 대기에는 산소가 20%를 차지하게 되었다. 식물들의 광합성 작용으로 이산화탄소는 점점 흡수되고 점점 줄어들게 된 것이다. 오늘날 인간을 비롯한 동물들이 살기 좋은 지구가 된 것은 수많은 생명체들 덕분이다.

파충류는 약 1억 8000만 년 전에 번성했다. 우리는 파충류 번성기를 '중생대'라고 한다. 그리고 6500만 년 전에 공룡이 멸종하고, 6000만 년 전에 포유류가 번성했다. 지구에 인류가 100만 년 전에 등장했다고 말하는 과학자도 있지만, 현생 인류의 첫 출현은 4만 년 전으로 보고 있다. 4만 년 전에 인간의 직계 조상인 호모 사피엔스 사피엔스가 출현한다.

현재 전 세계에 알려진 생물 수는 170만 종이나 되지만, 이것은 과학적으로 분류해서 밝혀진 숫자일 뿐이다. 아직 더 많은 생물들이 밝혀지지 않은 채 남아 있다. 대략 300~1000만 종이 지구에 있을 것이라고 추정한다. 열대 우림, 심해, 극지 등 인간의 손길이 닿지 않는 지구 곳곳에 우리가 모르는 더 많은 생물들이 살아가고 있다. 이 많은 생물들은 다양한 환경을 서식지 삼아 독특한 생태계를 이루며 살아간다. 지금 이 순간에도 생명체들은 눈에 보이지 않는 진화를 거듭하고 다양한 서식처를 만들면서 지구를 생명이 넘치는 풍요로운 곳으로 바꾸며 생명을 이어가고 있다.

2 어류의 기원

지구에 물이 생성된 때는 약 40억 년 전이며, 35억 년 전 물에서 생명체가 처음으로 생겨났다. 그 뒤로 조류, 식물, 무척추동물 등이 나타나게 된다. 약 7억 년 전에 최초로 척추동물의 조상이 지구에 출현하였고, 약 4억 5000만 년 전 고생대 말기에 이르러 어류의 조상이 등장하였다. 무척추동물이 척추동물로 진화하면서, 척추를 가진 어류가 처음으로 나타났다. 포유류^{젖먹이 동물}나 조류보다도 더 오래 전에 생긴 것이다.

어류의 조상은 머리와 몸이 거북처럼 딱딱한 갑으로 덮여 있었고 턱이 없는 갑피류였다. 느릿느릿 바닥을 헤엄쳐 다니면서 작은 플랑크톤이나 바다의 유기물을 빨아들여 먹었던 것으로 추정하고 있다. 그 뒤 약 3억 2000만 년 전, 발달된 턱과 지느러미를 가진 좀 더 활동적인 물고기들이 출현하여 새로운 먹이를 잡아먹게 된다. 이 무리들은 헤엄치는 능력이 발달함에 따라 물 밑바닥을 떠나 다양한 수심층에서 제각각 여러 가지 생태를 이루며 살게 되었다.

현재 살아 있는 물고기는 다음과 같이 세 가지 무리로 나눈다. 턱을 가지고 있지 않은 '무악류', 상어와 가오리 같은 '연골어류', 대부분의 어류가 포함된 '경골어류'이다. 어류가 지구에 첫 출현한 것은 턱이 없는 갑피류가 남긴 화석 조각으로 미루어 볼 때 고생대 말기인 4억 5000만 년 전이다. 이후 제 모습을 갖춘 것은 약 4억 년 전으로 실루리아기의 암석을 통해 추정할 수 있다. 현생 어류로서 턱이 없는 원구류에 해당하는 칠성장어류는 약 3억 년 전부터 있었던 것으로 알려졌다. 턱을 가진 최초의 물고기는 극어류로 큰 눈을 가졌고 경골과 굳비늘이 있었지만 곧 절멸되었다. 판피류도 짝지느러미와 골질판, 외비공을 가졌으나 데본기 초기에 절멸하였다.

한편, 연골어류는 약 3억 7000만 년 전인 데본기 중기에 출현하여 데본기 말기에 번성했는데, 대부분 절멸하고 현생 상어류와 가오리 및 홍어류가 신생대에 분화하였다. 3억 년 전 고생대 데본기에 이르러 비로소 경골어류가 출현하였다. 이들은 큰 눈, 잘 발달된 입과 지느러미를 갖고 있는 현재의 어류들과 비슷하다. 당시 번성했던 이들 어류들은 긴 진화 과정에서 대부분 멸종하였으나 폐어류 몇 종과 바다로 진출한 '실라칸스'는 지금도 살아 있음이 밝혀졌다.

현생 경골어류의 조상은 크게 두 갈래로 나뉜다. 한 갈래는 등지느러미와 가슴지느러미에 뚜렷한 기조가 있는 조기류이다. 데본기 후기 이래 3억 9000만 년 동안 진화하면서 2만여 종으로 다양하게 분화되었다. 조기류는 나중에 철갑상어류, 전골류, 진골류의 순서로 진화하여 현생 어류의 대부분을 차지한다. 진골류는 지난 5000만 년 동안 아주 번성하여 민물과 바닷물 등의 여러 환경에 적응하면서 다양한 모양과 색깔을 갖게 되었다.

다른 한 갈래는 고생대 후기에 진화하여 허파로 공기 호흡을 할 수 있는 폐어류와 총기류인데, 폐어류는 데본기 후기에서 페름기에 번성하다가 이후 쇠퇴하여 지금은 남반구의 아프리카, 오스트레일리아, 남아메리카 몇 곳에만 분포한다. 폐어류는 약 3억 년 전에 번성했다. 총기류는 나중에 양서파충류의 조상이 된다.

3 어류의 계통 분류와 서식 환경

모든 어류가 한 조상으로부터 나와서 오늘날과 같이 수많은 종으로 진화하고 분화했다. '종의 분화' 원인은 다양하다. 그중에서도 자연적으로 발생하는 '변이'와 '생존 경쟁'을 가장 큰 이유로 들 수 있다. 또한 지리적인 변화도 종의 분화의 큰 원인 중에 하나다. 예를 들면, 한 종이 지리적인 변화로 이전과는 다른 새로운 환경에 처하면 개체는 점차 적응하며 생태가 달라지고 점점 생김새가 바뀌게 된다. 그렇게 긴 세월이 흐르면 종의 분화가 이루어 지는 것이다.

생물은 계통 분류할 때 계, 문, 강, 목, 과, 속, 종 이런 순서로 나눈다. 계는 생물 분류의 가장 큰 분류 단위로 동물계와 식물계가 있다. 어류에서 강은 연골어류강, 경골어류강, 무악어류강으로 나뉜다. 계와 문, 강으로 갈수록 조상에 가깝고, 종으로 갈수록 좀 더 진화한 형태이다. 어류는 분류할 때 진화의 내용을 기초로 한 골격 형질을 비교 검토하여 비슷한 종류끼리 묶어 정리해 사용하고 있다. 그러나 어류에 관한 많은 지식들이 완전하지 않고 더구나 상위 분류군은 분류 체계에 대한 더 과학적이고 효율적인 방법을 찾기 위한 연구가 필요하다.

전 세계의 어류는 대략 28000여 종으로 그 가운데 민물고기는 11500여 종이 포함되어 있다. 어류는 척추동물의 약 41%를 차지하며 다른 척추동물에 비해 꽤 많은 편이다. 어류가 이렇게 많은 종으로 진화하고 분화했다는 것은 이들이 살아가는 환경과 서식처가 그만큼 다양하다는 뜻이기도 하다.

민물고기에서 가장 많이 차지하는 잉어목은 전 세계적으로 2662종, 우리나라에 82종이 있다. 잉어목 바로 위 분류는 다섯 가지의 목을 합쳐서 '골표상목'이다. 잉어목에 속하는 물고기들은 머리 쪽에 있는 척추 몇 개가 모여 생긴 '웨베르 기관'이 있는데, 그 부분에 소리를 전달하는 장치가 들어 있다. 이것을 '골표'라고 하는데, 잉어목이 가진 특징이다.

농어목은 바닷물고기에서 가장 많은 종을 포함한다. 농어목에는 전 세계적으로 9300여 종이 속하고, 우리나라에는 392종이 있다. 그중에서 우리나라 담수에서 사는 것이 42종이다. 망둑어과도 농어목에 속하는데, 주로 바다에 살고 강어귀와 민물에 서식하는 종도 있다. 망둑어과는 가슴지느러미 두 개가 합쳐져서 둥근 빨판으로 된 것이 특징이다. 그래서 헤엄은 잘 안 치고 빨판을 바닥에 딱딱 붙이면서 이동한다. 멀리 못 가서 지리적으로 고립되고 다양한 환경에 적응해 살면서 종의 분화가 더욱 많이 이루어졌다.

민물고기가 살아가는 담수 환경은 다양하다. 하천은 크게 상류, 중류, 하류로 나누어 볼 수 있다. 더욱 세세하게 살펴보면 저수지, 댐, 민물과 바닷물이 만나는 기수 지역이라는 특수한 환경이 있다는 것도 알 수 있다. 또한 물살이 세찬 산골짜기, 물이 폭포처럼 쏟아지는 곳, 그 아래 웅덩이진 소, 강과 냇물의 여울, 바닥이 큰 바위로 이루어진 곳, 자갈이 깔린 곳, 모래가 깔린 곳, 진흙이나 뻘이 쌓인 곳도 있다. 이렇게 다양하고 복합적인 환경마다 사는 물고기 종류가 다르다. 이런 다양한 환경은 민물고기가 수많은 종으로 분화하는데 큰 영향을 미쳤을 것이다.

우리나라에 서식하는 민물고기는 200여 종이 있다. 이 중에서 전 세계에서 우리나라에만 사는 물고기가 약 60종이다. 우리나라에서만 서식하는 종을 '고유종'이나 '특산종'이라고 하는데, 매우 귀중하다. 우리나라에서 사는 민물고기 200여 종은 17목 39과로 나뉜다. 이 중에서 이 책에서 소개된 15목 30과 130종의 민물고기들을 표로 한눈에 살펴보자.

4 우리나라 민물고기 분류표

＊ 이 책에 실린 민물고기 130종을 한눈에 볼 수 있게 표로 만들었다.

목	과	물고기 이름
칠성장어목	칠성장어과	칠성장어, 다묵장어
철갑상어목	철갑상어과	철갑상어
뱀장어목	뱀장어과	뱀장어, 무태장어
청어목	멸치과	웅어
잉어목	잉어아과	잉어, 이스라엘잉어, 붕어, 떡붕어, 초어
	납자루아과	흰줄납줄개, 한강납줄개, 각시붕어, 떡납줄갱이, 납자루, 묵납자루, 칼납자루, 임실납자루, 줄납자루, 큰줄납자루, 납지리, 큰납지리, 가시납지리
	모래무지아과	참붕어, 돌고기, 감돌고기, 가는돌고기, 쉬리, 새미, 참중고기, 중고기, 줄몰개, 긴몰개, 몰개, 참몰개, 점몰개, 누치, 참마자, 어름치, 모래무지, 버들매치, 왜매치, 꾸구리, 돌상어, 흰수마자, 모래주사, 돌마자, 여울마자, 됭경모치, 배가사리, 두우쟁이
	황어아과	황어, 연준모치, 버들치, 버들개, 금강모치
	피라미아과	왜몰개, 갈겨니, 참갈겨니, 피라미, 끄리, 눈불개
	강준치아과	강준치, 백조어, 살치
	종개과	종개, 대륙종개, 쌀미꾸리
	미꾸리과	미꾸리, 미꾸라지, 새코미꾸리, 얼룩새코미꾸리, 참종개, 부안종개, 왕종개, 북방종개, 남방종개, 동방종개, 기름종개, 점줄종개, 줄종개, 미호종개, 수수미꾸리, 좀수수치
메기목	동자개과	동자개, 눈동자개, 꼬치동자개, 대농갱이, 밀자개
	메기과	메기, 미유기
	퉁가리과	자가사리, 퉁가리, 퉁사리
바다빙어목	바다빙어과	빙어, 은어
연어목	연어과	열목어, 연어, 산천어
숭어목	숭어과	가숭어
동갈치목	송사리과	송사리, 대륙송사리
큰가시고기목	큰가시고기과	큰가시고기, 가시고기, 잔가시고기
드렁허리목	드렁허리과	드렁허리
쏨뱅이목	둑중개과	둑중개, 한둑중개, 꺽정이
농어목	꺽지과	쏘가리, 꺽저기, 꺽지
	검정우럭과	블루길, 배스
	돛양태과	강주걱양태
	동사리과	동사리, 얼룩동사리, 좀구굴치
	망둑어과	날망둑, 꾹저구, 갈문망둑, 밀어, 민물두줄망둑, 민물검정망둑, 모치망둑, 미끈망둑
	버들붕어과	버들붕어
	가물치과	가물치
복어목	참복과	황복

칠성장어목 *Petromyzontiformes* 칠성장어과 *Petromyzontidae*

몸은 뱀장어처럼 가늘고 길며 원통형으로 비늘이 없다. 턱이 없으며 입은 둥근데 빨판 모양이다. 입 안쪽이나 혀에 가시처럼 생긴 뾰족한 이빨이 있다. 등지느러미는 2개로 나뉘어 있고 짝지느러미는 없다. 일생 동안 여위고 파리한 빛을 지니고, 골격이 연골로 되어 있다. 콧구멍은 두 눈 사이에 있는데 목구멍과 연결되지 않는다. 아가미구멍이 7쌍 있다. 근절은 등 쪽과 배 쪽으로 구분되지 않는다. 유생기를 1~4년 지나서 성체가 된다.

칠성장어과는 전 세계에 6속 41종이 알려졌는데, 대부분이 온대 담수역과 연안에 분포한다. 그중에서 32종은 민물에 살고, 18종은 기생성이다. 우리나라 칠성장어과에는 칠성장어와 다묵장어가 있다. 칠성장어는 강에서 산란하고 새끼는 바다로 내려가 성장하며, 다묵장어는 일생을 담수에서 생활한다. 수명은 변태하는 기간을 포함하여 2~5년이다. 칠성장어과 유생인 '암모코에티스(ammocoetes)'는 하천이나 호수 바닥 모래와 진흙 속에 사는데, 눈은 있으나 피부에 묻혀 보이지 않는다.

알에서 깨어나 성체로 변태하기 전까지 유생은 입이 깔때기처럼 생겼고 이가 없지만, 변태하여 생식 능력을 갖춘 성체가 되면 입은 둥근 흡반 모양으로 잘 발달된 각질치가 여러 개 있다. 기생성인 종은 다른 물고기 피부에 흡반으로 생긴 입을 붙이고 뾰족한 이빨로 피부를 갉아 흘러나온 피를 빨아먹는다. 기생성이 아닌 민물에만 사는 종류는 성체로 변태 후 먹이를 안 먹고 알을 낳고 죽는다.

철갑상어목 *Acipenseriformes* 철갑상어과 *Acipenseridae*

몸통은 크고 길며 원통형이다. 꼬리지느러미는 일정한 형태가 없다. 주둥이가 단단하고 뾰족하며 주둥이 아래쪽에 수염이 4개 있다. 몸에 크고 단단한 비늘이 등 쪽에 1열, 몸통에 2열, 배에 2열, 모두 5열이 있다. 어릴 때는 비늘이 예리하고 분명하지만 성장하면서 밋밋해지고 어떤 종은 점차 사라진다. 머리는 단단하고, 꼬리지느러미는 위쪽 부분이 높은 편이다. 배지느러미는 지느러미살이 없다. 등지느러미와 뒷지느러미는 몸 뒤쪽 부분 위아래로 같은 위치에 있다. 몸을 지지하는 척색이 꼬리지느러미까지 확장되어 있다.

철갑상어는 소하성 어류이다. 온대의 연안과 담수에 서식하는데, 바다에서 사는 종도 민물에 산란한다. 철갑상어목은 철갑상어과(*Acipenseridae*)와 '*Polydontidae*' 2과가 포함된다. 우리나라에는 철갑상어속(*Acipenser*)의 철갑상어, 칼상어, 용상어 3종이 분포한다. 철갑상어과는 전 세계에 4속 23종이 알려졌다.

뱀장어목 *Anguilliformes* 뱀장어과 *Anguillidae*

몸은 원통형으로 가늘고 길다. 위턱에 이빨이 나 있고, 꼬리지느러미 끝은 뾰족하다. 등지느러미는 길고, 뒷지느러미도 기조가 많고 길지만 등지느러미보다 짧다. 가슴지느러미와 배지느러미 지대(肢帶)는 없다. 가슴지느러미는 체측 중간에 붙어 있다. 비늘은 작고 둥근 모양으로 피부 속에 있다. 척추골 수는 많다.

뱀장어목은 전 세계에 1속 15종이 알려져 있다. 온대 바다에 널리 분포하는데, 바다에서 사는 종이 대부분이지만 민물에서 오랫동안 생활하는 종도 있다. 우리나라 민물에서 생활하는 뱀장어목에는 뱀장어와 무태장어, 1속 2

종이 있다.

몸은 뱀과 같이 가늘고 길다. 아가미구멍은 초승달 모양이고, 작은 비늘이 있다. 꼬리지느러미 끝이 뾰족하며, 등지느러미와 뒷지느러미는 매우 길다. 가슴지느러미는 작고 배지느러미는 없다. 옆줄은 완전하다. 발생 초기에 바다에서 민물로 올라와 성장하고 생활하다가 산란을 하기 위해 바다로 가고 산란을 마치면 그곳에서 죽는다. 우리나라, 일본, 중국, 하이난 섬 및 호주 등 담수와 연안에 분포한다. 바다의 수심이 깊은 곳에서 알을 낳고 번식하므로 만일 큰 강의 하류를 막았을 때에는 어린 뱀장어가 강의 중류나 상류로 올라가지 못한다. 무태장어는 우리나라가 분포의 최북단이며, 희소종으로 서식지가 천연기념물로 지정되어 보호받는다.

청어목 Clupeiformes 멸치과 Engraulidae

청어목은 경골어류 가운데서도 하등한 분류군이다. 몸은 원통형으로 가늘고 길며 세로로 매우 납작한 종류도 있다. 턱은 약하지만 이빨이 잘 발달되었다. 모든 지느러미는 연조로만 이루어져 있다. 꼬리지느러미는 작으며 바르게 생겼고 안쪽에 척추골 2개 혹은 3개가 위로 향해 있다. 비늘은 원린이지만 없는 경우도 있으며 일부 종은 비늘이 분화된 인판이 복부 중앙에 있다. 전 세계에 청어목은 5과 83속 357종으로 북반구 바다와 담수에 걸쳐 분포한다. 우리나라의 담수에 출현하는 청어목으로는 멸치과와 청어과가 포함된다.

멸치과는 위턱이 매우 길어서 눈 뒤를 훨씬 지나 아가미덮개 뒤까지 이른다. 입이 아주 크고 주둥이는 둥글다. 잘 발달된 새파를 가지고 있으며 플랑크톤을 섭식한다. 한국산 멸치과에 웅어속(Coilia), 멸치속(Engraulis), 풀반지속(Thryssa), 반지속(Setipinna), 이렇게 4속이 있다. 이 중에서 담수에 출현하는 종은 웅어속에 들어가는 웅어와 싱어, 2종이 알려졌다.

잉어목 Cypriniformes

잉어목의 가장 중요한 특징은 '웨베르 기관(weberian apparatus)'이다. 이것은 맨 앞에 있는 척추골 4개로 이루어졌다. 부레와 내이(內耳)를 연결하여 소리를 감지하는데 이용된다. 이 웨베르 장치로 다른 종류의 물고기에 비해 민감하게 진동을 느낄 수 있다. 비늘은 원린이며, 인두골에 있는 인두치는 먹이 습성에 따라 구조가 조금씩 다르다. 잉어목은 전 세계 담수에 아주 많이 출현하며, 모두 5과 279여 속 2,660여 종이 알려졌다. 우리나라에는 잉어과(Cyprinidae)와 미꾸리과(Cobitidae)의 2과 90여 종이 포함된다.

잉어아과 Cyprininae

잉어아과는 입을 앞으로 내밀 수 있고, 턱과 입천장에 이빨이 없지만 인두골에 있는 인두치로 단단한 먹이도 부수어 먹을 수 있다. 잉어과에 속하는 종은 수가 매우 많다. 우리나라의 잉어과 물고기는 잉어아과, 납자루아과, 모래무지아과, 황어아과, 피라미아과, 강준치아과의 6개 아과로 나뉜다.

잉어아과는 잉어속(Cyprinus)과 붕어속(Carassius)으로 나누는데, 잉어속은 몸이 조금 납작하고 주둥이 끝은 둥글며 입이 끝에 있다. 수염은 2쌍이고 등지느러미가 매우 크며 기점 아래에 배지느러미가 있다. 붕어속은 몸이 난형이고 입이 주둥이 끝에 있으며 수염이 없다. 비늘은 크고 원린으로 6각형에 가깝다.

납자루아과 Acheilognathinae

몸이 매우 납작하고 체고가 높은 작은 민물고기로 전 세계에 약 40여 종이 알려졌다. 대부분은 한반도를 포함하여 중국 대륙, 시베리아 남부, 베트남 북부, 일본, 대만 등지에 분포한다. 납자루아과 암컷은 산란기에 긴 산란관을 내어 민물에 사는 조개류 아가미 안에 산란하고, 알은 조개 몸속에서 부화하여 혼자서 헤엄칠 때까지 성장한다. 수컷은 매우 화려한 혼인색을 띠는 특성이 있다. 이 종류는 형태적으로 아주 다양하여 분류학적으로 논란이 많다. 우리나라에 분포하는 납자루아과는 3속 13종이다.

모래무지아과 Gobioninae

몸은 작고 입은 대체로 주둥이 아래쪽에 있고, 보통 등지느러미 연조 수는 7개, 뒷지느러미 연조 수는 6개를 가진다. 몸 전체에 비늘이 있고, 옆줄은 완전하며 거의 직선이다. 모래무지아과는 여러 속이 있는데, 주로 입 위치, 모양, 크기, 입술 모양, 수염 위치, 인두치, 몸통과 지느러미 얼룩무늬 모양, 부레 구조 등의 특징을 기준으로 분류한다.

황어아과 Leuciscinae

몸은 세로로 납작하고 길며 배 가운데는 약간 둥글다. 입수염은 없고, 입술은 매끄러우며 옆줄은 완전하지만 불명료한 경우도 있고, 아래쪽으로 약간 굽어져 있다. 등지느러미는 연조가 7~11개이고, 새파는 짧고 뾰족하지만 잘 발달되었다. 부레는 2개의 방으로 구분된다. 비늘은 모양이 타원형이고, 크기가 작다. 옆줄 비늘은 60~100개이다. 주로 등지느러미와 배지느러미가 길고 웅장한 것이 특징이다.

황어아과는 4가지 속으로 나누는데, 야레속(*Leuciscus*)에 야레, 황어속(*Tribolodon*)에 황어와 대황어, 연준모치속(*Phoxinus*)에 연준모치, 버들치속(*Rhynchocypris*)에 버들치와 버들개, 동버들개, 금강모치, 버들가지가 있다.

피라미아과 Danioninae

입은 크고 주둥이 끝에 있으며 뒤쪽을 향해 있다. 등지느러미 연조 7개, 새파는 짧고 수는 적다. 비늘은 크다. 산란기에 수컷은 혼인색을 띠고 머리에 딱딱한 각질로 된 추성이 뚜렷하게 나타난다.

피라미아과는 왜몰개속(*Aphyocypris*), 피라미속(*Zacco*), 끄리속(*Opsariichthys*), 눈불개속(*Squaliobarbus*)으로 분류된다. 모두 등지느러미가 길고 웅장하며 꼬리지느러미 끝 중앙이 안쪽으로 깊이 파였다. 특히 피라미속에 들어가는 갈겨니는 머리와 눈이 큰 편이고 입수염이 없다. 비늘은 원린을 이루면서 기왓장 모양으로 배열되어 있다. 눈이 갈겨니보다 더 크고 동그란 것이 참갈겨니이다.

강준치아과 Cultrinae

몸이 매우 심하게 세로로 납작하다. 배지느러미 앞뒤 부분부터 뒷지느러미 앞부분까지 비늘이 변형된 날카로운 융기연이 있다. 머리가 작고 등 쪽 윤곽이 약간 직선형이다. 인두치는 3열이고 부레는 3개의 방으로 나누어졌다. 배 부분에 옆줄이 아래쪽으로 오목하게 내려오며, 비늘은 크고 원린이다. 등지느러미는 아주 작고 시작점은 거의 중앙에 위치한다. 입수염이 없다. 백조어속(*Culter*)과 비슷하지만 배지느러미 기부 뒤쪽에만 융기연이 있다는 점이 다르다. 대부분 동아시아에 분포한다. 우리나라에는 3속 4종이 분포한다.

미꾸리과 *Cobitidae*

몸은 가늘고 길며 입은 머리 아래쪽에 있다. 입술은 두꺼우며 입수염이 3쌍 있다. 대부분 눈 밑에 똑바로 세울 수 있는 안하극(眼下棘, suborbital spine)이 있고, 인두치가 1열 있다. 비늘은 아주 작아서 눈으로 잘 안 보인다. 등지느러미는 몸 가운데 있거나 조금 뒤쪽에 있다. 아래쪽 거의 같은 곳에 배지느러미가 있다. 꼬리지느러미 끝은 둥글거나 반듯하며 꼬리지느러미 위쪽에 작고 검은 점이 있다.

유럽과 아시아 담수에 널리 분포하며 바닥에서 사는 물고기들이다. 큰 것은 40㎝에 달하는 것도 있다. 전 세계에 27속 460여 종이 알려졌는데, 우리나라 미꾸리과는 종개속(*Orthrias*), 쌀미꾸리속(*Lefua*), 미꾸리속(*Misgurnus*), 참종개속(*Iksookimia*), 기름종개속(*Cobitis*), 좀수수치속(*Kichulchoia*)까지 6속 19종이 있다.

메기목 *Siluriformes*

몸에 비늘이 없어 피부가 밖으로 드러나 있거나 골판으로 덮여 있다. 가슴지느러미에 강한 가시가 1개 있고, 등지느러미에 가시가 1개 있는 종도 있다. 보통 입수염이 4쌍 있는데, 1쌍은 콧구멍 앞, 1쌍은 위턱, 2쌍은 아래턱 부분에 있다. 제2~4(혹은 5)척추골이 붙어서 '웨베르 기관(weberian apparatus)'을 이룬다.

메기목의 여러 종은 가슴지느러미 가시에 독액이 있는 것으로 알려졌다. 메기목은 식용으로 잘 알려져 경제적 가치가 크다. 메기목은 전 세계에 34과 412속이 있는데 주로 바다에서 살고, 민물과 기수에도 일부 서식한다. 우리나라 민물에 사는 메기목에는 3과가 있는데, 동자개과(*Bagridae*), 메기과(*Siluridae*), 퉁가리과(*Amblycipitidae*)이다.

동자개과 *Bagridae*

머리는 가로로 납작하고, 입수염이 4쌍 있으며, 옆줄은 완전하다. 등지느러미 두 번째 가시는 크다. 가슴지느러미 가시는 등지느러미 가시보다 덜 발달되었다. 콧구멍은 앞뒤 2쌍으로 앞에 있는 콧구멍에는 작은 관이 솟아있다. 비늘이 없다. 턱에 작은 이빨이 많이 있다. 동자개속(*Pseudobagrus*)과 종어속(*Leiocassis*)으로 나누는데, 동자개속에 동자개, 우리나라 특산종인 눈동자개, 꼬치동자개가 있다. 종어속에 대농갱이, 밀자개, 종어가 있다.

메기과 *Siluridae*

등지느러미는 기조가 7개 이하로 매우 짧다. 배지느러미는 작지만 뒷지느러미는 아주 길다. 아래턱에 수염이 1~2쌍 있고, 위턱에 한 쌍이 있다. 전 세계에 메기과는 12속 100여 종이 알려져 있는데, 우리나라 메기속(*Silurus*)에는 메기와 미유기 2종이 분포한다. 메기는 뒷지느러미가 매우 길어서 전체 길이 반쯤 되고 뒤쪽 끝은 꼬리지느러미와 이어져 있다. 미유기는 등지느러미 기조 수가 적고 길이가 짧다. 메기는 몸 전체가 검은 갈색이나 황갈색에 무늬가 없지만, 미유기는 몸 색깔이 흑갈색으로 주둥이 아래와 배가 황색을 띠며 등과 몸통에 구름처럼 생긴 무늬가 얼룩덜룩 있다.

퉁가리과 *Amblycipitidae*

등지느러미는 두꺼운 피부로 덮여 있고, 뒤쪽에 기름지느러미가 있어서 꼬리지느러미와 이어지기도 한다. 등지느러미는 짧고, 지느러미 안에 있는 가시는 약하다. 뒷지느러미도 짧아서 기조 수는 9~18개이다. 입수염이 4쌍 있고 옆줄은 불완전하다. 턱에 아주 작은 이빨이 있다. 우리나라에는 퉁가리속(*Liobagrus*)에 자가사리, 퉁가리, 퉁사리, 3종이 분포한다. 모두 머리가 가로로 납작하고 입수염이 4쌍 있다. 등지느러미가 몸 가운데보다 앞쪽에 있다. 또 기름지느러미 뒤쪽은 조금 두꺼우며 꼬리지느러미와 이어진다. 꼬리지느러미 끝은 둥글거나 세로로 반듯하다. 퉁가리와 자가사리는 비슷하게 생겼지만, 퉁가리는 위턱과 아래턱의 길이가 비슷하고 자가사리의 경우 위턱이 아래턱보다 약간 길다.

바다빙어목 *Osmeriformes* 바다빙어과 *Osmeridae*

바다빙어목은 북반구의 온대와 한대의 담수와 연안에 분포하면서 대부분이 민물에 알을 낳는다. 입은 크고 기름지느러미가 있으며 부레는 장과 연결되어 있다. 전 세계에 13과가 알려졌으나 우리나라에는 바다빙어과(*Osmeridae*)와 뱅어과(*Salangidae*), 이렇게 2과가 분포한다.

바다빙어과는 몸이 가늘고 길며 세로로 조금 납작하고 입이 크다. 등지느러미와 꼬리지느러미 사이에 기름지느러미가 있다. 비늘은 얇고 원형이며 옆줄은 불완전하다. 이빨이 있다. 전 세계적으로 7속 13종이 있고, 우리나라 바다빙어과에는 빙어속(*Hypomesus*)과 은어속(*Plecoglossus*)이 있다. 바다빙어과 중 우리나라 민물까지 올라오는 종은 빙어와 은어이다.

연어목 *Salmoniformes* 연어과 *Salmonidae*

연어목은 하천과 바다를 회유하는 습성을 가진다. 몇 종을 빼고는 입이 매우 크고 몸이 길고 유선형이다. 등지느러미와 꼬리지느러미 사이에 기름지느러미가 있다. 최대 몸길이는 대략 1.5m 정도된다. 이빨은 크고 강하며 비늘은 둥글며 잘다.

전 세계적으로 1과 11속 66종이 분포한다. 연어과에는 사루기속(*Thymallus*), 열목어속(*Brachymystax*), 연어속(*Oncorhynchus*), 자치속(*Hucho*), 곤들매기속(*Salvelinus*)이 있다. 대부분 어린 개체에는 몸통에 검은 반점(parr mark)이 있다.

숭어목 *Mugiliformes* 숭어과 *Mugilidae*

전 세계 열대와 온대의 연안과 기수에 17속 66종이 있다. 우리나라에 분포하는 숭어과에는 숭어속(*Mugil*)과 등줄숭어속(*Chelon*)이 있는데, 숭어속에 숭어, 등줄숭어속에 등줄숭어와 가숭어가 있다. 배지느러미와 쇄골이 떨어져 있다. 등지느러미 두 개는 극조부와 연조부로 나누어졌으며, 이들은 상당히 멀리 떨어져 있다. 새파는 길고 수가 많다. 소화관의 길이가 매우 길다. 입에 이빨이 없거나 흔적만 있다.

동갈치목 *Beloniformes* 송사리과 *Adrianichthyoidae*

동갈치목은 지느러미에 극조가 없고 등지느러미가 몸통 중앙보다 뒤쪽에 위치한다. 비늘은 원린이고, 옆줄이 없는 것이 특징이다. 대부분 담수와 기수역에서 서식하고 일부는 연안 주변에 서식한다.

전 세계에 3아과 4속 18종이 알려졌다. 송사리과는 몸통에 옆줄이 없고, 새조골 수가 4~7개이다. 송사리속(*Oryzias*)의 특징은 입이 작고 주둥이가 위쪽을 향해 있으며 눈이 비교적 큰 편이다. 꼬리지느러미 끝은 둥글거나 약간 반듯하다.

큰가시고기목 *Gasterosteiformes* 큰가시고기과 *Gasterosteidae*

큰가시고기목은 등에 예리한 가시로 된 극조부와 가느다란 기조로 된 연조부가 있다. 몸통에 인판(bony plates)이 덮여 있다. 입은 작다. 전 세계에 11과 71속 257종이 분포하고 있는데, 그중에서 기수에서 사는 것은 40종이고, 담수에서는 약 19종이 서식한다.

큰가시고기과는 등 쪽에 각각 분리되어 있는 가시가 3~10개 있다. 배지느러미는 극조 1개와 연조 2개로 이루어져 있고, 꼬리지느러미는 보통 기조가 12개 있다. 인판이 몸통 전면 혹은 일부를 덮고 있다. 우리나라와 북한에 분포하는 큰가시고기과에는 2속 5종이 있는데, 큰가시고기속(*Gasterosteus*)에 큰가시고기, 가시고기속(*Pungitius*)에 가시고기, 잔가시고기, 두만가시고기, 청가시고기가 서식한다. 큰가시고기는 해안 지방에서만 볼 수 있다.

드렁허리목 *Synbranchiformes* 드렁허리과 *Synbranchidae*

드렁허리과는 몸은 장어처럼 길다. 가슴지느러미와 배지느러미가 없다. 아가미구멍은 몸 아래 가운데 부분에 묻혀 있다. 등지느러미와 뒷지느러미는 퇴화하여 흔적만 있다. 꼬리지느러미는 작거나 없고 눈은 작다. 대부분 공기 호흡을 할 수 있고 땅에 구멍을 파고 산다. 열대와 아열대의 담수에 4속 15종이 있다. 드렁허리속(*Monopterus*)은 아가미구멍이 삼각형이거나 초승달 모양으로 협부는 내부로 연결되어 있다. 비늘이 없으나 일부 나타나는 경우에는 꼬리지느러미 주변에 있다. 우리나라에는 드렁허리가 전국에 분포하고 남방계의 열대어이므로 제주도에서도 발견된다.

쏨뱅이목 *Scorpaeniformes* 둑중개과 *Cottidae*

쏨뱅이목은 머리와 몸에 골질판이 발달되어 있다. 가슴지느러미는 아주 크고 꼬리지느러미 끝은 둥글거나 곧다. 둑중개과는 머리와 눈이 크다. 옆줄은 1열이고, 성체는 부레가 없다. 뒷지느러미에 가시가 없으며 북반구와 동부 오스트레일리아, 뉴기니아, 뉴질랜드 가까운 바다와 담수역에 70속 300여 종이 분포한다.

둑중개속(Cottus)은 몸이 방추형이다. 턱뼈와 보습뼈에는 이가 있고, 일부는 입천장뼈에도 이빨이 있다. 등지느러미는 2개이고 각각 눈에 띄게 떨어져 있다. 꺽정이속(Trachidermus)은 머리가 가로로 납작하다. 아가미덮개뼈에 가시가 3개 밖으로 나와 있다. 턱뼈, 보습뼈, 입천장뼈에 이가 있다. 배지느러미는 1극 4연조이다. 둑중개는 1급수에서만 살고 꺽정이는 바닷물과 민물을 오간다.

농어목 Perciformes

농어목은 경골어류 가운데 가장 큰 분류군이다. 지느러미에 극조가 있고, 비늘은 즐린이다. 배지느러미는 가슴에 있고 대개 1극 5연조이다. 부레는 소화 기관과 연결되어 있지 않다.

꺽지과 Centropomidae

꺽지과는 등지느러미가 극조부와 연조부로 구분된다. 아래턱이 위턱보다 길고 옆줄은 완전하다. 아가미덮개뼈 1~2개가 약간 밖으로 튀어나와 있다. 전 세계에 3속 22종이 있다. 우리나라 꺽지과에는 쏘가리속(Siniperca)과 꺽지속(Coreoperca)이 있다.

검정우럭과 Centrarchidae

우리나라에 사는 블루길과 배스가 포함된다. 몸 모양은 달걀처럼 생겼다. 아가미 뒤 위쪽에 짙은 파란 반점이 있다. 위턱이 커서 눈 뒤를 지난다. 육식성이 매우 강하고 난폭하다. 수온에 대한 적응력이 좋아서 우리나라 호수와 하천에 잘 적응하는데 이 종들이 고유한 생태계에 들어와 살면 생태계가 교란된다.

돛양태과 Callionymidae

돛양태과는 머리가 가로로 아주 납작하다. 아가미덮개뼈 밖으로 튀어나온 가시가 있다. 등지느러미는 극조와 연조로 나뉘어져 있다. 배지느러미는 가슴지느러미와 막으로 연결되어 있다. 돛양태과는 대개 바다에 산다. 이 책에 소개된 강주걱양태는 강어귀와 기수에 사는 종이다.

동사리과 Odontobutidae

동사리과는 망둑어과와 생김새가 닮았지만, 대부분 옆줄이 없다. 전 세계에 4속 6종이 분포하고 우리나라에는 동사리속(Odontobutis)과 좀구굴치속(Micropercops), 이렇게 2속이 있다. 동사리속은 몸이 크고 가로로 납작하다. 등지느러미는 2개인데 조금 떨어져 있다. 아래턱이 위턱보다 크다. 옆줄 비늘은 40개 정도이다. 좀구굴치속은 입이 위를 보고 열리고 아래턱이 위턱보다 앞으로 나와 있다. 턱뼈에 이가 있다. 주둥이와 두 눈 사이에는 피부가 드러나 있고 다른 부분은 비늘로 덮여 있다.

망둑어과 Gobiidae

망둑어과는 배지느러미 두 개가 붙어 있어 흡반 같은 모양이다. 등지느러미에는 부드러운 극조가 2~8개 있다.

눈은 머리 옆이나 위쪽에 있다. 전 세계적으로 212속 1800여 종이 분포하는 것으로 알려져 있다.

버들붕어과 *Belontiidae*

　버들붕어과는 위턱이 앞으로 튀어나왔고 보습뼈와 입천장뼈에 이빨이 없다. 옆줄은 퇴화되었거나 없으며 배지느러미가 약간 길게 나와 있다. 전 세계적으로 5속 14종이 있다. 1차 담수어이다. 버들붕어속(*Macropodus*)은 몸통이 거의 사각형이며, 세로로 납작하다. 입은 매우 작지만 앞으로 나와 있고 턱뼈에 송곳니가 나 있다. 배지느러미 1극 5연조이며, 연조 중에서 첫 번째 연조는 길이가 매우 길어서 실처럼 생겼다.

가물치과 *Channidae*

　몸은 원통형으로 길며, 등지느러미와 뒷지느러미가 길다. 가슴지느러미는 연조 6개로 이루어져 있다. 지느러미에 극조가 없다. 비늘은 원린이나 즐린이다. 전 세계에 2속 21종이 있으며 민물에 서식한다. 가물치속(*Channa*)은 머리가 길고 입이 크다. 등지느러미와 뒷지느러미는 매우 길다. 배지느러미는 작고 꼬리지느러미는 끝이 둥글다.

복어목 *Tetraodontiformes*　참복과 *Tetraodontidae*

　복어목 입은 보통 위턱과 아래턱에 치판(teeth plate) 4개로 이루어져 있다. 몸에 비늘이 변형된 작은 가시(prickle)가 있다. 다른 경골어류에 비하여 지느러미와 골격이 단순하다. 물이나 공기를 흡수하여 둥글게 부풀린다. 몇몇 종을 뺀 대부분은 근육, 내장, 표피에 '신경 독(tetrodotoxin)'을 가지고 있다. 대부분 기수과 연안 주변에 서식하고, 일부 종은 바다에서 서식한다.

　참복과는 서로 붙어 있는 이빨이 위턱에 2개, 아래턱에 2개씩 있다. 등지느러미와 뒷지느러미 연조가 7~18개이고 배지느러미가 없다. 인도양, 대서양, 태평양 열대와 아열대에 19속 121종이 알려졌다. 그 가운데 3속 12종이 민물에 살고 있다. 참복속(*Takifugu*)은 머리가 넓고 크며, 뒤로 갈수록 몸이 작아진다. 등지느러미 기조는 12~18개, 뒷지느러미 기조는 9~16개이다. 꼬리지느러미 끝은 둥글거나 곧다. 우리나라 민물까지 올라오는 참복과는 황복과 복섬이 있다. 황복은 바닷물의 영향이 안 미치는 민물로 올라오며 자갈이 깔린 여울에서 산란한다.

이름으로 찾아보기

북녘 이름 찾아보기

학명으로 찾아보기

참고 자료

책

《강태공을 위한 낚시물고기 도감》최윤 외, 지성사, 2000

《과학앨범 64-송사리의 생활》웅진출판주식회사, 1989

《그 강에는 물고기가 산다》김익수, 다른세상, 2012

《냇물에 뭐가 사나 볼래?》도토리기획, 양상용 그림, 보리, 2002

《동물원색도감》과학백과사전출판사, 1982, 평양

《동물은 살아있다-잉어와 메기》토머스 A. 도지어, 한국일보타임-라이프, 1981

《동물의 세계》정봉식, 금성청년출판사, 1981, 평양

《두만강 물고기》농업출판사, 1990, 평양

《라이프 네이처 라이브러리(한국어판-어류)》한국일보타임-라이프, 1979

《몬테소리 과학친구8-민물고기의 세계》와타나베 요시히사, 한국몬테소리(주), 1998

《미산 계곡에 가면 만날 수 있어요》한병호, 고광삼, 보림, 2001

《민물고기 - 보리 어린이 첫 도감③》박소정, 김익수, 보리, 2006

《민물고기를 찾아서》최기철, 한길사, 1991

《민물고기 이야기》최기철, 한길사, 1991

《물고기랑 놀자》이완옥, 성인권, 봄나무, 2006

《비주얼 박물관 20-물고기》웅진미디어, 1993

《빛깔있는 책들128-민물고기》최기철 외, 대원사, 1992

《사계절 생태놀이》붉나무, 돌베개어린이, 2005

《세밀화로 그린 보리 어린이 동물도감》도토리기획, 보리, 1998

《세밀화로 그린 보리 어린이 민물고기 도감》박소정, 김익수, 보리, 2007

《수많은 생명이 깃들어 사는 강》정태련, 김순한, 우리교육, 2005

《쉽게 찾는 내 고향 민물고기》최기철, 이원규, 현암사, 2001

《아동백과사전(1~5)》과학백과사전종합출판사, 1993, 평양

《우리가 정말 알아야 할 우리 민물고기 백 가지》최기철, 현암사, 1994

《우리말 갈래사전》박용수, 한길사, 1989

《우리 나라 위기 및 희귀동물》과학원마브민족위원회, 2002, 평양

《우리 나라 동물》과학원 생물학 연구소 동물학 연구실, 과학지식보급출판사, 1963, 평양

《우리 물고기 기르기》최기철 글, 이원규 그림, 현암사, 1993

《유용한 동물》최여구, 아동도서출판사, 1959, 평양

《은은한 색채의 미학 우리 민물고기》백윤하, 이상헌, 씨밀레북스, 2011

《원색 한국담수어도감(개정)》최기철 외, 향문사, 2002

《은빛 여울에는 쉬리가 산다》 김익수, 중앙M&B, 1998

《조선말대사전》 사회과학출판사, 1992, 평양

《조선의 동물》 원홍구, 주동률, 국립출판사, 1955, 평양

《조선의 어류》 최여구, 과학원출판사, 1964, 평양

《초등학교 새국어사전》 동아출판사, 1976

《초록나무 자연관찰여행-여러 민물 생물》 (주)파란하늘, 2001

《춤추는 물고기》 김익수, 다른세상, 2000

《특징으로 보는 한반도 민물고기》 이완옥, 노세윤, 지성사, 2006

《한국동식물도감 제37권 동물편(담수어류)》 교육부, 1997

《한국민족문화대백과사전》 한국정신문화연구원, 1995

《한국방언사전》 최학근, 명문당, 1994

《한국의 민물고기》 김익수, 박종영, 교학사, 2002

《한국의 자연탐험 49-민물고기》 전상린, 이선명, 웅진출판주식회사, 1993

논문

- 〈가시납지리의 卵發生과 仔魚의 發育 및 仔魚의 表皮上突起〉鈴木伸洋, 전상린, 한국어류학회지, 1990
- 〈감돌고기 *Pseudopuntungia nigra*의 미소서식처와 섭식행동〉 김익수, 이흥헌, 양현, 최승호,
  한국어업기술학회 2003년도 춘계 수산관련학회 공동학술대회발표요지집, 2003
- 〈강원도 홍천 속사천과 계방천의 어류군집, 서식환경 및 생물다양성에 관한 연구〉 정규회, 심재한,
  한국환경생태학회지, 1997
- 〈고리 주변해역에서 출현하는 웅어(*Coilia nasus*)의 위내용물 조성〉 백근욱, 박주면, 추현기, 허성회,
  한국어류학회지, 2011
- 〈고유종 칼납자루의 재생산 기초 연구〉 김치홍, 이완옥, 이종하, 백재민, 한국어류학회지, 2011
- 〈금강 수계 지천의 어류군집 구조 및 멸종위기종 미호종개 *Cobitis choii*와 흰수마자 *Gobiobotia naktongensis*의
  서식현황〉 고명훈, 문신주, 이상준, 방인철, 한국하천호수학회지, 2012
- 〈기름종개과(Family Cobitidae) 어류의 계통분류에 관한 연구 1.종개, 쌀미꾸리 및 수수미꾸리의 지리적 변이〉
  양서영, 이혜영, 양홍준, 김재흡, 한국동물학회지, 1991
- 〈꼬치동자개(*Pseudobagrus brevicorpus*)의 생태와 초기 생활사〉 강언종, 양현, 이흥헌, 조용철, 김응오, 임상구,
  방인철, 환경생물, 2007
- 〈남대천 연어(*Oncorhynchus keta*) 치어의 먹이 생물〉 강수경, 양현, 이채성, 최승호, 한국해양학회지 바다, 2007
- 〈남방종개 *Iksookima hugowolfeldi*의 형태, 생태 및 핵형〉 김익수, 양현, 고명훈, 최은경, 유나나,

한국어업기술학회 2003년도 춘계 수산관련학회 공동학술대회발표요지집, 2003
- 〈남한강에 서식하는 몰개 *Squalidus japonicus coreanus*(Cyprinidae)의 개체군 생태〉변화근,
  한국환경생태학회지, 2012
- 〈돌상어 *Gobiobotia brevibarba*(Cyprinidae)의 산란 생태〉최재석, 변화근, 권오길, 한국어류학회지, 2001
- 〈만경강 수계 고산천에 서식하는 퉁사리 *Liobagrus obesus*의 자연산란장 특성〉김형수, 양현, 홍양기,
  한국어류학회지, 2012
- 〈멸종위기 어류 꾸구리 *Gobiobotia macrocephala*의 난발생 및 초기생활사〉고명훈, 김우중, 박상용, 방인철,
  한국어류학회지, 2011
- 〈멸종위기 어류 돌상어 *Gobiobotia brevibarba*의 난발생 및 초기생활사〉고명훈, 박상용, 이일로, 방인철,
  한국하천호수학회지, 2011
- 〈멸종위기어류 다묵장어 *Lethenteron reissneri*(Petromyzontiformes: Petromyzontidae)의 분포 및 서식지 특성〉
  고명훈, 문신주, 홍양기, 이건영, 방인철, 한국어류학회지, 2013
- 〈멸종위기어류 미호종개 *Cobitis choii*(Pisces: Cobitidae)의 분포양상 및 서식개체수 추정〉고명훈, 이일로, 방인철,
  한국어류학회지, 2012
- 〈멸종위기종 모래주사 *Microphysogobio koreensis*의 난발생 및 초기생활사〉김치홍, 윤승운, 김재구, 김현태,
  박종성, 박종영, 한국어류학회지, 2012
- 〈모치망둑, *Mugilogobius abei*(Jordan et Snyder)의 産卵行動 및 初期生活史〉김용억, 한경호, 한국어류학회지, 1991
- 〈무심천 왜매치 *Abbottina springeri*의 개체군 생태〉손영목, 한국어류학회지, 2000
- 〈묵납자루, *Acheilognathus signifer*(Cyprinidae)의 난 형태와 초기생활사〉백현민, 송호복, 한국생태학회지, 2005
- 〈묵납자루, *Acheilognathus signifer*의 서식지 선택과 환경특성〉백현민, 송호복, 한국육수학회지, 2005
- 〈미끈망둑, *Luciogobius guttatus* Gill의 産卵習性 및 初期生活史〉김용억, 한경호, 강충배, 유정화,
  한국어류학회지, 1992
- 〈미호종개 *Iksookimia choii*(Cobitidae)의 난 발생 및 자어 형태 발달〉송하윤, 김우중, 이완옥, 방인철,
  한국하천호수학회지, 2008
- 〈버들붕어, *Macropodus chinensis*의 생식생태와 초기생활사〉송호복, 최신석, 한국육수학회지, 2000
- 〈불갑천에 서식하는 큰납지리 *Acheilognathus macropterus*(Pisces: Cyprinidae)의 개체군 생태〉김형수, 김익수,
  한국어류학회지, 2012
- 〈붕어(*Carassius auratus* Linnaeus)와 떡붕어(*C. cuvieri* Temminck and Schlegel)의 유전적 비교〉윤종만, 박수영,
  한국동물자원과학회지, 2006
- 〈삼척 오십천 상·하류에 분포하는 황어, *Tribolodon hakonensis*(잉어과) 집단의 유전적 분화〉이신애,
  이완옥, 석호영, 한국환경생태학회지, 2012
- 〈섬강의 어류군집 및 멸종위기종 꾸구리(*Gobiobotia macrocephala*)와 돌상어(*G. brevibarba*)의 서식현황〉

　　　　고명훈, 문신주, 방인철, 한국하천호수학회지, 2011

- 〈섬진강 하구 어류상과 주요 종의 개체군 생태〉김치홍, 강언종, 양현, 김광석, 최웅선, 환경생물, 2012

- 〈소양호산 쏘가리 Siniperca scherzeri(Pisces Centropomidae)의 산란 생태와 초기 생활사〉이완옥, 이종윤, 손송정,
　　최낙중, 한국어류학회지, 1997

- 〈熊川川 水系産 납자루의 個體發生〉鈴木伸洋, 전상린, 한국어류학회지, 1990

- 〈인공사육에 의한 멸종위기종 꼬치동자개(Pseudobagrus brevicorpus)의 성장과 성성숙 특성〉양상근, 강언종,
　　김광석, 방인철, 환경생물, 2009

- 〈임실납자루 Acheilognathus somjinensis와 칼납자루 A. koreensis의 조개내 산란선택〉김익수, 양현,
　　한국동물학회 2003년도 한국생물과학협회 학술발표대회, 2003

- 〈임실납자루 A. somjinensis의 이차성징 및 미소서식처〉김익수, 양현,
　　한국어업기술학회 2002년도 춘계 수산관련학회 공동학술발표회, 2002

- 〈자호천에 서식하는 멸종위기어류 얼룩새코미꾸리 Koreocobitis naktongensis(Cobitidae)의 서식환경과 번식,
　　섭식생태〉홍양기, 양현, 방인철, 한국어류학회지, 2011

- 〈중고기(Sarcocheilichthys nigripinis morii)의 산란숙주 선택 및 초기 생활사 특성〉강언종, 양현, 이흥헌, 김응오,
　　김치홍, 환경생물, 2007

- 〈초강천의 어류상과 군집〉허준욱, 박진우, 김정곤, 한국하천호수학회지, 2010

- 〈초어 및 백련의 종묘 생산에 관한 연구, 1971〉김인배, 백의인, 한국수산학회지, 1971

- 〈치악산 계류에 서식하는 둑중개(Cottus poecilopus Heckel)의 식성〉변화근, 심하식, 최재석, 손영목, 최준길,
　　전상린, 한국어류학회지, 1995

- 〈큰납지리의 卵發生과 仔魚의 發育및 仔魚의 表皮上突起〉鈴木伸洋, 전상린, 한국어류학회지, 1989

- 〈표지 및 재포획 방법(Jolly-Seber Model)을 이용한 백곡천 미호종개(Cobitis choii) 개체군크기 추정〉배대열, 문윤기,
　　장민호, 장규상, 서정빈, 김원장, 김재옥, 김재구, 한국하천호수학회지, 2012

- 〈한강수계에서 배가사리 Microphysogobio longidorsalis의 물리적 서식지 평가〉허준욱, 박진우, 이상욱, 김정곤,
　　한국수자원학회 2010년도 학술발표회, 2010

- 〈한국 남부지방에 서식하는 다묵장어 Lampetra reissneri(Agnatha)의 형태적 연구〉심재환, 한국어류학회지, 1990

- 〈한국산 가숭어, Chelon lauvergnii의 난 및 자치어의 형태발달〉김진구, 김용억, 변순규, 한국어류학회지, 2000

- 〈한국산 돌개(Squalidus)屬 魚類의 分類學的 再檢討〉김익수, 이용주, 한국수산학회지, 1984

- 〈韓國産 돛양태科(농어目) 魚類의 分類〉이충렬, 김익수, 한국어류학회지, 1993

- 〈한국산 멸치과 어류의 분류학적 연구〉윤창호, 김익수, 한국어류학회지, 1996

- 〈한국산 모래주사속(Genus Microphysogobio) 어류의 분류학적 연구〉김익수, 양현, 한국어류학회지, 1999

- 〈한국산 미꾸리과 어류, 종개의 분류학적 재검토〉김익수, 박종영, 양현,
　　한국어업기술학회 2000년도 춘계수산관련학회 공동학술대회발표요지집, 2000

- 〈한국산 연어속 어류의 형태학적 연구- I 연어, *Oncorhynchus keta*의 난 발생 및 자치어의 형태〉명정구, 김용억,
  한국어류학회지, 1993
- 〈한국산 연어속 어류의 형태학적 연구- II 초기 발육단계에 있어서의 연어, *Oncorhynchus keta*의 골격 발달〉
  명정구, 김용억, 한국어류학회지, 1993
- 〈한국산 연어속 어류의 형태학적 연구- III 연어, *Oncorhynchus keta*의 성별 형태 차이〉명정구, 홍경표, 김용억,
  한국어류학회지, 1993
- 〈한국산 잉어과 어류 칼납자루(*Acheilognathus limbata*)와 묵납자루(*A. signifer*)의 초기발생과 분류에 관한 연구〉
  김익수, 김치홍, 동물학회지, 1989
- 〈韓國産 종개亞科 魚類 2種의 形態變異와 地理的 分布〉김익수, 이은희, 손영목, 한국동물학회지, 1998
- 〈한국 서해산 웅어, *Coilia nasus* 생식소의 성숙과 산란〉이봉우, 정의영, 최기호,
  한국어업기술학회 2003년도 춘계 수산관련학회 공동학술대회발표요지집, 2003
- 〈한국 서해산 웅어, *Coilia nasus* 암컷의 성숙과 산란〉전제천, 강희웅, 이봉우, 발생과 생식, 2009
- 〈한국 특산종 자가사리(*Liobagrus mediadiposalis*)의 산란행동 및 초기 생활사〉최낙현, 서원일, 김춘철, 박충국,
  허승준, 윤성민, 한경호, 이원교, 한국수산학회지, 2008
- 〈홍천강에 서식하는 돌상어(*Gobiobotia brevibarba*)의 식성〉최재석, 권오길, 박정호, 변화근, 한국어류학회지, 2001
- 〈황복의 난발생과 자치어 발달〉장선일, 강희웅, 한형균, 韓國養殖學會誌, 1996
- 〈흑천수계의 어류상 및 군집분석〉문운기, 한정호, 안광국, 한국하천호수학회지, 2010
- 〈흰줄납줄개의 난발생과 부화자어〉김용억, 박양성, 한국수산학회지, 1985

인터넷 누리집

국립생물자원관 www.nibr.go.kr

한국의 멸종위기종(KORED) www.korearedlist.go.kr

한반도 생물자원 포털(SPECIES KOREA) www.nibr.go.kr/species

해양수산연구정보포털 http://portal.nfrdi.re.kr

경상북도 민물고기 생태체험관 www.fish.go.kr

국가과학기술정보센터 NDSL www.ndsl.kr

문화재청 www.cha.go.kr

물고기와 사람들 http://cafe.daum.net/fishandpeople